直驱永磁同步电机故障建模与诊断研究

陈　昊　高彩霞　著

中国矿业大学出版社
·徐州·

内 容 提 要

本书系统深入地介绍了直驱永磁同步电机线圈元件内部匝间短路及退磁故障的故障机理、匝间短路定子绕组故障建模、匝间短路故障特征量遴选、匝间短路早期故障检测及定位方案、退磁建模、退磁故障特征量构造、退磁模式识别、退磁磁极定位、实验验证等内容。本书内容紧密结合实际,所讨论的故障诊断方法均包括理论分析及实验验证,具有重要的理论意义和实际参考价值。

本书适用于电气工程领域的教师、研究生、本科高年级学生和研究人员及工程技术人员阅读参考。

图书在版编目(C I P)数据

直驱永磁同步电机故障建模与诊断研究 / 陈昊,高

彩霞著. 一徐州:中国矿业大学出版社,2022.10

ISBN 978 - 7 - 5646 - 5188 - 6

Ⅰ.①直… Ⅱ.①陈… ②高… Ⅲ.①永磁同步电机

一故障诊断—研究 Ⅳ.①TM351.7

中国版本图书馆 CIP 数据核字(2021)第220171号

书 名	直驱永磁同步电机故障建模与诊断研究
著 者	陈 昊 高彩霞
责任编辑	何 戈
出版发行	中国矿业大学出版社有限责任公司
	(江苏省徐州市解放南路 邮编221008)
营销热线	(0516)83884103 83885105
出版服务	(0516)83995789 83884920
网 址	http://www.cumtp.com E-mail:cumtpvip@cumtp.com
印 刷	徐州中矿大印发科技有限公司
开 本	787 mm×1092 mm 1/16 印张 14.5 字数 358 千字
版次印次	2022 年 10 月第 1 版 2022 年 10 月第 1 次印刷
定 价	58.00 元

(图书出现印装质量问题,本社负责调换)

前　言

随着《中国制造 2025》这一强化高端制造业国家十年战略规划的颁布和实施，我国计划在十年内以加快新一代信息技术与制造业深度融合为主线，以推进智能制造为主攻方向，提升包括数控机床和机器人、航空航天装备、新能源汽车等领域在内的十大制造业的国际竞争力。电机是上述装备的核心部件，电机的信息化与智能化程度，是能否实现这一国家战略规划的关键因素。电机故障是电机系统高精度可靠运行的潜在隐患。智能运维是保障电机系统安全运行的重要手段。为用户提供电机健康状况监测、维护方案制订与执行、最优使用方案推送等服务，是电机系统发展的必然趋势。

直驱永磁同步电机（DDPMSM）具有转矩密度大、功率密度大、效率高等优点，广泛应用于机器人、电动汽车、高端制造装备、国防军工等领域。然而，受过载、冲击等复杂工况及恶劣工作环境的影响，DDPMSM 容易发生匝间短路故障和退磁故障。相关应用领域的驱动电机出现故障不仅影响企业的经济效益，而且还会威胁设备及人身安全。要减少电机故障造成的损失和维护费用，则需提高电机的可靠性。早期故障诊断是避免 DDPMSM 故障恶化，提高系统运行安全性、可靠性和使用效率的重要手段。因此，研究 DDPMSM 早期故障诊断具有重要的理论研究价值和工程应用价值。

本书以 DDPMSM 为研究对象，对线圈元件内部匝间短路故障及永磁体退磁故障开展系统深入研究：总结了国内外电机匝间短路故障及退磁故障建模方法与诊断技术；提出基于线圈子单元的 DDPMSM 健康状态与定子绕组短路故障状态的统一数学模型以及永磁体退磁故障数学模型；研究了多因素及多工况耦合作用下故障特征的变化规律，遴选了 DDPMSM 匝间短路故障及退磁故障的故障特征量；将知识图谱技术和神经网络技术应用于 DDPMSM 匝间短路故障及退磁故障的诊断；搭建 DDPMSM 故障样机测试实验平台，完成相关验证工作。本书共 10 章：第 1 章主要阐述了 DDPMSM 故障建模与诊断技术研究的背景与意义,总结了 DDPMSM 匝间短路故障及退磁故障建模方法与诊断技术的研究现状。第 2 章提出基于线圈子单元的 DDPMSM 健康状态与定子绕组短路故障状态的统一数学模型并对模型进行了改进,将 DDPMSM 健康及匝间短路故障状态的解析结果与有限元结果进行对比分析。第 3 章系统分析匝间短路故障对 DDPMSM 性能的影响规律,研究匝间短路故障的故障机理,研究多因素及多工况耦合作用下故障特征的变化规律,分别遴选出用于 DDPMSM 的匝间故障检测特征量、故障线圈定位特征量、故障程度评估特征量。第 4 章将神经网络技术应用于 DDPMSM 匝间短路故障诊断,提出了基于概率神经网络的 DDPMSM 匝间短路故障及退磁故障诊断方法,能实现匝间短路故障早期检测及故障定位;将知识图谱技术应用于 DDPMSM 匝间短路故障诊断,提出了基于知识图谱的 DDPMSM 匝间短路故障诊断方法,能实现匝间短路故障早期检测、故障线圈定位及故障程度评估。第 5 章开展了 DDPMSM 退磁故障建模与故障机理研究,并将 DDPMSM 退磁故障解析结果与有限元结果进行对比分析。第 6 章对比分析均匀退磁故障前后 DDPMSM 的气隙磁场、空载反电势、支路电流、电磁转矩、齿槽转矩、功率因数和效率等性能参数的变化规律,提出基于空载反电势回转半径的 DDPMSM 均匀退磁故障诊断方法。第 7 章对比分析局部退磁故障前后 DDPMSM 的气隙磁密、空载反电势、支路电流、电磁转矩、功率因数和效率等性能参数的变化规律;考虑磁路饱和、退磁程度和并联支路环流等多因素影响,提出了新型探测线圈空载反电势残差的提取算法。第 8 章介绍了探测线圈的安装及布置方法,探讨了探测线圈的检测机理,提出了基于相关系数法和峰值映射的 DDPMSM 局部退磁故障检测、退磁永磁体定位及退磁程度评估方法。第 9 章介绍了可获取退磁位置信息的新型探测线圈的安装及布置方法,可以实现任意退磁情况下的退磁永磁体精确定位;探讨了新型探测线圈的检测机理;将神经网络技术应用于 DDPMSM 退磁故障诊断,提出了基于三级 PNN(概率神经网络)的 DDPMSM 退磁故障诊断方法,实现退磁故障的检测、退磁故障模式识别和退磁永磁体自动快速精确定位等多种功能。第 10 章进行了 DDPMSM 故障诊断实验研究;研制了 DDPMSM 线圈内部匝间短路故障样机,搭建了样机实验平台,对所建的 DDPMSM 数学模型及故障特征量进行了验证。

本书由河南理工大学陈昊、高彩霞撰写。本书的撰写得到了司纪凯、封海潮、许孝卓、艾立旺等诸位同事的悉心指导和帮助,得到了吕珂、李炳锟、苗壮、聂言杰、高蒙真、魏彦企等研究生的鼎力帮助。袁世鹰教授认真细致地审读了全部书稿,提出了许多宝贵意见。在此向他们表示衷心的感谢。

本书及相关研究工作得到河南省科技攻关项目(222102220017)、国家自然科学基金项目(52177039)、河南理工大学博士基金资助项目(B2021-22、B2018-48)等项目的资助。

本书由东南大学花为教授主审,他通读了全部书稿,提出了许多宝贵意见。

本书在写作过程中参考了大量的文献资料,对所引用的文献尽力在书后的参考文献中列出,但是难免有所遗漏,特别是一些被反复引用却很难查实原始出处的参考文献,在此向被遗漏参考文献的作者表示歉意,并向本书所引用的参考文献的作者表示诚挚的谢意。

由于时间仓促,加上水平有限,书中不足及疏漏之处在所难免,有待进一步充实和更新,恳请读者不吝赐教。

著　者
2021 年 6 月于河南理工大学

目　　录

1　绪　　论

1.1　引言

随着《中国制造 2025》这一强化高端制造业国家十年战略规划的颁布和实施,我国计划在十年内以加快新一代信息技术与制造业深度融合为主线,以推进智能制造为主攻方向,提升包括数控机床和机器人、航空航天装备、新能源汽车等领域在内的十大制造业的国际竞争力[1]。电机是上述装备的核心部件,电机的信息化与智能化程度,是能否实现这一国家战略规划的关键因素。电机故障是电机系统高精度可靠运行的潜在隐患。智能运维是保障电机系统安全运行的重要手段。为用户提供电机健康状况监测、维护方案制订与执行、最优使用方案推送等服务,是电机系统发展的必然趋势。

直驱永磁同步电机(DDPMSM)因具有转矩密度大、效率高、功率因数高、体积小等优点,广泛应用于机器人、电动汽车、高端制造装备、国防军工等领域。然而,受过载、冲击等复杂工况及恶劣工作环境的影响,一些结构和部件的性能会逐渐劣化,导致 DDPMSM 故障时有发生。应用于机器人等领域的 DDPMSM,若发生故障不仅影响企业的经济效益,还会威胁设备及人身安全。应用于电动汽车领域的 DDPMSM,若发生故障不仅影响乘坐的舒适性,严重时还会危及乘客安全。应用于舰船推进系统的 DDPMSM,若发生故障可能导致沉船,造成物力和人力的巨大损失。应用于大型自动化生产线、空间站维修、海洋勘探、消防救灾等领域的 DDPMSM,需要几十台甚至上百台电机协作完成复杂的任务,一旦有电机发生故障,不仅会威胁各种生产活动的正常开展,甚至会发生灾难性的事故。因此,在高端制造装备、国防军工等对安全可靠性要求较高的应用领域,研究驱动电机的早期故障检测与故障诊断具有重要的理论研究价值和工程应用价值[1-2]。

DDPMSM 故障一般可分为四大类,即定子故障、转子电气故障、转子机械故障和其他故障[3-4],如图 1-1 所示。DDPMSM 工作在复杂多变工况下,如频繁启停造成的过电流、过电压冲击,过载造成的电机工作温度升高、振动等;DDPMSM 运行在灰尘大、潮湿、高温等恶劣环境下;DDPMSM 本身功率密度高。以上原因导致 DDPMSM 容易发生匝间短路故障和永磁体退磁故障。早期的匝间短路故障与永磁体退磁故障对电机运行性能的影响很小,但若没有被及时检测到并采取措施,会发展成更严重的短路故障,造成电机完全损坏,诱发严重事故。因此,在足够早的阶段检测出故障,并根据诊断结果进行有效的维护,不仅能有效提高 DDPMSM 及其驱动系统的安全性与可靠性,还能缩减维护时间、提高系统的运行效率。

本书以 DDPMSM 为研究对象,对线圈元件内部匝间短路故障及永磁体退磁故障开展系统深入研究。建立 DDPMSM 定子短路故障、退磁故障的数学模型;分析匝间短路故障及

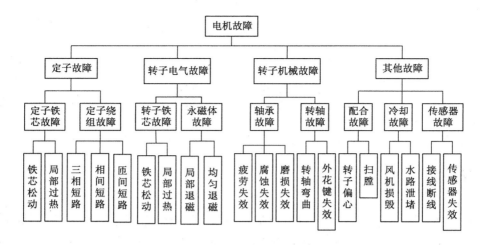

图 1-1 DDPMSM 故障分类

退磁故障对电机性能及故障特征量的影响规律,深入研究其故障机理;研究多因素及多工况耦合作用下故障特征信号的变化规律,遴选出灵敏的、鲁棒的、可靠的 DDPMSM 匝间短路故障及退磁故障的故障特征量;将神经网络技术和知识图谱技术应用于 DDPMSM 匝间短路故障及退磁故障综合诊断,探讨能实现匝间短路故障及退磁故障早期检测、故障类型识别、故障定位及故障程度评估的方法。

1.2 PMSM 匝间短路故障研究现状

PMSM(永磁同步电机)定子绕组故障包括匝间短路故障、线圈间短路故障、相间短路故障和相对地短路故障等[5-8]。其中,匝间短路故障是定子绕组失效的最初阶段,是定子绕组故障中最常见的一种。永磁体产生的磁链与短路匝相交链并在短路匝中产生远远大于额定电流的过电流[9],该过电流会引起电机局部过热,导致短路匝及其相邻导体绝缘的急剧恶化,故障迅速传播到线圈的其他线匝上,并可能扩展到其他相,从而引起更严重的故障,如线圈间短路、相间短路以及相与地短路[10]。定子绕组匝间短路还有可能造成永磁体不可逆退磁,在短时间内对电机造成不可恢复的影响[11]。因此,建立 DDPMSM 匝间短路故障精确数学模型,深入研究 DDPMSM 匝间短路故障的机理及特征,开展匝间短路故障诊断方法的研究具有十分重要的意义。国内外学者针对 PMSM 匝间短路故障开展了大量的研究工作,并取得了一定的研究成果。下面对 PMSM 匝间短路故障建模方法和故障诊断方法的研究现状分别进行综述。

1.2.1 PMSM 匝间短路故障建模方法研究现状

电机正常运行时,气隙磁场以基波为主。定子绕组发生匝间短路故障后,电机的对称性遭到破坏,气隙磁场中将产生丰富的空间谐波和时间谐波,这些谐波的成分与电机的几何结构、绕组的形式、故障的空间位置、故障的程度及运行工况等因素有关,这使得电机匝间短路故障的分析十分复杂。因此,建立一个有效、准确的 PMSM 匝间短路故障模型,深入研究电机故障后电流、电压、转矩等物理量的变化规律,找出鲁棒、可靠的故障特征量,对 PMSM 匝间短路故障的诊断至关重要[10]。国内外学者对 PMSM 定子绕组内部故障建模方法进行了广泛而深入的研究,并取得了大量的研究成果。

目前,PMSM 匝间短路故障建模方法主要分为坐标变换法、多回路法、场路耦合法、相坐标法及绕组分割法等五大类。

（1）坐标变换法

在分析电机各种不对称问题时,对称分量法与 dq 坐标变换法获得了较为广泛的应用。对称分量法将故障后的 PMSM 系统分解为正序、负序和零序分量,采用对称系统建模方法研究电机故障状态。Park(派克)变换是将定子三相电流产生的合成磁场用轴线相互垂直的磁场代替,即把静止的 abc 坐标系等效为旋转的 dq 坐标系,使电机方程变为常系数,简化了计算,实现了解耦分析。dq 坐标系因计算简单并实现了解耦分析而被广大学者所使用。

文献[12]针对气隙谐波分量带来的电抗变化问题提出了电抗修正法,但该方法为估算方法,缺乏理论依据。文献[13]为解决各相序分量的相互关联问题,对传统的对称分量法做了改进,提出了更为复杂的表达形式,但不能从根本上解决这个难题。文献[14]和[15]通过从外部引入不对称矩阵来解决定子绕组内部故障后定子参数的变化问题,但是这种方法同样没有考虑谐波、故障位置等多因素的影响。文献[16-18]将 Park 变换推广到 n 相 p 对极系统中,进行了定子绕组短路故障的故障原因和故障机理分析,但其将电感矩阵转化为常数矩阵分析不够严格[19]。文献[20]和[21]提出了考虑空间谐波的坐标变换方法,仅适用于对称绕组的研究。坐标变换是以理想电机模型假设为前提的,只考虑空间基波磁场,没有考虑谐波、齿槽、铁芯饱和等因素的影响。当定子绕组内部故障后,气隙中的谐波分量非常丰富,且各次谐波分量的幅值、转速、转向均不相同,该方法仅适用于理想电机模型,在分析电机外部不对称问题时有效,分析定子绕组内部故障误差很大。

（2）多回路法

多回路法[22-23]是由我国清华大学高景德、王祥珩教授提出的,该方法以单个线圈为基本单元分析电机的电磁关系,根据电机的实际运行情况将线圈组成相应的回路,列写回路的电压磁链方程。多回路法在同步电机定子内部故障的稳态运行及暂态过程[24-32]、异步电机转子故障[33-35]、绕组非对称分布的单相电容电机[36-37]等分析中得到广泛的应用。如文献[38]采用多回路方法建立了凸极同步发电机定子绕组内部故障的数学模型,电感计算时考虑了气隙磁场的空间谐波的影响,包括分数次谐波、奇数次谐波和偶数次谐波,该数学模型能对不同类型定子绕组内部故障的稳态和瞬态过程进行分析。文献[39]采用多回路方法建立了用于分析凸极同步发电机定子绕组内部故障和接地故障的暂态特性的改进模型,该模型适用于分析不同的中性点接地方式下的故障。德国学者 Kulig(库利格)等采用类似于多回路法对电机内部和外部故障时的暂态电流进行了分析[40]。多回路法突破了理想电机的假设,考虑了故障空间位置、绕组形式、空间谐波等重要因素对电机参数的影响,能较准确地分析电机内部故障后的电磁关系,但电感计算的复杂性妨碍了该模型在不同类型、不同结构的同步电机中的应用,特别是对于定子和转子中具有多个线圈的电机。

（3）场路耦合法

场路耦合法是利用电机的电磁场方程与外部系统的电路方程直接耦合联立求解。随着计算机性能的提高和电磁场的有限元计算软件的广泛应用,可以利用有限元软件和外部电路相结合建立 PMSM 匝间短路的数学模型,文献[41]建立了基于有限元软件和多回路法的同步发电机定子绕组内部故障的数学模型,该模型考虑了故障空间位置、绕组形式、空间谐波等重要因素对电机参数的影响,可以深入分析电机内部故障电磁场、温度场等,但电磁场的计算复杂,耗时长,对计算机性能的要求比较高,因此,该方法的应用受到一定的限制。

（4）相坐标法

Megahed(梅加希德)和Malik(马利克)等提出的相坐标法是建立在相坐标系上[42-43],以相绕组为基本单元建立方程,在分析健康状态和外部不对称问题时可以考虑空间谐波的影响,文献[43]利用相坐标法研究了气隙谐波含量较高的电机运行于正常工况时的谐波效应,计算结果与实验值比较吻合。由于相坐标法是将相绕组作为一个整体来计算参数的,无法考虑绕组形式、故障空间位置对电机电感的影响,从而导致同一故障程度下的不同故障位置具有相同电感值[41],而且发生定子内部故障后,故障相绕组不再完整,因此,使用相坐标法具有一定的局限性。

（5）绕组分割法

Reichmeider(赖克梅德)等提出了绕组分割法[44],该方法将故障相绕组分割为健康部分和故障部分两个子绕组。文献[45-49]采用该方法建立了PMSM匝间短路故障模型,方程中包含短路匝数百分比、短路电流等参数。文献[45]和[46]建立了基于abc坐标系的相电压方程、磁链方程,考了了空间谐波,但没有考虑极对数和绕组分布对故障电机互感的影响。文献[47]和[49]建立了正序、负序电压方程、磁链方程。文献[46]采用相坐标理论建立了基于动态电路的表贴式PMSM匝间短路故障模型[50-52],该方法把相绕组分割成p个初级线圈,采用有限元法确定电机健康状态时初级线圈的电感和互感,通过电机健康状态时的参数计算定子匝间短路故障时的电感,该方法考虑了电机极对数对电机参数的影响,但没有考虑绕组分布等因素影响。Leboeuf(勒伯夫)等将故障相绕组分割为两个子绕组(正常部分和故障部分),采用相坐标理论建立了表贴式PMSM匝间短路故障模型[53]。模型中的电感是以线圈为基本单元确定的,通过有限元法确定线圈间的自感和互感,通过变换矩阵得到电机不同运行状态下的电感。该方法考虑了电机绕组分布和漏感的影响,但是通用性较差,针对不同类型的定子故障需要建立不同结构的模型。文献[54]采用绕组分割法建立了面贴式PMSM内部故障的数学模型,该模型能快速分析不同类型定子故障,包括匝间短路、相间短路、相对地短路和混合定子故障,但只能对模型中设定的故障进行分析,分析其他故障时仍然需要改变模型结构。

1.2.2 PMSM匝间短路故障诊断技术研究现状

综合国内外关于PMSM匝间短路故障诊断的研究成果,其诊断方法可分为三类:基于解析模型的方法、基于数据驱动的方法、基于知识的方法。其中,前两者为定量方法,后者为定性方法。表1-1列出了各种诊断方法的特点。

表1-1 PMSM匝间短路故障各种诊断方法的特点

故障诊断方法	典型方法	诊断精度	适用范围	计算量
基于解析模型的方法	状态估计方法	较高	稳态、动态	大
	参数估计方法	较高	稳态、动态	较大

表 1-1（续）

故障诊断方法	典型方法	诊断精度	适用范围	计算量
基于数据驱动的方法	频谱分析法	低	稳态	较大
	时频分析法	较高	稳态、动态	大
	负序分量法	低	稳态、动态	小
	探测线圈法	较高	稳态	小
	高频谐波电压注入法	高	稳态	小
基于知识的方法	模糊逻辑故障诊断法	较高	稳态、动态	大
	专家系统故障诊断法			
	人工神经网络诊断法			
	案例推理故障诊断法			

1.2.2.1 基于解析模型的诊断方法

基于解析模型的诊断方法核心思想是用解析冗余取代硬件冗余,以系统的数学模型为基础,利用观测器(组)、Kalman 滤波器、参数模型估计和辨识、等价空间方程等方法产生残差,然后基于某种准则或阈值对该残差进行评价和决策。这类方法中常用的技术有两类[55-56]:状态估计方法与参数估计方法。

（1）状态估计方法

基于状态估计的方法主要思想是将 PMSM 的实际输出与所建立的数学模型的输出进行比较形成残差等能够反映系统状态的量化指标。当 PMSM 正常工作时,残差为零;发生故障时,残差非零。从残差中提取故障特征并设计相应的判决分离算法实现故障诊断。

文献[4]提出了基于反电势正序三次谐波的内置式 PMSM 匝间短路故障诊断方法,利用建立的反电势观测器模型和二阶广义积分算法提取反电势中的三次谐波,通过与设定的阈值比较实现 PMSM 匝间短路在线故障诊断。但该算法低速时诊断的准确性低,无法在低速区域内使用。文献[57]提出了基于反电势观测算法的 PMSM 匝间短路故障诊断方法,将通过观测器观测得到的电机的反电势波形与预先存入查找表的反电势的参考波形对比进行故障诊断。这种方法采用迭代观测器的形式,无须存储大量的采样数据,计算量小,实时性好。但是,当电机改变时,需要重新计算反电势参考波形和电感矩阵;匝间短路故障和永磁体退磁故障无法区别。文献[58]提出了基于电流残差分析的 PMSM 匝间短路故障实时诊断方法。该方法将由健康状态模型得到的观测电流值与实际电机电流值比较得到电流残差,构建了基于电流残差的故障指标,该指标与预设的阈值比较进行故障检测和故障程度识别。该方法通过逆变器损耗、反电势波形非正弦、参数不平衡的补偿对电机健康状态模型进行了改进,提高了故障指标的灵敏度,能在不增加额外传感器的前提下对电机暂态和稳态时匝间短路故障进行检测。文献[59]首先对 d 轴和 q 轴电压进行估计,通过估计电压和实际测量电压比较实现故障检测,该方法能实现不同负载、不同速度、不同温度下的故障检测和识别,但需要大量的样本。

（2）参数估计方法

参数估计方法根据对被研究对象建立模型,通过模型参数及相应的物理参数的变化来检测和分离故障。该方法可以在电机运行于不同的条件下获得准确的检测结果。文献[60]

提出了基于参数估计模型的对转永磁无刷直流电机实时故障诊断方法,建立了实时辨识模型,通过测量电压、电流、转速得到电机的绕组电阻、空载反电势系数和转动惯量等参数,并通过参数的实时变化实现电机的故障诊断。文献[61]建立了感应电机定子绕组故障、转子断条故障以及定子绕组与转子断条混合故障模型,通过观测器对电机参数进行估计并通过参数的变化实现故障检测。一方面,参数估计方法需要对电机进行精确建模,且该模型应该兼顾电机的制造和工作环境变化;另一方面,一些在线参数估计技术可能耗费大量的计算时间,这使系统更为复杂且增加了成本。

1.2.2.2 基于数据驱动的诊断方法

基于数据驱动的 PMSM 匝间短路故障诊断方法是以定子电流[62-73]、定子电压[74-80]、振动或噪声[81-82]、轴向磁通、温度、转矩、转速等物理量为分析对象,利用快速傅里叶变换[66-67]、小波变换[68]、希尔伯特-黄变换(HHT)[69]、Wigner-Ville 分布(WVD)[70]等信号处理技术尽可能地挖掘信号中的故障信息,提取能够表征 PMSM 匝间短路故障的特征信号,从数据分析的角度解决故障诊断问题。

(1)基于定子电流信号的数据驱动匝间短路诊断方法

基于定子电流信号的数据驱动匝间短路诊断方法通过对 PMSM 定子电流的分析与处理,提取能够表征 PMSM 匝间短路故障的故障信息。文献研究表明[62-67],当 PMSM 发生匝间短路故障时,定子线电流中将产生如公式(1-1)所示的故障特征谐波。

$$f_{\text{sho}} = \left(1 \pm \frac{2k+1}{p}\right) f_{\text{s}} \qquad (1-1)$$

式中,f_{s} 为定子基波电流频率;p 表示电机极对数;k 取正整数。

文献[59]提出利用 FFT(快速傅里叶变换)提取故障相 abc 坐标下电流信号的前 15 阶谐波作为故障特征量实现 PMSM 故障检测与故障程度识别,但是该方法对负载波动、温度和噪声的鲁棒性不好。文献[66]通过互信息理论分析了公式(1-1)给出的定子线电流频谱边带分量与短路匝数的关系,结果表明,边频分量 $(1-3/p)f_{\text{s}}$ 与短路匝数的相关性最高,因此,该文献通过 FFT 提取边频分量 $(1-3/p)f_{\text{s}}$ 的幅值作为匝间短路的故障特征信号,但是偏心故障也会引起相应的边频分量,故该方法难以区分匝间短路故障和偏心故障。文献[67]进行了电机状态监测和故障诊断综述,研究了电机的故障类型及故障特征频率,揭示了采用 FFT 提取特征频率处的谐波是比较常用的匝间短路、退磁故障的诊断方法。然而,PMSM 匝间短路及退磁故障时谐波的特征频率和幅值与电机结构、逆变器等因素有关,在低速微弱故障时的谐波幅值很小,因此采用 FFT 很难提取出,而且 FFT 是基于频域的检测技术,只能分析平稳信号,而 PMSM 经常处于负载和速度频繁波动的环境中,电流或电压信号存在非线性、非平稳的特点,传统的 FFT 算法不能准确可靠地实现电机故障诊断。

为解决 FFT 的缺陷,一些时频域算法被用于 PMSM 匝间短路的故障检测中,如小波变换[68]、HHT[69]和 WVD[70]等。文献[68]建立了基于有限元的 PMSM 匝间短路的相坐标模型,采用 db3 小波对电流信号进行三层小波包分解,提取第一频带的小波系数进行故障检测,通过小波系数的幅值进行故障程度识别。虽然小波变换能实现非平稳状态下故障特征信号的有效提取,且具有良好的时频特性,但其时频局部化的能力取决于所选的小波基,然而,实际应用中同时保证全局最优和局部最优的小波基函数选择非常的困难,限制了该方法在实际工程领域的应用。文献[69]对永磁同步发电机发生相同短路匝数不同绝缘退化程度的电流进行了分析,利用离散小波变换和希尔伯特-黄变换提取定子电流中的故障特征信息。采用基于定子电流的希尔伯特-黄变换进行 PMSM 早期匝间短路故障检测。该方法存在模态混叠、虚假分量等问题,影响其诊断精度,且计算量大。文献[70]对稳态和暂态运行的 PMSM 匝间短路故障进行了分析,对定子电流进行经验模态分解,获得本征模式分量,采用平滑 Wigner-Ville 和 Zhao-Atlas-Marks 时频分布对 EMD 分解后的 IMF1 和 IMF2 的和进行分析并提取故障信号实现故障检测,该方法实时性好,不需要很多的样本且独立于速度的变化,可在低速和动态条件下实现对 PMSM 内部故障的故障检测和诊断,特别适用对于低功率和中等功率应用的场合。虽然时频域算法能在暂态工况下提取定子电流的谐波成分,但是,当 PMSM 发生微弱的几匝短路时(短路匝占相绕组的比例很小,绝缘失效程度低),定子电流的变化很小,很难提取出谐波幅值作为故障特征量。文献[71]采用扩展的派克矢量法对电流派克矢量模进行频谱分析,提取电流派克矢量模二倍频成分进行匝间短路故障检测,该方法考虑了负载波动和供电电压不平衡的影响,但难以检测早期微弱故障。文献[72]通过检测 q 轴电流的二次谐波分量实现逆变器供电的 PMSM 驱动系统的在线故障检测,采用 FFT 变换提取 q 轴电流的二次谐波分量,以 q 轴电流的二次谐波分量与正常无故障状态时 q 轴电流的二次谐波分量的比值作为故障特征,将故障特征值与设定的阈值比较实现故障检测,该方法在不增加任何硬件的前提下实现匝间短路故障和逆变器开关开路故障的在线检测,但存在着低速时故障特征值小难以可靠诊断的缺点。文献[73]对匝间短路时的 q 轴电流进行了分析,匝间短路后 q 轴电流及其峰值以不同的频率振荡,虽然 q 轴电流的谐波幅值比定子电流高,但与电机运行速度有关,因此采用 FFT 在低速时难以提取有效的故障分量。为解决上述问题,通过小波变换对 q 轴电流进行分解,提取小波分解后的细节系数进行故障检测及故障程度识别,还提出通过对定子 q 轴电流的小波分析不仅可实现故障出现时刻的检测,还可实现故障程度的识别。

(2)基于定子电压信号的数据驱动匝间短路诊断方法

基于定子电压信号的数据驱动匝间短路诊断方法通过对 PMSM 定子电压的分析与处理,提取能够表征 PMSM 匝间短路故障的特征信号。文献[59]提出利用 FFT 提取故障相 abc 坐标下的电压信号的前 15 阶谐波作为故障特征量实现 PMSM 匝间故障检测与故障程度识别,但是该方法对负载波动、温度和噪声的鲁棒性不好。文献[68]提出通过电压矢量波形进行 PMSM 匝间短路故障的定位,以不同槽导体发生短路时电压矢量峰值处的相位差作为定位依据,该方法受电机本身结构不对称性的影响。文献[74]针对 I_d 等于 0 控制的五相PMSM,提出通过对 $\alpha\beta$ 和 $\alpha_2\beta_2$ 空间中电压空间矢量的 $-f$ 和 $-3f$ 频率处谐波分量幅值的监测实现匝间短路故障的检测,通过电压空间矢量的极坐标可以确定故障相,但建模时忽略了互感,降低了诊断的准确性。文献[75]通过 FFT 提取端电压中正序的三次谐波分量检测励磁式同步发电机匝间短路故障。文献[76]通过检测 dq 轴给定电压的变化实现 PMSM 匝间短路故障诊断,设计了相应的检测与分离算法,通过实验验证了所提出的算法在不同工况下的有效性。文献[77]和文献[78]提出通过监测 d 轴和 q 轴给定电压的二次谐波分量进行 PMSM 匝间短路故障诊断,基于多坐标系理论通过坐标变换将 d 轴和 q 轴给定电压的二次谐波分量变换为直流分量,以 d 轴和 q 轴电压的几何平均值作为故障指标进行故障检测及故障程度识别。文献[79]建立了机械振动引起的 PMSM 绕组端部间歇匝间短路模型,分析了故障相电流和电流控制器输出的 q 轴给定电压,通过自适应小波提取电流控制器输出的

q 轴给定电压的正序分量进行故障检测,该方法可以在不增加额外传感器的前提下正确地区分间歇短路故障和其他故障。

基于定子电压的 PMSM 匝间短路故障诊断方法和基于定子电流的 PMSM 匝间短路故障诊断方法不需要增加任何额外的硬件开销,具有非侵入性且节省成本的优点,但其诊断精度易受 PMSM 驱动系统逆变器谐波、负载变化、运行速度、电机温度的影响,导致电机不同运行工况下故障诊断精度波动大。

(3) 基于振动和噪声信号的匝间短路诊断方法

PMSM 匝间短路故障导致磁拉力增加,进而增大了作用在定子上的磁应力。磁应力与磁通密度的平方成正比。因此,磁通密度的任何变化都会反映在电机的噪声和振动信号中。通过使用 FFT 或任意的时频分析方法分析振动信号,可以提取故障特征信号用于故障的检测和分离。文献[8]通过解析模型研究了 PMSM 匝间短路对电磁力的影响,研究表明,定子绕组发生匝间短路会在电机圆周方向产生 2 倍基频的法向力并导致电机在该频率处产生振动,振动信号的幅值随短路匝数的增加而增加,有限元分析和实验验证了该结论的正确性。文献[80]利用 FFT 分析了 PMSM 的振动信号,比较了 PMSM 分别处于健康、部分退磁和匝间短路故障状态下的振动频谱,在短路故障的情况下,振动加速度频谱广泛分布在所示的频率范围内。该方法需要在电机表面安装噪声和振动传感器,成本很高,且振动信号受传感器安装位置、电机运行负荷和速度等因素影响,这将影响检测结果的准确性。

(4) 基于探测线圈的匝间短路诊断方法

文献[81]通过探测线圈产生的感应电压实现 PMSM 的健康状态及多故障监测。探测线圈缠绕在每个电枢齿上,在电机运行期间监测感应电压,从每个线圈中提取测量电压的基频分量。文献比较了电机健康和三种不同故障(静态偏心、短路和退磁故障)状态下各探测线圈中电压的分量,获得电机运行时的故障信息。基于探测线圈的诊断方法可以检测故障类型并估计严重性,但需要事先在电机定子齿上安装多个探测线圈,提高了电机的成本,且在有体积限制的场合会影响其安装。

(5) 基于高频谐波电压注入法的匝间短路诊断方法

文献[82]和文献[83]在电机相绕组中注入一个远高于基频的高频谐波电压,通过检测该电压产生的谐波响应电流获取电机的故障信息,该方法利用高频信号能放大电机的不对称性,有效提高了诊断精度,但是高频信号会增加电机损耗和转矩波动,进一步降低电机的运行性能。

此外,还有局部放电法[84-85]、三相电流的相位差法、失电残压法[86]、瞬时功率分解法、零序电压法[87]、负序阻抗法、转矩谐波分量法等多种电机定子故障诊断方法,都得到了一定的应用。

1.2.2.3 基于知识的诊断方法

基于知识的诊断方法不需要电机的数学模型,利用诊断对象信息、人工智能技术实现电机的故障诊断,包括定性分析方法和定量分析方法。定性分析方法主要依赖状态、特征和属性等非量化特征的变化及专家知识,如基于专家系统的故障诊断法。定量分析方法则依赖于表征电机运行状态的各种数据[88],如基于人工神经网络[89-90]、支持向量机[59]和模糊逻辑[90]等故障诊断法。

文献[89]提出一种将小波算法和 BP 神经网络相结合的故障诊断方法,即利用小波变

换提取故障信息并输入到 BP 神经网络实现故障的检测和分类。文献[90]提出了基于 FFT
和径向基函数神经网络的故障诊断方法,取得了良好效果。但是,基于人工神经网络的电机
故障诊断方法也存在一些不足,如收敛速度过慢、训练不足或过度、通用性差等,需要进行更
加深入的研究。文献[91]提出基于调整负序电流与负序阻抗的模糊逻辑的 PMSM 定子线
圈短路诊断方法,诊断效果较好,但模糊规则和模糊集合的确定依赖专家经验,主观性较强。
基于知识方法的困难在于知识获取和验证困难,往往过于依赖专家经验,主观性较强。

1.3 PMSM 退磁故障研究现状

PMSM 采用永磁体进行励磁,提高了电机的运行效率和功率密度,然而,永磁材料稳定
性易受工作温度、电枢反应、制造缺陷及自然寿命等因素的影响,进而发生永磁体局部退磁
或均匀退磁故障[92]。DDPMSM 工况复杂多变,过载、短路或其他工况引起永磁体温度过
高,会导致永磁材料产生磁损失[93]。DDPMSM 运行时不可避免地受到振动与冲击的作用,
导致原本不稳定的磁矩向低能量方向摆动与偏转并趋于稳定[94]。永磁材料随着使用时间
的增加会出现一定的磁损失,损失量与使用时间的对数近似呈现线性关系。以上因素均有
可能导致永磁体发生局部退磁或均匀退磁故障,致使电机输出转矩降低,转矩波动增加,造
成电机性能严重下降甚至损坏[95-100]。因此,需要对永磁体的状态进行监测,对早期退磁故
障进行可靠检测,对退磁故障程度及故障模式进行有效评估与识别,实现 DDPMSM 的安全
可靠运行。在退磁故障建模和故障诊断方面,国内外学者做了大量的研究工作,下面分别进
行综述。

1.3.1 PMSM 退磁故障建模方法研究现状

为研究 PMSM 永磁体失磁后磁密变化和磁密变化引起的磁链变化等退磁行为对电机
性能的影响,国内外学者对 PMSM 退磁故障建模方法展开了研究,并取得了一定的研究成
果。综合现有成果可将退磁建模方法分为四类,即解析模型法、场路耦合时步有限元法、有
限元法和等效磁路法。

(1)解析模型法

文献[101]和文献[102]建立了一种轴向磁通 PMSM 失磁故障的解析模型,采用标量方
程进行精确求解。文献[103]建立了面贴式 PMSM 一个磁极发生 50% 不可逆失磁故障情
况下单槽的空载反电势数学模型。文献[104]以 V 型磁路结构的 8 极 42 kW 内置式
PMSM 为研究对象,建立了任意磁极或任意多个磁极发生不同程度的不可逆失磁故障情况
下单槽和单相的空载反电势数学模型。文献[105]从系统角度建立了模拟汽轮发电机失磁
故障的数学模型,仿真计算发电机的失磁故障。文献[106]以高速混合励磁发电机为研究对
象,建立其等效二维气隙磁场解析模型,推导出了高速混合励磁发电机在失磁故障下的气隙
磁场分布波形。

(2)场路耦合时步有限元法

文献[107]建立了可以考虑磁场饱和、谐波磁场以及实心转子涡流分布不均匀等因素影
响的场路耦合时步有限元模型,对发电机励磁绕组开路及短路的角速度、电磁转矩及定子电
流动态变化规律进行仿真。文献[108]利用场路耦合时步有限元方法建立了汽轮发电机的
失磁数学模型,该模型可以充分考虑磁路饱和、磁场畸变等因素的影响,对汽轮发电机失磁

后各物理量的变化规律进行了分析。文献[109]通过有限元离散方程、电压方程和机械运动方程等联立求解来实现场路运动直接耦合,建立了超高压发电机场、路、运动直接耦合的时步有限元分析模型,该方法可以用较少的假设条件获得更接近真实样机的仿真。

(3) 有限元法

文献[110]利用 Ansoft 软件建立了内嵌式 PMSM 的二维有限元模型并利用该模型分析了电机磁场分布情况,以永磁体各点在短路过程中出现的最小磁密值是否低于相应温度下退磁曲线的膝点磁密值为判断依据,分析得到电机在不同短路故障下永磁体的失磁情况。文献[111]采用有限元法分析了电机在失步、三相短路和重合闸三种非正常工况下永磁体各单元不可逆退磁的情况。文献[112]和文献[113]采用时步有限元法计算分析了永磁体各单元的工作点,研究了短路故障下永磁体各部分退磁情况。文献[114]利用有限元法分析了不同的匝间短路故障类型对永磁体失磁的影响。文献[115]采用有限元法对内置式 PMSM 故障引起的永磁体磁性变化进行了分析。文献[116]对瞬态电磁场问题进行了时步有限元分析。文献[117]采用有限元法对稀土 PMSM 进行建模仿真,分析了失磁故障状态下电机的铜耗和铁耗,研究稀土 PMSM 失磁程度与电机损耗的关系。

(4) 等效磁路法

文献[118]针对高速永磁发电机在负载或转速变化时难以维持输出电压恒定的问题,建立了发电机的等效磁路模型,利用此模型快速设计出辅助励磁部分,避免了设计初期对三维有限元模型的频繁调整。文献[119]针对转子磁极分割型混合励磁电机的特殊结构,建立了该结构通用的等效磁路模型。文献[120]基于无限可渗透假设的等效磁路模型进行了铁氧体辅助磁阻同步电机的设计。文献[121]采用等效磁路法求取永磁体的平均工作点。等效磁路法的计算量小,但精度较低。

1.3.2 PMSM 退磁故障诊断技术研究现状

PMSM 退磁故障诊断方法分为两大类,即基于数据驱动的诊断方法和基于模型驱动的诊断方法,下面分别进行综述。

1.3.2.1 基于数据驱动的退磁故障诊断方法

(1) 基于定子电流信号数据驱动的退磁故障诊断方法

大量文献研究表明[122-124],当 PMSM 出现永磁体局部退磁故障时,电枢电流中将产生如公式(1-2)所示的故障特征谐波。

$$f_{\text{fault}} = f_{\text{s}} \left(1 \pm \frac{k}{p} \right) \tag{1-2}$$

式中,f_{s} 为定子基波电流频率;p 表示电机极对数;k 取正整数。

利用 FFT 或时频分析方法提取 PMSM 定子电流中公式(1-2)所示的故障特征谐波进行 PMSM 永磁体局部退磁故障诊断[123-129]。文献[123]研究了空载反电势和定子电流谱中包括分数次谐波在内的新的谐波成分,但分析都是在额定速度和额定负载下进行的,没有考虑不同的工况。文献[124]提出采用小波包与样本熵相融合的失磁故障诊断方法。文献[125]提出通过定子电流频谱区分偏心故障和局部退磁故障,在偏心故障情况下第 0.75 次谐波幅值增加得更多,而第 0.5 次和第 0.25 次谐波幅值在退磁的情况下增加更明显。这种方法的主要缺点是它需要不同的指标来进行故障检测,并且检测基于的是谐波振幅。这些谐波并不总是可以检测到的,因为它们随着电机几何结构和运行工况的不同而不同。文献

[126]提出基于CWT-HHT的PMSM失磁故障诊断方法。文献[127]采用希尔伯特-黄变换求取电机相电流固有模态分量(IMF)的瞬时频率。通过对比正常与退磁状态下相电流IMF分量的瞬时频率实现PMSM退磁故障的诊断。文献[128]利用小波分析和EMD分解提取电流信号特征频率处的谐波,建立了故障程度与特征值之间的关系,通过LSSVM模型进行识别,结果表明,在识别微弱故障时,基于EMD的LSSVM具有更高的诊断精度。文献[129]研究了不同的运行速度和负载下,PMSM中由于磁体缺失或局部退磁所导致的磁通扰动,使用连续小波变换(CWT)和离散小波变换(DWT)分析定子电流的时频信息。结果表明,基于CWT的方法适用于工业应用中的快速诊断,而基于DWT的方法可提供定子电流的全部频谱,从而允许对永磁电机进行更详细的状态监测。但是从CWT和基于DWT的方法的输出中获得的数据量是巨大的,需要减少设定的参数来评估电机的状态。

（2）基于电压信号的数据驱动诊断方法

文献[130-134]引入零序电压作为PMSM永磁体局部退磁故障的特征量。文献[130]和文献[131]提出一种基于零序电压分量的PMSM局部失磁故障诊断方法,并定义了评估PMSM退磁故障严重程度的指标,该方法的特点是计算量小、简单、精度高。文献[135]研究了PMSM定子绕组配置对电流谐波分量和零序电压的影响。结果表明,可以根据在定子电流和零序电压中出现的新的谐波频率来检测局部退磁故障。所提出的方法不依赖于负载条件,但依赖于绕组形式,并且不会出现在整数槽绕组的电机上,还需要加装电压检测单元。

虽然基于零序电压分量的PMSM永磁体局部退磁故障诊断方法独立于负载变化,提高了诊断的精度,但需加装电压检测单元,增加了PMSM驱动系统的硬件开销,且需要获得PMSM定子绕组中性点,降低了该方法的适用性。

（3）基于振动信号的数据驱动退磁故障诊断方法

永磁体发生局部退磁故障,PMSM气隙磁场将发生畸变,产生不对称电磁力,引起转矩脉动并伴随机械噪声。文献[136]和文献[137]以振动信号为分析对象,通过信号处理技术提取振动信号中的特征量,实现PMSM永磁体局部退磁故障的诊断。文献[136]提出了从振动信号中提取不同时域和频域指标用于检测PMSM中的偏心和退磁故障的方法,文献通过振动信号的偏斜度和中频的组合可以有效地监测电机的健康状态并进行故障类型的识别。文献[137]采用了有限元分析方法计算了PMSM定子齿上的径向力分布。研究了振动信号的波形和频率信息,采用快速傅里叶变换来提取振动信号主要的谐波频率分量,以此来检测并分离匝间短路故障和退磁故障。在退磁故障下,低频区域谐波的幅值增大;在匝间短路故障下,谐波会出现在频带上更大的范围内。基于振动和噪声信号的退磁故障诊断方法易引入高频干扰,故障特征信号提取较为困难,而且需要安装振动传感器,增加了成本。

（4）基于转矩信号的数据驱动退磁故障诊断方法

永磁体退磁会增加转矩波动,转矩谱中会出现边带分量。文献[138-142]以转矩信号为分析对象进行PMSM退磁故障诊断。文献[138]利用转矩谱频率边带分量的幅值作为指标实现退磁故障诊断,这些边带分量可以用转矩仪测量并用于检测。文献[139]提出一种用齿槽转矩回转半径作为检测PMSM均匀退磁故障的新指标。该方法能够检测均匀退磁故障及其退磁的百分比。文献[140]通过CWT对转矩信号进行降噪,利用脊线-小波能量谱分析降噪后的转矩信号,采用GST算法提取转矩脉动能量和转矩脉动能量的变化率估计退磁程度,该方法需要增加扭矩测量传感器。

（5）基于高频信号注入法的永磁体退磁故障诊断方法

高频信号注入法将永磁体退磁前后 PMSM 磁路状态变化所引起的电气特性改变作为永磁体退磁故障的诊断判据[141-142]。该方法能够实现永磁体局部退磁故障、永磁体均匀退磁故障的诊断,但该方法无法做到实时、在线退磁故障诊断,且需要根据永磁体退磁程度的不同叠加不同幅值的高频激励电流。

（6）基于探测线圈的退磁故障诊断方法

文献[143]提出了一种使用无线探测线圈的入侵式 PMSM 退磁故障诊断方法。该方法只需要一个基本部件用于故障检测,能够较好地评估退磁故障的严重程度,不受 PWM 的谐波、负载大小和电机参数的影响,但是该方法不适用于已经加工好的电机或体积受限的场合。

1.3.2.2 基于模型的永磁体退磁故障诊断方法

基于模型的永磁体退磁故障诊断方法通过对 PMSM 模型分析获得永磁体磁链来实现永磁体退磁故障的诊断。文献[144]和文献[145]采用有限元模型实现永磁体退磁故障诊断,获取永磁体磁链的准确信息,但其难以与 PMSM 驱动系统直接衔接,且计算量大,实时性差,很难实现永磁体退磁故障的在线诊断,因此该方法主要用于 PMSM 设计过程中的永磁体抗退磁设计。文献[146]结合电机的数学模型提出了一种基于遗传算法的参数辨识新方法,该方法所用的信号均为可直接检测的状态变量,从而减少了其他干扰对电机参数辨识的影响,提高了参数辨识的准确性。文献[147]提出一种基于双观测器的内置式 PMSM 失磁故障检测方法,利用龙伯格观测器隔离系统矩阵中电机速度变化对观测器误差方程造成的影响,设计滑模变结构观测器,建立估计永磁体磁链的算式,根据磁链的变化来检测电机的失磁故障。但此方法不能区分局部失磁和均匀失磁。

1.4 知识图谱技术理论与发展

知识图谱技术的相关概念由 Google 公司在 2012 年提出,并将其用于增强搜索引擎的搜索能力。经过几年的发展,知识图谱技术以其极强的多信息融合能力与分类能力,成为大数据时代人工智能领域的新利器。表 1-2 列出了知识图谱技术目前的研究机构和应用情况。

表 1-2 知识图谱技术的应用情况

应用领域	研究机构	应用情况
信息检索	谷歌、百度	搜索引擎增强
电子商务	阿里巴巴、京东	购物推荐、虚假评论检测、欺诈检测
社交网络	吉林大学、信息工程大学	网络舆情管理、重名实体消歧
煤矿科学	中国矿业大学	煤矿科学数据利用率提升
金融	南京大学	投资分析、欺诈检测、交易管理
故障诊断	北京邮电大学	阐述了其在故障诊断领域应用的可能

目前,知识图谱已经成功应用于多个领域[60-61]。在医疗信息领域,阮彤等通过知识图谱技术完成关系数据的转换及文本抽取,实现了中医药知识图谱的构建并在此基础上开发了基于知识图谱的中医药辅助开药系统[60]。在社交网络领域,马江涛等通过对社交网络的知识图谱构建技术研究,解决了在人物知识图谱构建过程中的相关问题,如关系补全、重名实体消歧和关系推理等[61]。姚胜等将知识图谱技术引入协同过滤算法,解决了用户历史数据较稀疏时,算法性能大幅下降的问题[62]。在测绘地理行业,刘鎏等提出了地理本体的层次和空间模型,结合本体推理机制和知识图谱技术完成对吉林地区地理知识图谱的构建[63]。在煤矿学科领域,王学奎等将知识图谱与煤矿科学知识问答系统相结合,利用机器学习算法半自动化地构建了煤矿科学知识图谱,解决了目前煤矿科学数据总利用率低、高冗余、低结构化、难以挖掘等问题[64]。在故障诊断领域,刘鑫等在故障诊断分析领域引入知识图谱相关技术思想,将故障树诊断方法、故障模式分析法与知识图谱的本体化表示过程相结合,阐述了将知识图谱用于故障诊断领域的可能性[65]。除此之外,知识图谱在电子商务、智能评测、金融、健康管理等领域均有应用[66-69]。

将知识图谱应用于永磁同步电机故障诊断领域,能够把用于不同子诊断系统的多组故障特征量信息集合于一个知识图谱系统,克服了利用人工神经网络技术建立综合故障诊断系统时,往往需要建立和训练多个神经网络的问题,降低了故障诊断综合系统的复杂程度。知识图谱技术的发展依赖于语义网、自然语言处理、图数据库等多个核心技术领域,是一个典型的多技术、多学科交叉融合产物。如何将多组故障诊断特征量信息有序、分明地内化到知识图谱中,是将知识图谱应用于永磁同步电机故障诊断领域的关键问题。

综上所述,本书将采用知识图谱技术建立集故障检测、故障线圈定位、故障程度评估于一体的DDPMSM线圈内部匝间短路故障诊断系统。

1.5　DDPMSM故障建模及诊断技术亟待解决的关键技术问题

1.5.1　DDPMSM定子绕组故障精细化建模问题

1.5.1.1　定子绕组故障模型通用性问题

目前,所建立的同步电机定子绕组故障模型的通用性比较差,分析不同类型的定子故障需要改变模型的拓扑结构,并重新确定模型的参数。

1.5.1.2　兼顾多因素影响及建模方便性的定子绕组故障建模问题

基于相坐标法、绕组分割法等方法建立的定子绕组故障模型考虑的影响因素比较单一,没有考虑短路线圈的空间位置、绕组形式等诸多因素影响,不同绕组形式的PMSM发生相同情况的匝间短路故障计算结果相同,在不同短路位置发生相同短路匝数、相同故障电阻的匝间短路故障计算结果相同,这与实际情况不相符。多回路法、有限元模型虽然可以充分地考虑绕组的结构、短路线圈的空间位置等因素的影响,但是建模过程复杂,且计算耗时。

因此,亟须开展DDPMSM定子绕组故障状态数学建模的研究,该模型能精确分析线圈元件内部不同短路位置的匝间短路故障;能在不改变模型拓扑结构的前提下方便、快速地分析DDPMSM健康及不同类型定子绕组故障状态下电机的性能。

1.5.2 DDPMSM 早期匝间短路及退磁故障检测精准问题

1.5.2.1 DDPMSM 早期匝间短路及退磁故障检测灵敏度问题

近些年,国内外的学者主要采用定子电流、定子电压、振动信号等作为故障特征信号,利用经验模态分解、Wigner-Ville 分布、FFT、小波分析等先进信号处理技术提取特征信号的故障信息,结合神经网络、K-近邻分类器、SVM 等算法实现早期故障检测。然而,PMSM 早期匝间短路故障检测主要针对线圈间的匝间短路,难以实现线圈元件内部几匝短路的微弱故障检测。同时,相对于普通的 PMSM,DDPMSM 工作信号大,早期微弱故障信号极易被幅值较大的工作信号湮没,有效提取难度大。因此,亟须开展 DDPMSM 线圈元件内部匝间短路故障及微弱退磁故障研究,遴选出灵敏的故障特征量,以在足够早的阶段检测出早期微弱故障并及时进行维修,保障电机安全可靠运行。

1.5.2.2 DDPMSM 早期匝间短路及退磁故障检测准确度问题

目前,PMSM 早期匝间短路及退磁故障检测方案对复杂工况的泛化能力不强,方案仅仅适应于单一工况,在某种工况下诊断效果很好的算法在其他工况下诊断精度波动较大。然而,DDPMSM 运行环境复杂多变、外界噪声干扰较大、多工况交替,因此,亟须开展考虑多因素耦合、多工况交替的匝间短路故障研究,遴选出可靠的、鲁棒的故障特征量,强化 DDPMSM 早期匝间短路及退磁故障检测技术在复杂工作环境及多工况下的高精度检测及泛化能力。

1.5.3 DDPMSM 匝间短路及退磁故障定位问题

目前,针对 PMSM 匝间短路及退磁故障研究主要集中于故障检测技术,故障定位技术取得的研究成果较为有限。有文献通过在每个定子齿上安装探测线圈实现匝间短路、退磁故障的定位,该方法增加了电机的体积和成本,限制了其在小空间场合的应用。同时,相对于普通的 PMSM,DDPMSM 极数多、退磁永磁体的精确定位更加困难。因此,亟须开展 DDPMSM 匝间短路及退磁故障精准定位研究,为维修活动提供决策信息,以缩短维修时间,提高设备使用效率。

综上所述,亟须开展适用于多工况的 DDPMSM 早期故障检测、故障类型识别及故障精准定位方法研究。开展能兼顾多因素影响、建模方便性及使用快捷性的 DDPMSM 定子绕组故障状态数学建模研究;利用建立的定子绕组故障状态数学模型研究匝间短路故障状态下电机性能及故障特征量的变化规律,遴选出适用于多工况的故障特征量,开展 DDPMSM 匝间短路早期故障实时检测及故障线圈自动定位算法研究。开展永磁体退磁故障数学建模的研究;利用建立的退磁故障数学模型研究故障特征量与永磁体退磁程度及退磁模式的关系,开展退磁故障特征量提取算法的研究;进行退磁故障实时检测、故障模式识别及故障自动定位算法的研究。

1.6 本书研究内容及任务

本书主要开展 DDPMSM 线圈元件内部匝间短路及退磁故障的故障机理、匝间短路定子绕组故障建模、匝间短路故障特征量遴选、匝间短路早期故障检测及定位方案、退磁建模、退磁故障特征量构造、退磁模式识别、退磁磁极定位、实验验证等研究工作,具体研究内容如下。

1.6.1 DDPMSM 定子绕组故障状态数学建模

建立 DDPMSM 定子绕组故障状态数学模型,通过数学模型计算 DDPMSM 健康状态及定子绕组故障状态下的支路电流、定子电压、转矩等物理量,并与用有限元法所得的结果进行比较。

1.6.2 DDPMSM 早期微弱匝间短路故障特征量遴选及故障诊断研究

1.6.2.1 DDPMSM 线圈元件内部匝间短路故障特征的研究

利用建立的 DDPMSM 定子绕组故障状态数学模型,研究线圈元件内部匝间短路故障前后定子电流、定子电压、电磁转矩等物理量的变化规律,分析故障机理和故障特征,找出敏感的故障特征量,作为 DDPMSM 匝间短路早期微弱故障检测的依据。

1.6.2.2 DDPMSM 匝间短路故障特征量的泛化能力研究

对比研究不同工况下线圈元件内部匝间短路故障前后定子电流、定子电压、电磁转矩等物理量的变化规律,以及短路匝数对敏感故障特征的影响规律,遴选出适应于多工况的 DDPMSM 匝间短路故障检测及定位的特征量,提高 DDPMSM 匝间短路早期故障检测及定位的准确度。

1.6.2.3 多因素耦合作用下匝间短路故障 DDPMSM 性能及故障特征量研究

利用建立的 DDPMSM 定子绕组故障状态数学模型,对比研究线圈元件内部短路点的空间位置、短路匝数、故障电阻对定子电流、定子电压、电磁转矩等物理量的影响规律,探究短路位置、短路匝数、故障电阻等多因素对电机输出特性的影响。

1.6.2.4 DDPMSM 匝间短路早期故障检测及短路线圈自动定位算法研究

结合遴选的故障特征量,开展 DDPMSM 匝间短路早期故障检测及短路线圈自动定位算法研究。

1.6.3 DDPMSM 退磁故障解析建模研究

开展任意转速、任意编号永磁体退磁故障时的单槽空载反电动势、相邻槽空载反电动势、单线圈空载反动电势、单相圈空载反动电势建模研究,为研究退磁永磁体位置、数量及程度对电机空载反电势的影响奠定理论基础。

1.6.4 DDPMSM 退磁故障特征量的提取技术

研究一种基于新型探测线圈的退磁故障诊断的故障特征量,研究考虑磁路饱和并联支路环流影响的故障特征量提取算法。

1.6.5 DDPMSM 均匀退磁故障对电机性能影响分析及诊断研究

对比分析均匀退磁故障前后 DDPMSM 的气隙磁密、空载反电势、支路电流、功率因数、效率、电磁转矩和齿槽转矩等性能参数的变化规律。研究不同速度下空载反电势回转半径随着永磁体均匀退磁故障程度的变化规律,研究不同速度下 DDPMSM 均匀退磁故障的诊断。

1.6.6 DDPMSM 局部退磁故障对电机性能影响分析及诊断研究

对比分析局部退磁故障前后 DDPMSM 的气隙磁密、空载反电势、支路电流、功率因数、效率、电磁转矩等性能参数的变化规律。研究基于相关系数法的单个永磁体故障的检测、定位及程度评估。研究在两个相邻永磁体健康假设下的多个永磁体故障的检测、定位及程度评估。

1.6.7 集退磁故障检测、模式识别、故障定位于一体DDPMSM退磁故障诊断研究

针对DDPMSM退磁故障早期检测及故障定位困难等问题，研究一种基于磁极分区及新型探测线圈的空载电动势残差的集退磁故障检测、模式识别、退磁永磁体故障定位于一体的退磁故障诊断方法，研究新型探测线圈安装方式、布置方式及检测机理，研究DDPMSM退磁故障特征量的提取及退磁故障自动定位等关键技术难题。

研究一种基于磁极分区的空载反电势残差的退磁永磁体定位方法，研究磁极分区的准则。结合构造的退磁故障特征量，开展DDPMSM退磁故障实时检测及退磁永磁体自动快速精确定位算法的研究。

1.6.8 建立样机装置和实验测试平台，开展DDPMSM故障诊断实验研究

研制用于匝间短路故障实验的DDPMSM样机，搭建样机实验测试平台。首先对DDPMSM样机方案进行分析和制作，包括样机结构设计、传感器配置、电机驱动控制器配置，测试方案和基本参数等。然后通过改变电机定子绕组接线方式，研究故障测试方案，对研究的匝间短路故障进行实验验证，并开展实验结果分析。

（1）设计研制DDPMSM样机，搭建样机测试平台；

（2）实验验证建立的数学模型及遴选的故障特征量的正确性及有效性。

2 基于线圈子单元的 DDPMSM 健康与定子绕组短路故障数学建模

2.1 引言

DDPMSM 应用环境十分恶劣,频繁启停、振动、灰尘、潮湿、高温等复杂工况及恶劣环境的同时出现,导致 DDPMSM 时常发生匝间短路故障。一般来说,匝间短路故障是一个渐进发展的过程,匝间短路故障初期对电机性能的影响并不明显,所表现出来的特征也很微弱,但若没有被及时检测到并采取措施,会发展成多线圈短路故障、支路间短路故障、相间短路故障等更严重的短路故障,甚至造成永磁体不可逆退磁,最终导致电机完全损坏。因此,若匝间短路故障能在萌芽时就可以被故障诊断技术准确地诊断并处理,则可以大幅提高 DDPMSM 及其驱动系统的安全性与可靠性。建立 DDPMSM 匝间短路故障模型,分析匝间短路故障对电机性能及特征的影响规律是匝间短路故障诊断的前提[7-8]。因此,建立方便、快速、精确的定子绕组内部故障的模型是 PMSM 故障诊断领域的研究热点[9]。

目前,PMSM 定子绕组故障建模方法有多回路法(MLM)、有限元法(FEM)、绕组函数法(WFT)和绕组分区法(WPM)。多回路法的基本原理是根据电机实际电路回路建立电压和磁链方程,这种方法可以考虑空间谐波、绕组空间位置[10]等因素,但是不同定子绕组故障需要建立不同的回路方程,建模过程非常复杂。因此,多回路法难以方便、快速地建立适用于分析不同定子绕组故障情况的解析模型。有限元法可以考虑空间谐波、绕组结构等因素,能够准确地分析不同类型故障下电机的性能[11-12],但是有限元法建立的是物理模型,在建模和求解时非常耗时,而且不能直接反映电机各种物理量之间的数学关系[13]。绕组函数法通过气隙中绕组磁动势分布进行电感计算,该方法能考虑绕组结构、磁路饱和、开槽的影响,但仅适用于气隙较小的电机。然而,表贴式直驱永磁同步电机的气隙较大。故绕组函数法难以为直驱永磁同步电机提供准确的计算结果。绕组分区法可以深入故障绕组的内部,将故障相绕组分为健康部分和故障部分来分析定子绕组故障。但分区后的两部分仍然采用集中参数进行计算,没有考虑磁极对数、绕组结构、故障位置等因素对电机参数的影响。Vaseghi(瓦塞)、Monia(莫尼亚)等把相绕组分成"P"个初级线圈,该方法考虑了不同极对下的短路线圈位置,但忽略了相同极对下的线圈位置、相同槽不同故障位置对建模的影响[50-54]。总的来说,在不改变模型内部结构的情况下,多回路法、绕组函数法和绕组分区法都无法分析电机在不同定子绕组故障下的性能,无法分析线圈元件内部不同短路位置的匝间短路故障。有限元法可以分析线圈元件内部的匝间短路故障,但建模和求解过程耗时。

因此,本书提出一种基于线圈子单元的 DDPMSM 定子绕组故障状态数学模型,将每个定子线圈分成多个子单元进行精细化建模,充分考虑槽内线圈位置对电感参数的影响。建立的数学模型能用于分析线圈元件内部匝间短路故障状态与健康状态下电机的性能,研究故障机理并遴选出故障特征量,为匝间短路故障诊断提供理论依据。

2.2 基于线圈元件的健康状态数学建模

为建立基于绕组子单元的 DDPMSM 定子绕组故障状态数学模型,首先建立基于线圈元件的 DDPMSM 健康状态数学模型。该模型以线圈元件为基本单元,不仅能分析不同工况下相电压等电机性能参数的变化规律,还能够快速分析各线圈元件对电机性能的影响。

2.2.1 DDPMSM 结构及参数

为了便于说明建模的过程并验证建模的正确性,本书以一台 66 极 72 槽 Y 形连接的三相面贴式直驱永磁同步电机为研究对象,建立了其解析模型和有限元模型,制造了故障实验样机并搭建实验测试平台。该电机定子绕组采用分数槽集中绕组隔齿绕的形式。每相由 3 条支路并联组成,每条支路由相距 360°空间电角度的两个线圈组串联而成,每个线圈组由两两相邻的线圈串联而成。转子永磁体个数为 66,采用面贴式等距分布。该电机的结构如图 2-1 所示。主要参数列于表 2-1。

表 2-1 DDPMSM 样机结构参数

项目	数值	单位	项目	数值	单位
定子外径	360	mm	额定功率	10	kW
定子内径	300	mm	额定电流	28	A
气隙长度	1.2	mm	额定转速	200	r/min
绕组线径	1.3	mm	相数	3	/
定子槽面积	154	mm^2	线圈数	36	/
永磁体厚度	5.3	mm	绕组匝数	48	/
极弧系数	0.83	/	并联支路数	3	/
轴向长度	150	mm	极槽配合	66/72	/

2.2.2 基于线圈元件的健康状态解析建模

将相绕组划分为绕组子单元,以线圈元件为基本单元建立 DDPMSM 健康状态数学模型(APM)。图 2-2 所示为基于单个线圈的 DDPMSM 等效电路。

为了减小 DDPMSM 健康建模的工作量,但又不影响物理本质及建模精度,进行以下假设:

(1) 电机铁芯磁导率为无穷大;

(2) 忽略电机的涡流、磁滞损耗以及集肤效应;

(3) 电机反电势的波形为正弦波;

(4) 电机磁路为线性的;

(5) 电机的电感不随转子位置变化。

根据上述假设可列出 DDPMSM 健康状态的电压方程:

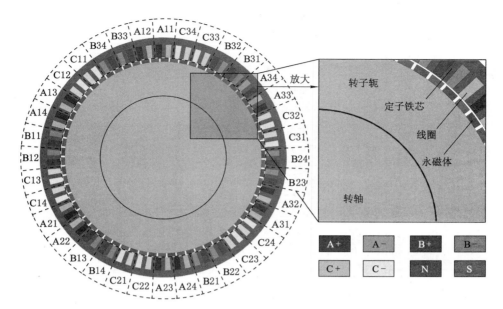

（a）切面结构图

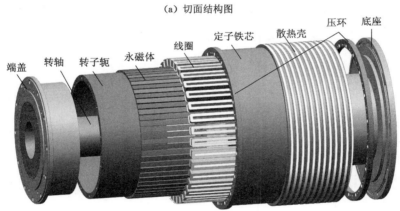

（b）分解图

图 2-1　样机结构图

$$[V_{\mathrm{s}}] = [R_{\mathrm{s}}] \cdot [I_{\mathrm{s}}] + [L_{\mathrm{s}}]\frac{\mathrm{d}}{\mathrm{d}t}[I_{\mathrm{s}}] + [E_0] \tag{2-1}$$

其中：

$$[V_{\mathrm{s}}] = [v_{\mathrm{A}11} \cdots v_{\mathrm{A}34}\, v_{\mathrm{B}11} \cdots v_{\mathrm{B}34}\, v_{\mathrm{C}11} \cdots v_{\mathrm{C}34}]^{\mathrm{T}} \tag{2-2}$$

$$[I_{\mathrm{s}}] = [i_{\mathrm{A}11} \cdots i_{\mathrm{A}34}\, i_{\mathrm{B}11} \cdots i_{\mathrm{B}34}\, i_{\mathrm{C}11} \cdots i_{\mathrm{C}34}]^{\mathrm{T}} \tag{2-3}$$

$$[R_{\mathrm{s}}] = \mathrm{diag}[r_{\mathrm{A}11} \cdots r_{\mathrm{A}34}\, r_{\mathrm{B}11} \cdots r_{\mathrm{B}34}\, r_{\mathrm{C}11} \cdots r_{\mathrm{C}34}] \tag{2-4}$$

$$[E_0] = [e_{\mathrm{A}11} \cdots e_{\mathrm{A}34}\, e_{\mathrm{B}11} \cdots e_{\mathrm{B}34}\, e_{\mathrm{C}11} \cdots e_{\mathrm{C}34}]^{\mathrm{T}} \tag{2-5}$$

$$[L_{\mathrm{s}}] = [L_{\mathrm{S}1} \quad L_{\mathrm{S}2} \quad L_{\mathrm{S}3}]^{\mathrm{T}} \tag{2-6}$$

公式（2-5）中：

$$e_{X_{k1}} = e_{X_{k3}} = e_{X_{k1}} \angle \alpha \tag{2-7}$$

$$e_{X_{k2}} = e_{X_{k4}} = e_{X_{k2}} \angle (\alpha + 30°) \tag{2-8}$$

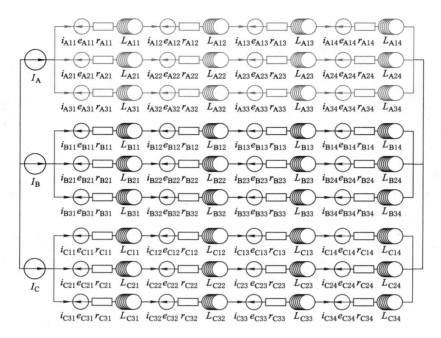

图 2-2　基于单个线圈的 DDPMSM 等效电路

公式(2-6)中：

$$[L_{S1}]=\begin{bmatrix} L_{A11} & M_{A11A12} & \cdots & M_{A11A33} & M_{A11A34} & M_{A11B11} & \cdots & M_{A11C11} & \cdots & M_{A11C34} \\ \vdots & \vdots & \vdots & \vdots & \vdots & \vdots & \vdots & \vdots & \vdots & \vdots \\ M_{A34A11} & M_{A34A12} & \cdots & M_{A34A33} & L_{A34} & M_{A34B11} & \cdots & M_{A34C11} & \cdots & M_{A34C34} \end{bmatrix}$$ (2-9)

$$[L_{S2}]=\begin{bmatrix} M_{B11A11} & \cdots & L_{B11} & M_{B11B12} & \cdots & M_{B11B33} & M_{A11B34} & M_{B11C11} & \cdots & M_{B11C34} \\ \vdots & \vdots & \vdots & \vdots & \vdots & \vdots & \vdots & \vdots & \vdots & \vdots \\ M_{B34A11} & \cdots & M_{B34B11} & M_{B34B12} & \cdots & M_{B34B33} & L_{B34} & M_{B34C11} & \cdots & M_{B34C34} \end{bmatrix}$$ (2-10)

$$[L_{S3}]=\begin{bmatrix} M_{C11A11} & \cdots & M_{C11B12} & \cdots & M_{C11B34} & L_{C11} & M_{C11C12} & \cdots & M_{C11C33} & M_{C11C34} \\ \vdots & \vdots & \vdots & \vdots & \vdots & \vdots & \vdots & \vdots & \vdots & \vdots \\ M_{C34A11} & \cdots & M_{C34B12} & \cdots & M_{C34B34} & M_{C34C11} & M_{C34C12} & \cdots & M_{C34C33} & L_{C34} \end{bmatrix}$$ (2-11)

式中，$[V_s]$、$[R_s]$、$[I_s]$、$[L_s]$和$[E_0]$分别为电压矩阵、电阻矩阵、电流矩阵、电感矩阵和空载反电动势矩阵。$v_{X_{kj}}$、$i_{X_{kj}}$、$r_{X_{kj}}$、$e_{X_{kj}}$和$L_{X_{kj}}$是X_{kj}线圈的瞬时电压、瞬时电流、电阻、瞬时空载反电动势和自感($X=A,B,C;k=1,2,3;j=1,2,3,4$)。$M_{X_{kj}Y_{mn}}$是$X_{kj}$线圈和$Y_{mn}$线圈之间的互感($X,Y=A,B,C;k,m=1,2,3;j,n=1,2,3,4;X_{kj}\neq Y_{mn}$)。

DDPMSM 电磁转矩通过功率平衡方程计算，电机功率平衡方程如式(2-12)所示。

$$P_e = P_1 - p_{Cu} - p_{Fe}$$ (2-12)

其中：

$$P_1 = \begin{bmatrix} I_a & I_b & I_c \end{bmatrix} \cdot \begin{bmatrix} V_A \\ V_B \\ V_C \end{bmatrix}$$ (2-13)

$$p_{\mathrm{Cu}} = \begin{bmatrix} I_{\mathrm{A}}^2 & I_{\mathrm{B}}^2 & I_{\mathrm{C}}^2 \end{bmatrix} \cdot \begin{bmatrix} R_A \\ R_B \\ R_C \end{bmatrix} \tag{2-14}$$

$$V_X = v_{X_{k1}} + v_{X_{k2}} + v_{X_{k3}} + v_{X_{k4}} \tag{2-15}$$

$$I_X = i_{X_{1j}} + i_{X_{2j}} + i_{X_{3j}} \tag{2-16}$$

$$R_X = \frac{\sum r_{X_{1j}} \cdot \sum r_{X_{2j}} \cdot \sum r_{X_{3j}}}{\sum r_{X_{1j}} \cdot \sum r_{X_{2j}} + \sum r_{X_{2j}} \cdot \sum r_{X_{3j}} + \sum r_{X_{1j}} \cdot \sum r_{X_{3j}}} \tag{2-17}$$

式中，P_e、P_1、p_{Cu} 和 p_{Fe} 分别是电磁功率、输入功率、定子铜损耗和铁耗。I_X、V_X 和 R_X 分别是瞬时相电压、瞬时相电流和相电阻（X＝A,B,C）。电磁转矩通过每个周期电磁功率与角速度比值的平均值来计算：

$$P_{\mathrm{e} \cdot \mathrm{ac}} = f \int_0^{\frac{1}{f}} P_e \, \mathrm{d}t \tag{2-18}$$

$$T = P_{\mathrm{e} \cdot \mathrm{ac}} / \Omega \tag{2-19}$$

其中：

$$\Omega = 2\pi n/60 \tag{2-20}$$

式中，$P_{\mathrm{e \cdot ac}}$、T、f、n 和 Ω 分别是电磁功率有功分量、电磁转矩、电源频率、转速和机械角速度。根据公式（2-1）至公式（2-20）建立 DDPMSM 健康状态数学模型，在 MATLAB 中搭建了如图 2-3 所示的模块。通过模块参数窗口可设置电机负载和转速，从而方便分析各种工况下电机的性能。其中，负载可以通过 Current 模块的参数窗口进行设置，转速可以通过 Speed 模块的参数窗口进行设置。

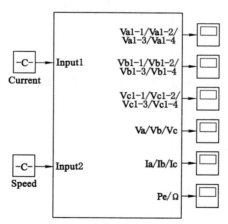

图 2-3　DDPMSM 健康状态下数学模型计算模块

2.2.3　DDPMSM 健康状态电感计算

电感计算的准确度直接影响 DDPMSM 健康状态数学模型精度，电感计算非常关键。DDPMSM 健康状态线圈电感通过公式（2-21）、公式（2-22）计算。

$$L_{X_{kj}} = \frac{\psi_{X_{kj}} - \psi_{PM}}{i} \tag{2-21}$$

$$M_{X_{kj}Y_{mn}} = \frac{\psi_{X_{kj}Y_{mn}} - \psi_{PM}}{i} \tag{2-22}$$

式中，$\psi_{X_{kj}}$ 是永磁体和 X_{kj} 线圈电枢磁势在 X_{kj} 线圈上产生的磁链；$\psi_{X_{kj}Y_{mn}}$ 是永磁体和 X_{kj} 线圈电枢磁势在 Y_{mn} 线圈上产生的磁链；ψ_{PM} 是永磁体在线圈 X_{kj} 上产生的磁链；i 是向 X_{kj} 线圈注入的电流。

DDPMSM 定子各线圈在圆周上是对称的，定子圆周不同位置线圈自感是相等的，空间距离相同的两个线圈的互感是相等的。图 2-4 所示为 DDPMSM 线圈的空间位置关系。

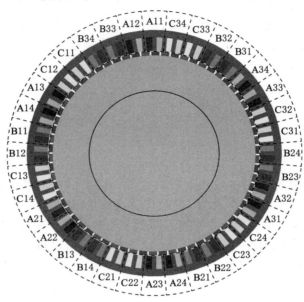

图 2-4　线圈的空间位置关系

由图 2-4 所示 DDPMSM 线圈的空间位置关系可以确定线圈的自感及线圈间的互感，如公式（2-23）、公式（2-24）所示。

$$L_{A11} = \cdots = L_{B11} = \cdots = L_{C11} = \cdots = L_{C34} \tag{2-23}$$

$$\begin{cases} M_{A11A12} = M_{A12B33} = \cdots = M_{B31B32} = \cdots = M_{C34A11} \\ \vdots \\ M_{A11B33} = M_{A12B34} = \cdots = M_{B31C33} = \cdots = M_{C34A12} \\ \vdots \\ M_{A11A23} = M_{A12A24} = \cdots = M_{B31B13} = \cdots = M_{C34C22} \end{cases} \tag{2-24}$$

图 2-5（a）为 A11 线圈单独通入电流的磁力线分布图。

由图 2-5（a）可以看出，大部分磁通通过相邻的齿闭合，这是由于面贴式永磁同步电机气隙较大所造成的，所以面贴式隔齿绕永磁同步电机的互感值远小于自感值[17-18]。图 2-5（b）所示为由永磁体和 A11 线圈电枢磁势共同产生的磁链。图 2-5（c）所示为永磁体单独作用产生的磁链。图 2-5（d）所示为 A11 线圈电枢磁势单独作用产生的磁链。根据公式（2-21）和公式（2-22）可得到 A11 线圈的自感和互感。

当两个线圈之间的机械角度超过 120° 时，两个线圈之间的互感小于自感的 0.49%。因

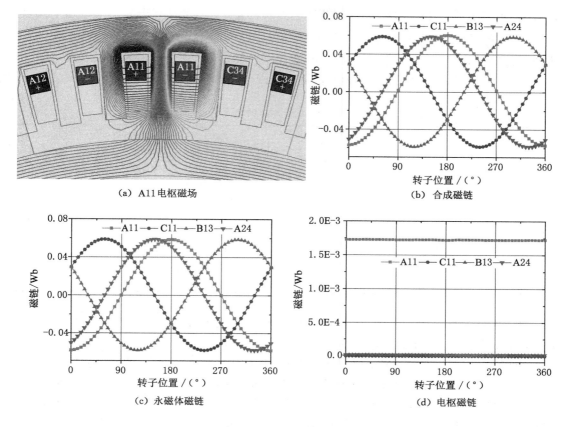

(a) A11电枢磁场

(b) 合成磁链

(c) 永磁体磁链

(d) 电枢磁链

图 2-5 A11 线圈通入电流产生的磁链

此,可以忽略机械角度超过 120°的两个线圈之间的互感。互感的忽略规则如图 2-6 所示。虚线穿过的线圈为通电线圈,通电线圈在"忽略"区域内产生的磁链被忽略。在图 2-6(a)中,A11 通电。A11 在 A22-A31、B13-B22 和 C21-C24 上产生的磁链值为零。在图 2-6(b)中,B11 通电。B11 在 A31-A34、B22-B31 和 C23-C32 上产生的磁链值为零。图 2-6(c)中,C11 通电。A23-A32、B21-B24 和 C22-C31 上产生的磁链值为零。

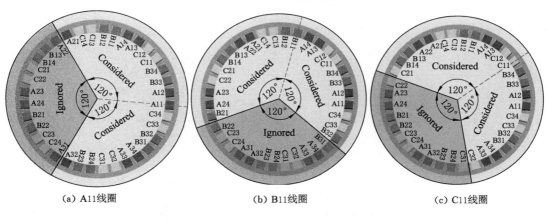

(a) A11线圈

(b) B11线圈

(c) C11线圈

图 2-6 互感忽略规则

2.2.4 基于线圈元件的 DDPMSM 健康状态解析与有限元结果比较分析

为验证不同工况下所建立的 DDPMSM 健康状态下数学模型的正确性与准确性,对由两种转速情况($n=100$ r/min,$n=200$ r/min)和三种负载有效值情况($I_X=14$ A,$I_X=28$ A,$I_X=42$ A)组成的六种工况下的电机性能进行分析。具体工况列于表 2-2 中。

表 2-2 进行对比的工况

工况	转速/(r/min)	负载有效值/A
I	100	14
II	100	28
III	100	42
IV	200	14
V	200	28
VI	200	42

表 2-3 所列为 APM 与 FEM 计算的 V_X 的峰峰值及其误差。图 2-7 所示为 APM 与 FEM 计算的不同工况下的相电压(V_X)。

由图 2-7 可以看出,APM 计算波形与 FEM 计算波形吻合度较好,波形的相位和频率均与有限元计算结果吻合。两种模型计算的波形在波峰和波谷上有微小的误差。由表 2-3 可知,通过两种模型计算的相电压峰峰值的误差小于 3.2%,APM 计算结果小于 FEM 计算结果,这种误差是由于忽略空间谐波所引起的。

表 2-3 不同工况下相电压峰峰值及其误差

工况	项目	APM/V	FEM/V	误差/%
I	V_A	169.45	173.38	2.243
	V_B	169.12	174.63	3.162
	V_C	170.50	173.95	1.983
II	V_A	188.79	191.22	1.271
	V_B	188.79	191.25	1.288
	V_C	189.61	191.22	0.838
III	V_A	212.33	212.89	0.265
	V_B	212.86	212.01	0.401
	V_C	213.45	213.91	0.212
IV	V_A	324.03	331.89	2.368
	V_B	328.65	335.17	1.946
	V_C	325.11	333.49	2.514
V	V_A	346.21	353.6	2.108
	V_B	340.94	349.80	2.533
	V_C	349.84	353.49	1.034
VI	V_A	382.32	383.65	0.345
	V_B	382.29	385.35	0.792
	V_C	384.35	386.25	0.493

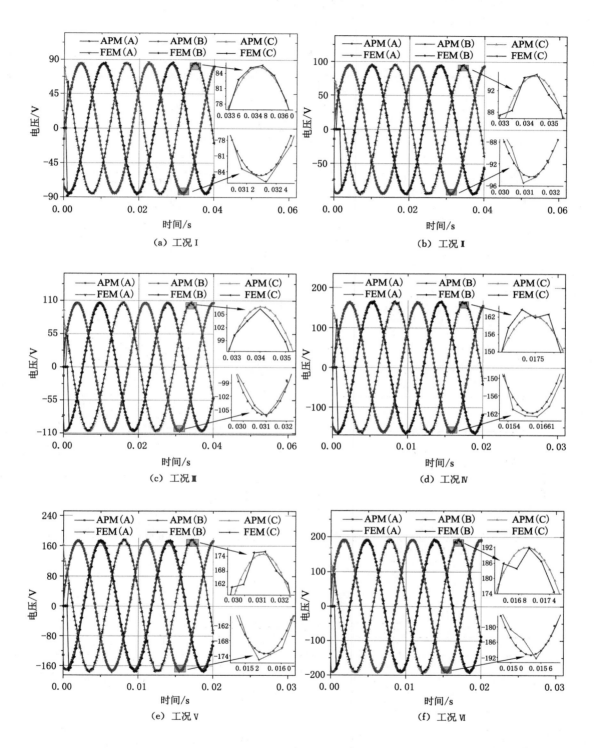

图 2-7 不同工况下的相电压

图 2-8 所示为 APM 与 FEM 计算的不同工况下的转矩平均值。表 2-4 所列为 APM 与 FEM 计算的不同工况下转矩的平均值及其误差。

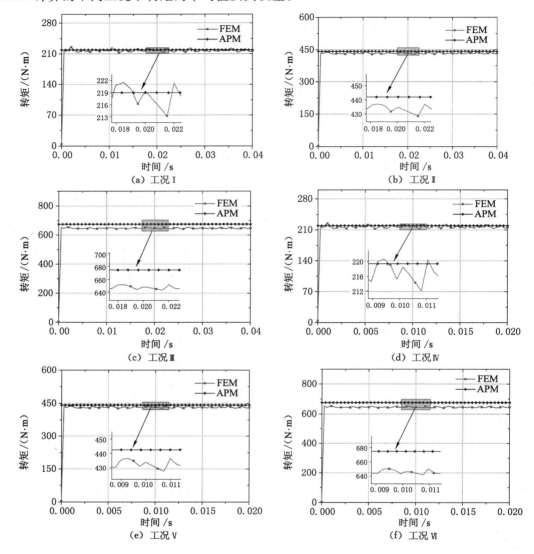

图 2-8 不同工况下的转矩

表 2-4 不同工况下转矩平均值及其误差

工况	APM/(N·m)	FEM/(N·m)	误差/%
I	219.107	215.783	1.540
II	442.311	431.554	2.492
III	674.651	645.658	4.491
IV	219.565	214.760	2.237
V	442.279	430.510	2.733
VI	676.029	644.738	4.853

由图 2-8 可以看出,APM 与 FEM 计算的转矩平均值吻合度非常好。由表 2-4 可知,APM 与 FEM 计算的转矩平均值的最大误差小于 4.9%,PFM 计算结果基本上均小于 FEM 计算结果,这种误差是由于忽略铁耗所引起的。

图 2-9、图 2-10、图 2-11 所示分别为工况Ⅰ、工况Ⅱ、工况Ⅲ下由 APM 和 FEM 计算出的 X_{i1} 线圈电压($V_{X_{i1}}$)和 X_{i2} 线圈电压($V_{X_{i2}}$)。

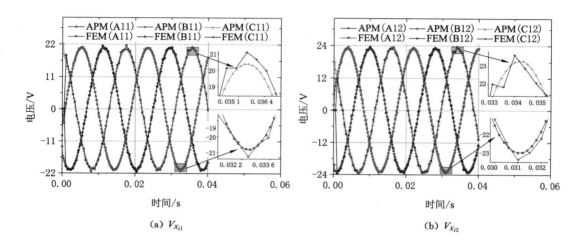

(a) $V_{X_{i1}}$　　　　　　　　　　(b) $V_{X_{i2}}$

图 2-9　电压波形(工况Ⅰ)

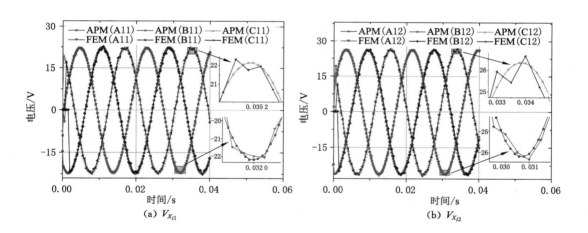

(a) $V_{X_{i1}}$　　　　　　　　　　(b) $V_{X_{i2}}$

图 2-10　电压波形(工况Ⅱ)

由图 2-9、图 2-10 和图 2-11 可以看出,APM 与 FEM 计算的波形吻合程度较好,波形的相位和频率均吻合。两种模型计算的波形在波峰和波谷上存在微小的误差,其峰峰值和相应的误差如表 2-5 所列。

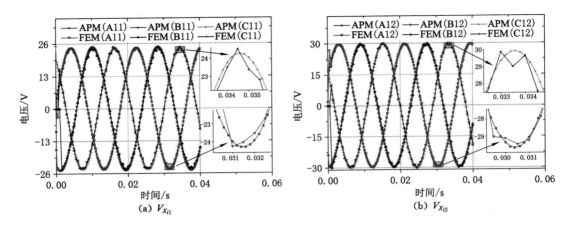

图 2-11　电压波形(工况Ⅲ)

表 2-5　X_{i1} 线圈、X_{i2} 线圈电压峰峰值(工况Ⅰ、工况Ⅱ、工况Ⅲ)

工况	项目	APM/V	FEM/V	误差/%
Ⅰ	$V_{A_{i1}}$	41.593	42.313	1.731
	$V_{B_{i1}}$	41.750	42.998	2.988
	$V_{C_{i1}}$	42.299	43.063	1.807
	$V_{A_{i2}}$	46.005	46.933	2.016
	$V_{B_{i2}}$	45.863	47.177	2.865
	$V_{C_{i2}}$	46.626	47.242	1.322
Ⅱ	$V_{A_{i1}}$	44.374	45.007	1.426
	$V_{B_{i1}}$	44.790	45.374	1.243
	$V_{C_{i1}}$	44.309	44.922	1.396
	$V_{A_{i2}}$	52.366	53.092	1.387
	$V_{B_{i2}}$	52.138	52.910	1.480
	$V_{C_{i2}}$	52.712	53.402	1.308
Ⅲ	$V_{A_{i1}}$	48.635	49.157	1.157
	$V_{B_{i1}}$	49.376	48.677	1.414
	$V_{C_{i1}}$	49.487	49.230	0.519
	$V_{A_{i2}}$	59.381	60.126	1.255
	$V_{B_{i2}}$	59.106	60.117	1.711
	$V_{C_{i2}}$	59.893	60.291	0.656

　　由表 2-5 可以看出,两种模型计算的峰峰值误差小于 3%。X_{i2} 线圈的电压峰峰值高于 X_{i1} 线圈的电压峰峰值,这是由于在相同的功角下公式(2-7)和公式(2-8)中空载反电动势的相位角不同所造成的。

　　图 2-12、图 2-13、图 2-14 所示分别为工况Ⅳ、工况Ⅴ、工况Ⅵ由 APM 和 FEM 计算的 X_{i1} 线圈电压($V_{X_{i1}}$)和 X_{i2} 线圈电压($V_{X_{i2}}$)的波形。

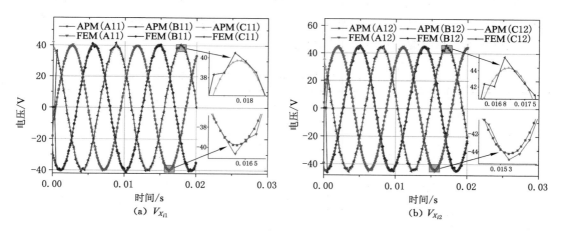

图 2-12　电压波形（工况Ⅳ）

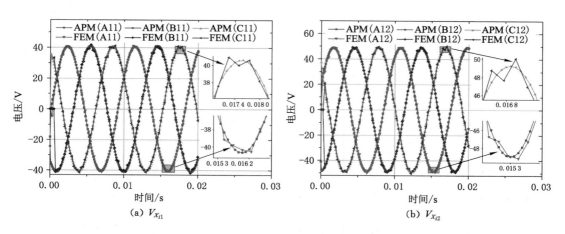

图 2-13　电压波形（工况Ⅴ）

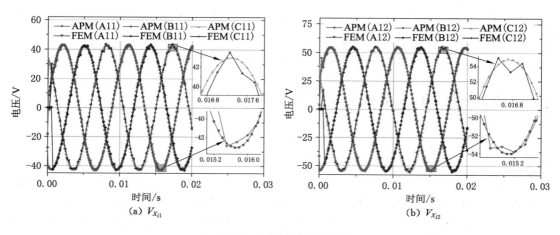

图 2-14　电压波形（工况Ⅵ）

由图 2-12、图 2-13 和图 2-14 可以看出，APM 与 FEM 计算的波形吻合程度较好，波形的相位和频率均与 FEM 计算结果吻合。两种模型计算的波形在波峰和波谷上存在微小的误差，其峰峰值和相应的误差如表 2-6 所列。

表 2-6　X_{i1} 线圈、X_{i2} 线圈电压峰峰值（工况 Ⅳ、工况 Ⅴ、工况 Ⅵ）

工况	项目	APM/V	FEM/V	误差/%
Ⅳ	$V_{A_{i1}}$	79.572	81.114	1.937
	$V_{B_{i1}}$	80.725	82.607	2.331
	$V_{C_{i1}}$	81.979	82.626	0.789
	$V_{A_{i2}}$	88.401	90.356	2.212
	$V_{B_{i2}}$	89.858	91.434	1.754
	$V_{C_{i2}}$	88.730	91.138	2.714
Ⅴ	$V_{A_{i1}}$	81.281	82.651	1.688
	$V_{B_{i1}}$	82.122	83.578	1.772
	$V_{C_{i1}}$	81.140	82.676	1.893
	$V_{A_{i2}}$	97.853	99.714	1.901
	$V_{B_{i2}}$	97.314	99.172	1.909
	$V_{C_{i2}}$	98.488	100.34	1.884
Ⅵ	$V_{A_{i1}}$	86.134	87.313	1.369
	$V_{B_{i1}}$	85.220	86.572	1.586
	$V_{C_{i1}}$	85.935	87.146	1.409
	$V_{A_{i2}}$	108.98	110.55	1.443
	$V_{B_{i2}}$	109.26	110.76	1.371
	$V_{C_{i2}}$	109.88	111.10	1.114

由表 2-6 可以看出，两种模型计算的峰峰值误差小于 2.8%。X_{i2} 线圈的电压峰峰值高于 X_{i1} 线圈的电压峰峰值，这是由于在相同的功角下公式（2-7）、公式（2-8）中空载反电动势相位不同所造成的。与工况 Ⅳ 的 $V_{A_{i1}}$ 相比，工况 Ⅴ 的 $V_{A_{i1}}$ 和工况 Ⅵ 的 $V_{A_{i1}}$ 分别增加了 1.89% 和 7.64%。与工况 Ⅳ 的 $V_{A_{i2}}$ 相比，工况 Ⅴ 的 $V_{A_{i2}}$ 和工况 Ⅵ 的 $V_{A_{i2}}$ 分别增加了 10.35% 和 22.35%。可见，X_{i2} 比 X_{i1} 对负载变化更敏感，即 X_{i2} 承担功率比 X_{i1} 多。

2.3　定子绕组短路故障数学建模

对一台具有 X 相（$X=A,B,C,\cdots$）、每相包含 k 条支路（$k=2,3,\cdots$）、每条支路含有 j 个线圈（$j=1,2,3$）的直驱永磁同步电机来说，其电路示意图如图 2-15 所示。

为建立基于线圈子单元的直驱永磁同步电机匝间短路故障数学模型，将每个定子线圈分割成三个子线圈，引出四个中间抽头。具有中间抽头的电机绕组结构示意图如图 2-16 所示。其中，$\mathrm{int}_{X_{kjw}}$ 与 $\mathrm{int}_{Y_{mno}}$ 表示中间抽头，X、Y 为相编号，k、m 为每相中的支路编号，j、n 为每条支路中的线圈编号，w、o 代表中间抽头编号（$X,Y=A,B,C,\cdots;k,m=2,3,\cdots;j,n=1,2,3,4,\cdots;w,o=1,2,3,4$）。

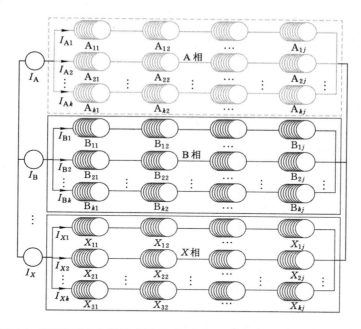

图 2-15 DDPMSM 电路示意图(X 相,每相 k 条支路,每条支路 j 个线圈)

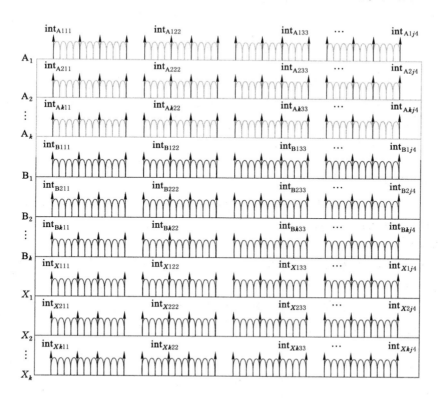

图 2-16 电机绕组中间抽头示意图

图 2-16 中,抽头编号为 1 和 4 的抽头为固定抽头,抽头编号为 2 和 3 的抽头为可变抽头。线圈子单元的匝数随可变抽头位置的变化而变化,可变抽头的位置取决于线圈中故障线匝的匝数和位置。通过在故障线匝对应子线圈两侧的中间抽头上并联短路电阻(R_f),实现对线圈内部匝间短路故障的设置。根据此划分规则,基于线圈子单元的电机单相等效电路如图 2-17 所示。

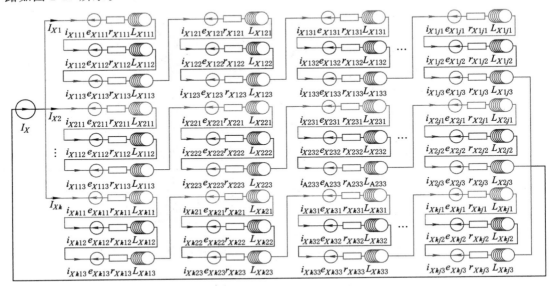

图 2-17　基于线圈子单元的电机单相等效电路

如图 2-17 所示,所提出的数学模型以分割后的线圈子单元为基本单元建立。每个线圈子单元具有各自的电流、电阻、电感及电动势。在电机健康状态下,由同一线圈分割而成的三个线圈子单元的电动势、电感及电阻之和分别等于未分割线圈的电动势、电感及电阻。

为了减小 DDPMSM 定子绕组故障状态数学的建模工作量,但又不影响物理本质及建模精度,进行以下假设:

（1）电机铁芯磁导率为无穷大;

（2）忽略电机的涡流、磁滞损耗以及集肤效应;

（3）电机反电势的波形为正弦波;

（4）电机磁路为线性的;

（5）电机的电感不随转子位置变化。

根据图 2-17,对于具有 X 相($X=$A,B,C,$\cdots$)、每相包含 k 条支路($k=2,3,\cdots$)、每条支路含有 j 个线圈($j=1,2,3$)的直驱永磁同步电机来说,基于线圈子单元模型的电压方程如式（2-25）至式（2-35）所示。

$$[V_{sf}] = [R_{sf}] \cdot [I_{sf}] + [L_{sf}] \frac{\mathrm{d}}{\mathrm{d}t}[I_{sf}] + [E_{0f}] \tag{2-25}$$

其中:

$$[V_{sf}] = [V_{A111} \cdots V_{A344} V_{B111} \cdots V_{C111} \cdots V_{Xkj3}]^{\mathrm{T}} \tag{2-26}$$

$$[I_{sf}] = [i_{A111} \cdots i_{A344} i_{B111} \cdots i_{C111} \cdots i_{Xkj3}]^{\mathrm{T}} \tag{2-27}$$

$$[R_{sf}] = \mathrm{diag}[r_{A111} \cdots r_{A344} r_{B111} \cdots r_{C111} \cdots r_{Xkj3}] \qquad (2\text{-}28)$$

$$[E_{0f}] = [e_{A111} \cdots e_{A344} e_{B111} \cdots e_{C111} \cdots e_{Xkj3}]^{\mathrm{T}} \qquad (2\text{-}29)$$

$$[L_{sf}] = [L_{sf1} \quad L_{sf2} \quad L_{sf3} \quad \cdots \quad L_{sfX}]^{\mathrm{T}} \qquad (2\text{-}30)$$

公式(2-29)中：

$$e_{Xkjw} = e_{Xk1w} \angle (j-1)\alpha \qquad (2\text{-}31)$$

公式(2-30)中：

$$[L_{sf1}] =$$

$$\begin{bmatrix} L_{A111} & M_{A111A112} & \cdots & M_{A111A342} & M_{A111A343} & M_{A111B111} & \cdots & M_{A111Xkj3} \\ \vdots & \vdots & \vdots & \vdots & \vdots & \vdots & \vdots & \vdots \\ M_{Akj3A111} & M_{Akj3A112} & \cdots & M_{Akj3A342} & L_{Akj3} & M_{Akj3B111} & \cdots & M_{Akj3Xkj3} \end{bmatrix} \qquad (2\text{-}32)$$

$$[L_{sf2}] =$$

$$\begin{bmatrix} M_{B111A111} & \cdots & L_{B111} & \cdots & M_{B111B342} & M_{B111B343} & M_{B111C111} & \cdots & M_{B111Xkj3} \\ \vdots & \vdots & \vdots & \vdots & \vdots & \vdots & \vdots & \vdots \\ M_{Bkj3A111} & \cdots & M_{Bkj3B111} & \cdots & M_{Bkj3B342} & L_{Bkj3} & M_{Bkj3C111} & \cdots & M_{Bkj3Xkj3} \end{bmatrix} \qquad (2\text{-}33)$$

$$[L_{sf3}] =$$

$$\begin{bmatrix} M_{C111A111} & \cdots & M_{C111B343} & L_{C111} & M_{C111C112} & \cdots & M_{C111C342} & M_{B111Xkj3} \\ \vdots & \vdots & \vdots & \vdots & \vdots & \vdots & \vdots & \vdots \\ M_{Ckj3A111} & \cdots & M_{Ckj3B343} & M_{Ckj3C111} & M_{Ckj3C112} & \cdots & M_{Ckj3C342} & M_{Ckj3Xkj3} \end{bmatrix} \qquad (2\text{-}34)$$

$$[L_{sfX}] =$$

$$\begin{bmatrix} M_{X111A111} & \cdots & M_{X111B343} & L_{X111} & M_{X111X112} & \cdots & M_{X111X342} & M_{X111Xkj3} \\ \vdots & \vdots & \vdots & \vdots & \vdots & \vdots & \vdots & \vdots \\ M_{Xkj3A111} & \cdots & M_{Xkj3B343} & M_{Xkj3X111} & M_{Xkj3X112} & \cdots & M_{Xkj3X342} & L_{Xkj3} \end{bmatrix} \qquad (2\text{-}35)$$

式中，$[V_{sf}]$、$[R_{sf}]$、$[I_{sf}]$、$[L_{sf}]$ 和 $[E_{0f}]$ 分别是电压矩阵、电阻矩阵、电流矩阵、电感矩阵和空载反电势矩阵；$V_{X_{kjw}}$、$i_{X_{kjw}}$、$r_{X_{kjw}}$、$e_{X_{kjw}}$、I_X 和 $L_{X_{kjw}}$ 分别是线圈子单元 X_{kjw} 的瞬时电压、瞬时电流、电阻、瞬时空载反电势、电源电流和自感；$M_{XkjwYmno}$ 是线圈子单元 X_{kjw} 与线圈子单元 Y_{mno} 之间的互感，其中 X、Y 代表相数编号，k、m 代表支路编号，j、n 代表线圈编号，w、o 代表子单元编号（$X,Y=\mathrm{A,B,C}\cdots$；$k,m=1,2,3\cdots$；$j,n=1,2,3,4\cdots$；$w,o=1,2,3$；$X_{kjw} \neq Y_{mno}$）；α 为相邻线圈在空间上相隔的电角度。

DDPMSM 电磁转矩通过功率平衡方程计算。电机功率平衡方程如式(2-36)所示。

$$P_e = P_1 - p_{Cu} - p_{Fe} \qquad (2\text{-}36)$$

式中，P_e、P_1、p_{Cu} 和 p_{Fe} 分别是电磁功率、输入功率、定子铜损耗和铁耗。V_X、I_X 和 R_X 分别是瞬时相电压、瞬时相电流和相电阻（$X=\mathrm{A,B,C}$）。电磁转矩通过每个周期电磁功率与角速度比值的平均值来计算，如式(2-37)、式(2-38)所示。

$$P_{e \cdot ac} = f \int_0^{\frac{1}{f}} P_e \, dt \qquad (2\text{-}37)$$

$$T = P_{e \cdot ac} / \Omega \qquad (2\text{-}38)$$

其中：

$$\Omega = 2\pi n / 60 \qquad (2\text{-}39)$$

式中，$P_{e \cdot ac}$、T、f、n 和 Ω 分别是电磁功率平均值、电磁转矩、电源频率、转速和机械角速度。

根据式(2-25)～式(2-35)、式(2-36)～式(2-39)建立了 DDPMSM 定子绕组故障状态数学模型,在 MATLAB 中搭建的仿真模块如图 2-18 所示。

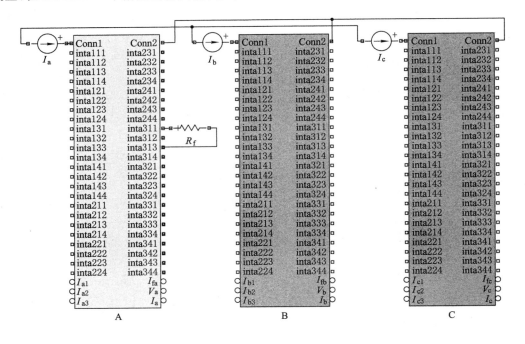

图 2-18　DDPMSM 定子绕组故障状态数学模型计算模块

使用如图 2-18 所示的 DDPMSM 定子绕组故障状态数学模型的 Simulink 模块进行电机性能分析的步骤如下:首先,设置运行工况,输入模型的供电电流幅值及频率来模拟电机的负载及转速情况。其次,设置短路位置及短路匝数,如图 2-19 所示,假设电机线圈的线匝沿槽深位置横向排布并对其位置进行编号,根据故障所在位置设置短路线圈中间抽头

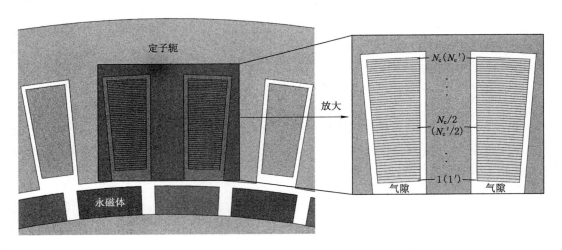

图 2-19　线匝位置编号

int_{Xkj2} 和 int_{Xkj3} 的线匝位置编号。子线圈匝数由 int_{Xkj2} 和 int_{Xkj3} 的线匝位置编号自动确定，式(2-25)中的反电动势矩阵、电阻矩阵分别通过式(2-40)、式(2-41)自动计算。然后，将用于模拟短路故障程度的故障电阻(R_f)并联到相应的中间抽头上完成故障的设置。不同故障的设置方式如下。

(1) 发生匝间短路故障[短路匝数 $N_{sc} < N_c$(单个线圈匝数)]且短路匝位于槽口时，将故障电阻并联到抽头 int_{Xkj1} 和 int_{Xkj2} 之间。

(2) 发生匝间短路故障(短路匝数 $N_{sc} < N_c$)且短路匝位于槽底时，将故障电阻并联到抽头 int_{Xkj3} 和 int_{Xkj4} 之间。

(3) 发生匝间短路故障(短路匝数 $N_{sc} < N_c$)且短路匝位于槽中时，将故障电阻并联到抽头 int_{Xkj2} 和 int_{Xkj3} 之间。

(4) 发生匝间短路故障(短路匝数 $N_{sc} = N_c$)时，将故障电阻并联到中间抽头 int_{Xkj1} 和 int_{Xkj4} 之间。

(5) 发生多线圈同时短路故障(单个线圈的短路匝数 $N_{sc} \leqslant 48$ 匝)时，将故障电阻分别并联到不同线圈抽头 int_{Xkjz} 与 $\text{int}_{Xkjz'}(z \neq z')$ 之间。

(6) 发生相间短路故障时，将故障电阻并联到中间抽头 int_{Xkjz} 和 $\text{int}_{X'kjz}(X \neq X')$ 之间。

$$r_{Xkjw} = (\text{int}_{Xkj(w+1)} - \text{int}_{Xkjw})/48 \times r_c \qquad (2\text{-}40)$$

$$e_{Xkjw} = (\text{int}_{Xkj(w+1)} - \text{int}_{Xkjw})/48 \times e_c \qquad (2\text{-}41)$$

式中，r_c 和 e_c 是单个线圈的电阻和反电动势。

2.4　考虑空间位置的定子绕组短路故障电感计算

2.4.1　不考虑线圈元件实际绕制工艺的电感计算

由于相同槽中不同短路位置线匝交链的槽漏磁通不同，所以相同槽相同匝数不同短路位置线圈的电感不同[16]。不考虑线圈的实际绕制工艺，槽内线匝的分布如图 2-19 所示，线匝从 1(1′)到 $N_c(N'_c)$ 进行编号。线匝电感的计算方法如下。

$$L_p = \frac{\psi_p - \psi_{pM}}{i} \qquad (2\text{-}42)$$

$$M_{p \cdot p'} = \frac{\psi_{p \cdot p'} - \psi_{pM'}}{i} \qquad (2\text{-}43)$$

式中，ψ_p 是由位置编号为 p 的线匝磁势和永磁体共同在编号为 p 的线匝上产生的磁链；$\psi_{p \cdot p'}$ 是由位置编号为 p 的线匝磁势和永磁体共同在编号为 p' 的线匝上产生的磁链；ψ_{pM} 和 $\psi_{pM'}$ 是永磁体在编号为 p 的线匝和编号为 p' 的线匝上产生的磁链；i 是通入编号为 p 的线匝的电流。

在有限元模型中，将 1 A 的电流通入编号为 p 的线匝来计算 L_p 和 $M_{p \cdot p'}$。为减少建模工作量，可利用有限元模型计算出部分线匝电感，再利用曲面多项式函数拟合法计算出剩余线匝电感。计算出的线匝电感矩阵如式(2-44)所示：

$$[L_c] = \begin{bmatrix} L_1 & M_{1,2} & \cdots & M_{1,N_{c-1}} & M_{1,N_c} \\ M_{2,1} & L_2 & \cdots & M_{2,N_{c-1}} & M_{2,N_c} \\ \vdots & \vdots & \vdots & \vdots & \vdots \\ M_{\frac{N_c}{2},1} & M_{\frac{N_c}{2},2} & \cdots & M_{\frac{N_c}{2},N_{c-1}} & M_{\frac{N_c}{2},N_c} \\ \vdots & \vdots & \vdots & \vdots & \vdots \\ M_{N_{c-1},1} & M_{N_{c-1},2} & \cdots & L_{N_{c-1}} & M_{N_{c-1}.N_c} \\ M_{N_c,1} & M_{N_c,2} & \cdots & M_{N_c,N_{c-1}} & L_{N_c} \end{bmatrix} \tag{2-44}$$

可通过变换矩阵计算出子线圈电感,如式(2-45)所示。

$$\begin{bmatrix} L_{Xkj1} & \cdots & M_{Xkj1Xkjh} \\ \vdots & \vdots & \vdots \\ M_{XkjhXkj1} & \cdots & L_{Xkjh} \end{bmatrix} = [C][L_c][C]^T \tag{2-45}$$

其中:

$$[C] = \begin{bmatrix} 1 & \cdots & 1 & 0 & \cdots & 0 & 0 & \cdots & 0 \\ 0 & \cdots & 0 & 1 & \cdots & 1 & 0 & \cdots & 0 \\ 0 & \cdots & 0 & 0 & \cdots & 0 & 1 & \cdots & 1 \end{bmatrix} \tag{2-46}$$

式中,$[C]$是位置矩阵,位置矩阵第一行第一列至第 int_{Xkj2} 列数值为1,其余列数值为0。第二行第 $\mathrm{int}_{Xkj2}+1$ 列至第 int_{Xkj3} 列数值为1,其余列数值为0。第三行第 $\mathrm{int}_{Xkj3}+1$ 列至第 int_{Xkj4} 列数值为1,其余列数值为0。使用时输入 int_{Xkj2} 和 int_{Xkj3} 的位置编号,可自动生成位置矩阵。然后,通过公式(2-45)自动计算出子线圈电感。

为验证所提出的电感计算的正确性,将其应用于实验电机。首先,利用实验电机的有限元模型计算编号为奇数的线匝的电感。然后,利用曲面多项式函数拟合法计算出剩余线匝电感。图 2-20 所示为拟合点和拟合得到的曲面。选择槽口处(04 号)、槽中处(24 号)和槽底处(46 号)的三个偶数单元来验证拟合结果。图 2-21 所示为有限元法和拟合法之间的误差,最大误差约为 0.5%。可见,拟合得到的线匝电感的精度较高。

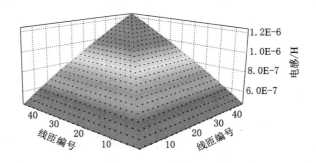

图 2-20　拟合点与拟合曲面

利用公式(2-45)计算的线圈子单元电感和有限元法计算的线圈子单元电感的误差如图 2-22 所示。

由图 2-22 可以看出,解析法与有限元法计算的电感最大误差约为 0.6%。可见,所提出的电感计算方法具有较高的精度。该方法与电感的简化计算方法(SCM)相比,能够考虑

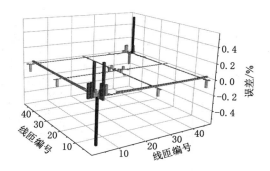

图 2-21　拟合曲面误差

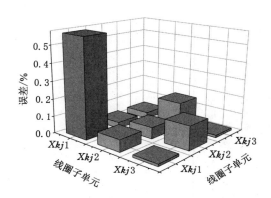

图 2-22　通过有限元法(FEM)和拟合法(FIM)计算出的电感之间的误差

短路线匝的空间位置。电感的简化计算方法如公式(2-47)、公式(2-48)所示。

$$L_{cs} = (N_{cs}/N_c)^2 L_c \tag{2-47}$$

$$M_{cs1cs2} = N_{cs}/N_c(1-N_{cs}/N_c)L_c \tag{2-48}$$

式中,L_{cs} 是线圈子单元的自感;M_{cs1cs2} 是线圈子单元间的互感;N_{cs} 是线圈子单元的匝数;N_c 是线圈的匝数;L_c 是线圈的自感。

公式(2-47)中自感与匝数的平方成正比。设定线圈子单元 $Xkj1$ 为 16 匝(编号 1 到编号 16),线圈子单元 $Xkj2$ 为 16 匝(编号 17 到编号 32),线圈子单元 $Xkj3$ 为 16 匝(编号 33 到编号 48)。图 2-23 所示为由 SCM、FEM 和 FIM 计算的电感。由图 2-23 可以看出,拟合法计算的电感能够考虑空间位置,与有限元法计算结果相近。

2.4.2　考虑线圈元件实际绕制工艺的电感计算

图 2-24 所示为考虑线圈实际绕制工艺的定子槽中的线匝分布。线圈由 4 层组成,每层 12 匝。为方便定位定子槽中线匝的位置,建立了如图 2-24 所示的直角坐标系,X 为线匝所在的层数,Y 为线匝处的槽深深度。为了定义层间短路,引入了 W,当 $W=1$ 时表示匝间短路故障发生在第 1 层和第 2 层,当 $W=2$ 时表示匝间短路故障发生在第 2 层和第 3 层,当 $W=3$ 时表示匝间短路故障发生在第 3 层和第 4 层。

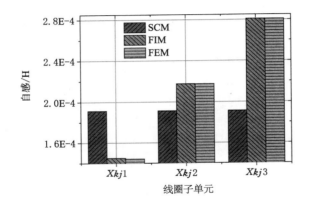

图 2-23　由 SCM、FEM 和 FIM 计算出的电感

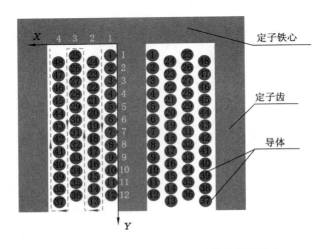

图 2-24　考虑线圈绕制工艺的槽中线匝分布

当层间短路故障的坐标为 (W,Y) 时，短路部分的第一匝线匝 b_s 编号可由公式(2-49)计算得到，故障部分的最后一匝线匝 b_f 编号可由公式(2-50)计算得到。如图 2-25 所示，当层间短路故障的坐标为 $(2,5)$ 时，可以通过公式(2-49)和公式(2-50)计算出短路部分为第 20 号线匝到第 29 号线匝。

$$b_s = -13W^2 + 64W - 51 + (-1)^{W+1}Y \qquad (2-49)$$

$$b_f = -13W^2 + 64W - 51 + (-1)^{W+1}Y \qquad (2-50)$$

当短路故障发生在相同层，且短路部分坐标从 (X_1,Y_1) 到 (X_1,Y_2) 时，故障部分的第一匝线匝 b_s 和最后一匝线匝 b_f 的编号分别由公式(2-51)和公式(2-52)计算得到。如图 2-26 所示，当 $(2,5)$ 至 $(2,7)$ 发生匝间短路故障时，故障部分由 17 号、18 号和 19 号线匝组成。

$$b_s = 12(X_1 - 1) + Y_1 \qquad (2-51)$$

$$b_f = 12(X_2 - 1) + Y_1 \qquad (2-52)$$

根据短路部分线匝的编号可以确定位置矩阵 $[C_{sj}]$，然后，通过公式(2-45)计算线圈子单元的电感。图 2-27 所示为第 2 层 2 匝短路时故障线圈的电感。图 2-28 所示为第 2 层 6 匝短路时故障线圈的电感。图 2-29 所示为第 2 层 10 匝短路时故障线圈的电感。

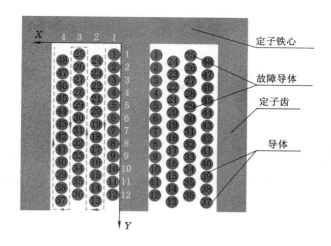

图 2-25 W＝2,Y＝5 时的故障线匝分布

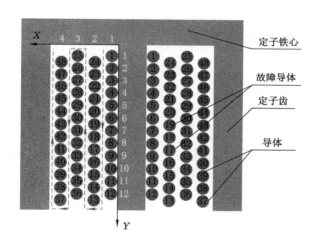

图 2-26 (2,5)到(2,7)时的故障线匝分布

通过图 2-27、图 2-28、图 2-29 的对比分析可以看出,随着故障位置由槽底向槽口的变化,故障部分线圈的自感逐渐减小,而健康部分线圈的自感逐渐增大,故障与健康部分的互感逐渐减小。这是由于相同匝数的线圈位于槽中不同短路位置交链的磁通不同。

图 2-30 所示为第 2 层 2 匝短路磁密分布。由图 2-30 可以看出,当短路线圈的位置由槽底向槽口处变化,故障线圈交链的磁通越来越少,所以故障线圈的自感越来越小;健康线圈交链的磁通越来越多,健康线圈的电感越来越大;短路线圈通入电流在健康线圈中交链的漏磁通越来越少,故障与健康部分的互感越来越小。由图 2-27、图 2-28、图 2-29 可以看出,考虑空间位置的解析计算结果与有限元结果之间的误差小于有限元结果与简化计算方法所得结果之间的误差。

当发生层间短路时,线圈的电感如图 2-31 和图 2-32 所示。图 2-31 所示为 2 匝短路时电感随 W 的变化关系。图 2-32 所示为 10 匝短路时电感随 W 的变化关系。图 2-33 所示为 18 匝短路时电感随 W 的变化关系。

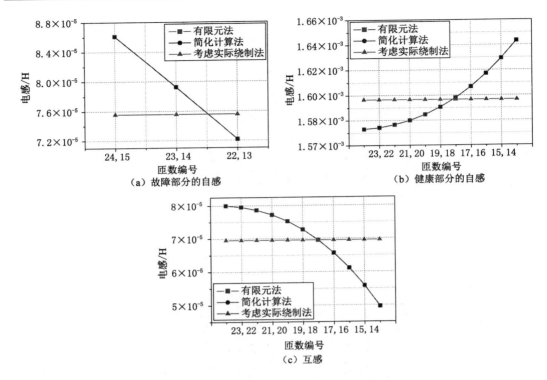

（a）故障部分的自感 （b）健康部分的自感

（c）互感

图 2-27 第 2 层 2 匝短路线圈的电感

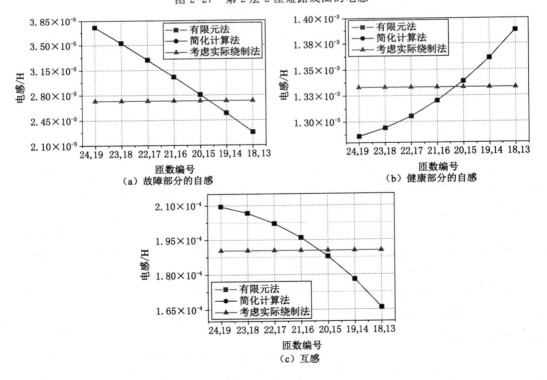

（a）故障部分的自感 （b）健康部分的自感

（c）互感

图 2-28 第 2 层 6 匝短路线圈的电感

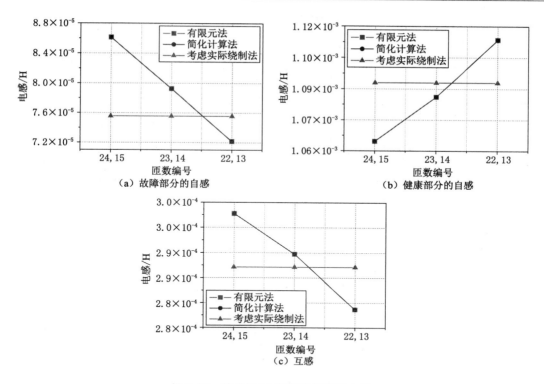

(a) 故障部分的自感

(b) 健康部分的自感

(c) 互感

图 2-29 第 2 层 10 匝短路线圈的电感

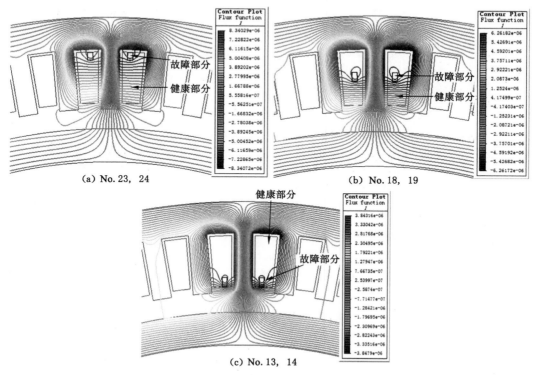

(a) No. 23, 24

(b) No. 18, 19

(c) No. 13, 14

图 2-30 第 2 层 2 匝短路磁密分布

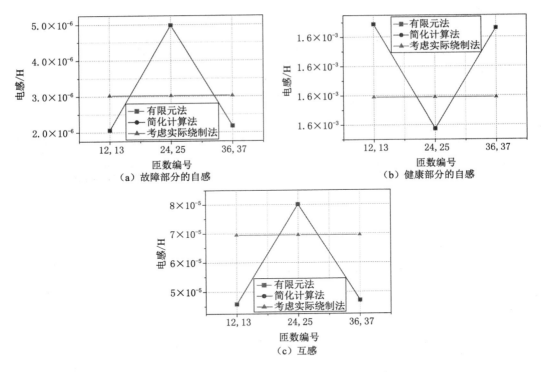

（a）故障部分的自感　　（b）健康部分的自感

（c）互感

图 2-31　不同层短路 2 匝时故障线圈的电感

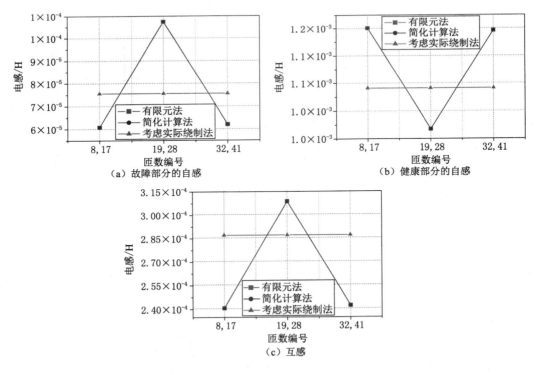

（a）故障部分的自感　　（b）健康部分的自感

（c）互感

图 2-32　不同层短路 10 匝时故障线圈的电感

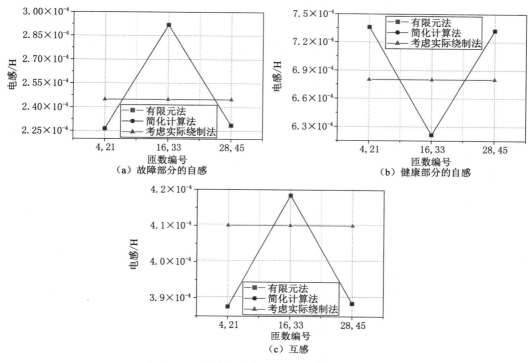

图 2-33　不同层短路 18 匝时故障线圈的电感

由图 2-31、图 2-32、图 2-33 可以看出，短路匝数相同时，故障线圈的电感随 W 发生变化，它与短路部分到槽口的距离有关；短路部分位于槽底处时，故障线圈的自感大，健康线圈的自感小；短路部分位于槽口处时，故障线圈的自感小，健康线圈的自感大；故障部分位于槽底处时，故障与健康部分的互感大。

2.5　定子绕组短路故障解析与有限元结果比较分析

为验证所建立的 DDPMSM 定子绕组故障状态数学模型（PFM）在不同定子绕组故障状态下特性分析的正确性与准确性，对四种定子故障下的电机性能进行比较分析，具体的故障类型列于表 2-7 中。电机运行在额定工况下（$n=200$ r/min，$I_N=28$ A）。

表 2-7　具体的故障类型

故障类型	短路线圈	缩写
匝间短路（$N_{sc}=48$）	A12(No. 01～48)	A12_01～48
匝间短路（$N_{sc}<48$）	A11(No. 01～24)	A11_01～24
	A11(No. 25～48)	A11_25～48
匝间单路（多线圈）	A11(No. 01～48)& A12(No. 01～48)	A11.48_A12.48
相间短路	C34(No. 01～48)& A34(No. 01～48)	A34.48_C34.48

A12_01～48 表示 A12 线圈 48 匝短路故障。为分析这种故障,将故障电阻并联在 A12 线圈的中间抽头 int_{A121} 和 int_{A124} 之间。图 2-34 所示为 DDPMSM 在 A12_01～48 故障状态下的相电压(V_a)、a1 支路电流(I_{a1})、a2 支路电流(I_{a2})、a3 支路电流(I_{a3})、短路电阻电流(I_f)和转矩(T)随短路电阻(R_f)的变化曲线。图 2-35 所示为 PFM 与 FEM 计算结果的误差。图 2-36 所示为 V_a、I_{a1} 和 I_f 的瞬时波形。

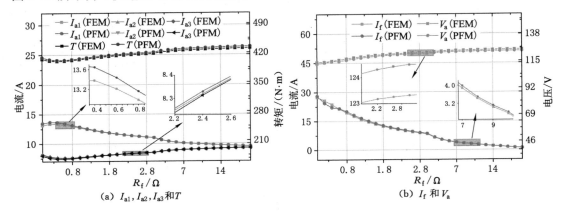

图 2-34　A12_01～48 数学模型结果(PFM)与有限元模型结果(FEM)比较

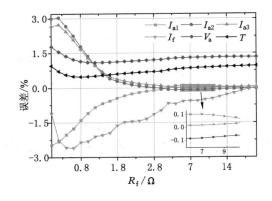

图 2-35　A12_01～48 计算误差

由图 2-34 可以看出,PFM 与 FEM 计算的 V_a、I_{a1}、I_{a2}、I_{a3}、I_f 和 T 随 R_f 的变化曲线吻合度很好。由图 2-35 可以看出,PFM 与 FEM 计算结果的最大误差约为 3%,这是由于该模型忽略铁耗所造成的。由图 2-36 可以看出,PFM 与 FEM 计算出的波形非常吻合,波形的相位和频率均一致。因此,PFM 适用于分析短路匝数为 48 匝的匝间短路故障。

A11_01～24 表示 A11 线圈槽口处 24 匝短路故障。为分析这种故障,将 A11 线圈中间抽头 int_{A112} 的线匝编号设置为 24 并将故障电阻并联在 A11 线圈的中间抽头 int_{A111} 和 int_{A112} 之间。图 2-37 所示为 DDPMSM 在 A11_01～24 故障状态下的 PFM 与 FEM 计算的 V_a、I_{a1}、I_{a2}、I_{a3}、I_f 和 T 随 R_f 的变化曲线。图 2-38 所示为 PFM 与 FEM 计算结果的误差。图 2-39 所示为 V_a、I_{a1} 和 I_f 的瞬时波形。

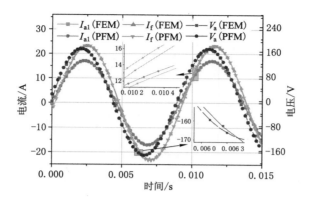

图 2-36　A12_01～48 波形比较

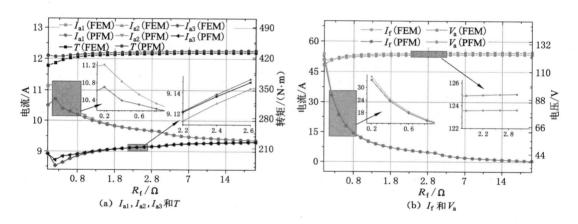

(a) I_{a1}, I_{a2}, I_{a3} 和 T　　　　　　　　　(b) I_f 和 V_a

图 2-37　A11_01～24 数学模型结果(PFM)与有限元模型结果(FEM)比较

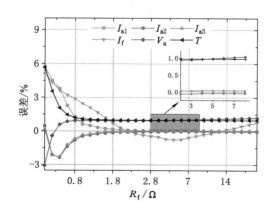

图 2-38　A11_01～24 计算误差

由图 2-37 可以看出,PFM 与 FEM 计算的 V_a、I_{a1}、I_{a2}、I_{a3}、I_f 和 T 随 R_f 的变化曲线吻合度很好。由图 2-38 可以看出,PFM 与 FEM 计算结果的最大误差约为 6%。由图 2-39 可

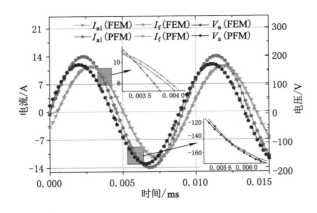

图 2-39　A11_01～24 波形比较

以看出，PFM 与 FEM 计算的波形非常吻合，波形的相位和频率一致。因此，PFM 适用于分析 A11_01～24 故障情况。

　　A11_25～48 表示 A11 线圈槽底处 24 匝短路故障。为分析这种故障，将 A11 线圈中间抽头 $\mathrm{int_{A113}}$ 的线匝编号设置为 25 并将故障电阻并联在 A11 线圈的中间抽头 $\mathrm{int_{A113}}$ 和 $\mathrm{int_{A114}}$ 之间。图 2-40 所示为 DDPMSM 在 A11_25～48 故障状态下的 V_a、I_{a1}、I_{a2}、I_{a3}、I_f 和 T 随 R_f 的变化曲线。图 2-41 所示为 PFM 与 FEM 计算结果的误差。图 2-42 所示为 V_a、I_{a1} 和 I_f 的瞬时波形。

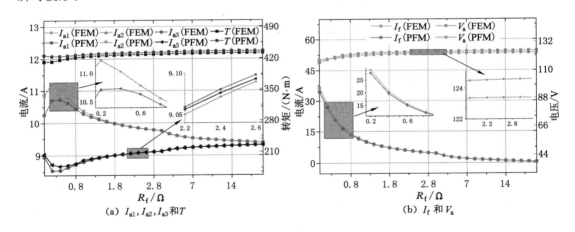

(a) I_{a1}，I_{a2}，I_{a3} 和 T　　　　　　　　(b) I_f 和 V_a

图 2-40　A11_25～48 数学模型结果（PFM）与有限元模型结果（FEM）比较

　　由图 2-40 可以看出，PFM 与 FEM 计算的 V_a、I_{a1}、I_{a2}、I_{a3}、I_f 和 T 随 R_f 的变化曲线吻合度很好。由图 2-41 可以看出，PFM 与 FEM 计算结果的最大误差约为 6%。由图 2-42 可以看出，PFM 与 FEM 计算出的波形非常吻合，波形的相位和频率一致。因此，PFM 适用于分析 A11_25～48 故障情况。

　　图 2-43 所示为 A11_01～24 和 A11_25～48 故障状态下的 I_f 和 T。

　　由图 2-43 可以看出，不同短路位置发生 24 匝匝间短路故障时 I_f 和 T 不同。因此，所提出的 PFM 可以对相同槽不同故障位置发生匝间短路故障的电机性能进行分析。

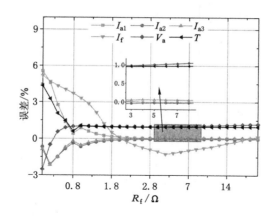

图 2-41　A11_25～48 计算误差

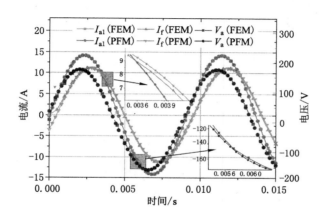

图 2-42　A11_25～48 波形比较

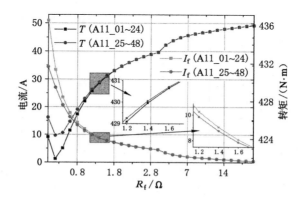

图 2-43　A11_01～24 和 A11_25～48 的 I_f 和 T

A11.48_A12.48 表示 A11 线圈和 A12 线圈同时发生 48 匝短路故障。为分析这种故障,将一个故障电阻并联在 A11 线圈的中间抽头 int_{A111} 和 int_{A114} 之间,另一个故障电路并联在 A12 线圈的中间抽头 int_{A121} 和 int_{A124} 之间。图 2-44 所示为 DDPMSM 在 A11.48_A12.48 故障状态下的 V_a、I_{a1}、I_{a2}、I_{a3}、I_f 和 T 随 R_f 的变化曲线。图 2-45 所示为 PFM 与 FEM 计算结果的误差。图 2-46 所示为 V_a、I_{a1}、I_{f1} 和 I_{f2} 的瞬时波形。

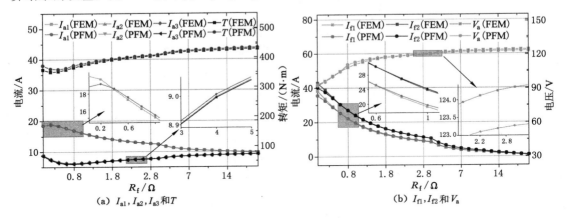

(a) I_{a1},I_{a2},I_{a3} 和 T (b) I_{f1},I_{f2} 和 V_a

图 2-44　A11.48_A12.48 数学模型结果(PFM)与有限元模型结果(FEM)比较

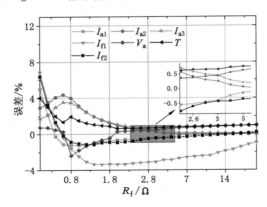

图 2-45　A11.48_A12.48 计算误差

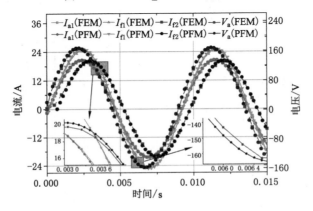

图 2-46　A11.48_A12.48 波形比较

由图 2-44 可以看出,PFM 与 FEM 计算的 V_a、I_{a1}、I_{a2}、I_{a3}、I_f 和 T 随 R_f 的变化曲线吻合度很好。由图 2-45 可以看出,PFM 与 FEM 计算结果的最大误差约为 5%。由图 2-46 可以看出,PFM 与 FEM 计算出的波形非常吻合,波形的相位和频率一致。因此,PFM 适用于分析多线圈同时故障情况。

A34.48_C34.48 表示 A34 线圈与 C34 线圈间发生相间短路故障(PPF)。如图 2-47 所示,A34 线圈与 C34 线圈在空间上相邻,因此 A34 线圈与 C34 线圈之间可能发生相间短路故障。为分析这种故障,将故障电阻并联在 A34 线圈的中间抽头 int_{A341} 和 C34 线圈的中间抽头 int_{A344} 之间。图 2-48 所示为 DDPMSM 在 A34.48_C34.48 故障状态下的 V_a、I_{a1}、I_{a2}、I_{a3}、I_f 和 T 随 R_f 的变化曲线及 PFM 与 FEM 计算结果的误差。图 2-49 所示为 V_a、V_c、I_{a3}、I_{c3} 和 I_f 的瞬时波形。

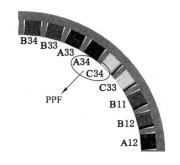

图 2-47　线圈空间位置

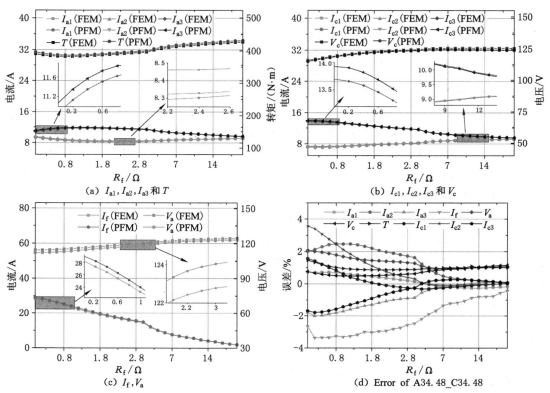

图 2-48　A34.48_C34.48 数学模型结果(PFM)与有限元模型结果(FEM)比较

由图 2-48 可以看出,PFM 与 FEM 计算的 V_a、I_{a1}、I_{a2}、I_{a3}、I_f 和 T 随 R_f 的变化曲线吻合度很好。由图 2-49 可以看出,PFM 与 FEM 计算出的波形非常吻合,波形的相位和频率一致。因此,PFM 适用于分析相间故障情况。

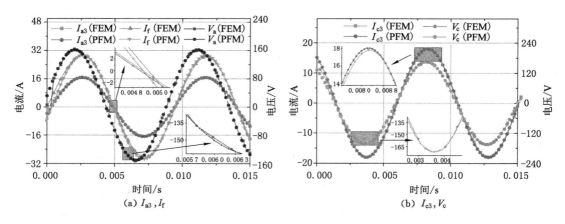

图 2-49　A34.48_C34.48 数学模型(PFM)与有限元模型(FEM)计算波形比较

由图 2-34 到图 2-49 可以看出,当短路电阻较大时,所建立数学模型的计算结果与有限元模型的计算结果吻合度较好,具有较高的精度;当短路电阻较小时,所建立数学模型的计算结果与有限元模型的计算结果误差较大。这是由于该模型无法考虑磁路饱和与反电势谐波影响所导致的。因此,需要对模型进行改进,进一步提高模型的计算精度。

2.6　改进的定子绕组短路故障数学建模

本章 2.3 节建立了基于线圈子单元的 DDPMSM 定子绕组短路故障数学模型。在 2.5 节的模型验证中,发现该模型在计算部分匝间短路故障时的精度有待提高。因此,本章对模型进行改进,使其能够考虑磁路饱和与反电势谐波对电机的影响。

2.6.1　电感计算的改进

经过分析,模型的部分计算误差是由流过短路匝的大电流引起的电机磁路饱和所导致的。通过有限元模型计算出的电机额定工况 A11_01～24F 时流过短路线匝的电流(I_{stf})如图 2-50 所示。在 2.4.1 节中,模型的电感通过直流法计算,通过该方法计算出的线圈电感随输入电流变化规律如图 2-51 所示。

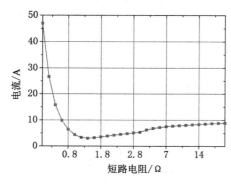

图 2-50　A11_01～24F 时电机的 I_{stf}

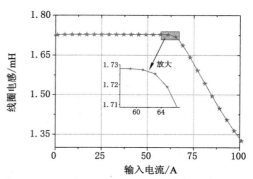

图 2-51　电感随输入电流的变化规律
（通过直流法计算）

由图 2-50 可知,短路电阻较小时流过短路线匝的电流较大,最大电流为 47 A。同时,通过图 2-51 可知,通过直流法计算出的线圈电感在输入电流达到 60 A 时出现下降。通过直流法计算出的线圈电感无法正确反映直驱永磁同步电机的磁路饱和情况。因此,为使电感计算更接近交流电机的运行情况,采用交流法计算电感。交流法计算线匝电感的方法如式(2-53)、式(2-54)所示。

$$L_p = \frac{\sqrt{\left(\dfrac{V_p}{I_p}\right)^2 - (R_p)^2}}{2\pi f_p} \tag{2-53}$$

$$M_{p.\,p'} = \frac{E_{p'}}{2\pi f_p \cdot I_p} \tag{2-54}$$

式中,L_p 是位置编号为 p 的线匝的自感;$M_{p.\,p'}$ 是编号为 p 的线匝与编号为 p' 的线匝之间的互感;I_p 是通入位置编号为 p 的线匝的交流电流有效值;f_p 是通入位置编号为 p 的线匝的交流电流频率;V_p 是位置编号为 p 的线匝通入交流电流后产生的交流电压有效值;R_p 是位置编号为 p 的线匝的电阻;$E_{p'}$ 是位置编号为 p 的线匝通入交流电流后在位置编号为 p' 的线匝产生的感应电压有效值。

在电机的线圈中通入不同有效值的正弦交流电,通入不同电流时的线圈电压波形如图 2-52 所示。通过该方法计算出的线圈电感随通入电流有效值的变化规律如图 2-53 所示。

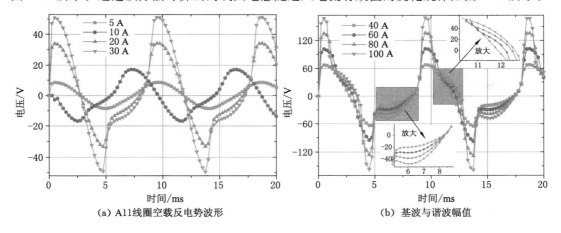

(a) A11线圈空载反电势波形   (b) 基波与谐波幅值

图 2-52　通入不同有效值交流电时的单线圈电压

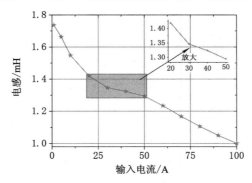

图 2-53　电感随输入电流的变化规律(通过交流法计算)

　　由图 2-52 可知,当通入电流为 5 A 时,线圈电压波形的正弦度较好,几乎无谐波成分。当通入电流为 10 A 时,线圈电压波形基本保持正弦波形。随着输入电流的进一步增加,线圈电压波形出现明显畸变,波形的畸变程度随着通入电流的增加进一步增加。随着电压波形的畸变程度增加,电压的有效值下降,从而使通过交流法计算出的线圈电感下降。

　　由图 2-53 可知,随着输入电流的增加,线圈电感逐渐减小,当电流达到 50 A 时,线圈电感下降至磁路不饱和时电感的 74%。将交流法计算出的线圈电感值与直流法计算出的电感值相比,并以此为依据构建电感修正系数,则电感修正系数随电流的变化规律如图 2-54 所示。

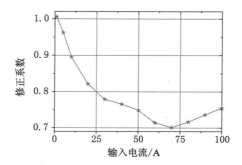

图 2-54　电感修正系数随电流的变化规律

　　由图 2-54 可以看出,当输入电流较小时,交流法与直流法计算出的线圈电感较为接近,电感的修正系数接近 1。随着输入电流的增加,修正系数出现极小值。为实现自动电感修正,需建立短路匝电流与短路电阻、短路匝数之间的函数关系,以及修正系数与短路匝电流之间的函数关系。以额定工况为例进行说明,额定工况短路匝电流随短路匝数与短路电阻的变化规律如图 2-55 所示。

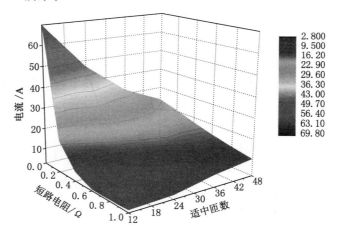

图 2-55　短路匝电流随短路电阻和短路匝数的变化规律

　　把交流电感计算法的输入电流看为短路匝电流,并利用多项式函数拟合得到修正系数与短路匝电流的映射关系,如式(2-55)所示。

$$f_L = 0.83 + 0.15\cos(0.045 I_{stf}) - 0.04\sin(0.045 I_{stf}) +$$

$$0.038\cos(0.09I_{\mathrm{stf}}) - 0.05\sin(0.09I_{\mathrm{stf}}) +$$
$$0.008\cos(0.135I_{\mathrm{stf}}) - 0.03\sin(0.135I_{\mathrm{stf}}) -$$
$$0.009\cos(0.18I_{\mathrm{stf}}) - 0.03\sin(0.18I_{\mathrm{stf}}) \qquad (2\text{-}55)$$

式中，f_L 为电感修正系数；I_{stf} 为流过短路线匝的电流。

该拟合曲线的多重拟合系数为 0.999 4（越接近于 1 拟合精度越高），均方根误差为 0.005 6（越接近于 0 拟合精度越高）。因此，该曲线具有较高的拟合精度。将短路匝电流与短路电阻和短路匝数间的关系进行曲面拟合，得到的拟合曲面表达式如式（2-56）所示。

$$I_{\mathrm{stf}} = 101.6 - 657.4R_{\mathrm{f}} - 3.1N_{\mathrm{f}} + 1\,418R_{\mathrm{f}}^2 + 27.93R_{\mathrm{f}}N_{\mathrm{f}} + 0.037N_{\mathrm{f}}^2 - 1\,389R_{\mathrm{f}}^3 -$$
$$55.79R_{\mathrm{f}}^2N_{\mathrm{f}} - 0.33R_{\mathrm{f}}N_{\mathrm{f}}^2 - 0.0001\,3N_{\mathrm{f}}^3 + 680.7R_{\mathrm{f}}^4 + 38.23R_{\mathrm{f}}^3N_{\mathrm{f}} +$$
$$0.61R_{\mathrm{f}}^2N_{\mathrm{f}}^2 + 0.000\,7R_{\mathrm{f}}N_{\mathrm{f}}^3 - 143.1R_{\mathrm{f}}^5 - 8.3R_{\mathrm{f}}^4N_{\mathrm{f}} -$$
$$0.27R_{\mathrm{f}}^3N_{\mathrm{f}}^2 - 0.001R_{\mathrm{f}}^2N_{\mathrm{f}}^3 \qquad (2\text{-}56)$$

式中，I_{stf} 为流过短路线匝的电流；R_{f} 为短路电阻；N_{f} 为短路匝数。

该拟合曲面的多重拟合系数为 0.997 7，均方根误差为 1.4。可以看出，该曲面具有较高的拟合精度。

当短路电阻较小时，将短路匝数及短路电阻代入式（2-56）计算出短路匝电流，再将计算出的短路匝电流代入式（2-55）得到电感修正系数，即可完成电感修正。

2.6.2 空载反电势计算的改进

建模时对空载反电势波形的正弦化假设也会导致模型的计算误差，本节通过分析电机健康状态不同工况下空载反电势的谐波含量，将主要谐波成分计入模型的空载反电势计算公式，实现对空载反电势计算的改进。利用有限元计算电机不同速度下 A11 线圈的空载反电势，其波形及其谐波含量如图 2-56 至图 2-59 所示。

由图 2-56 可以看出，速度为 200 r/min 时 A11 线圈的空载反电势波形光滑度较好，存在少量谐波。A11 线圈空载反电势的主要成分为基波，基波占比为 95.8%。前十次谐波成分中，二次、三次和四次谐波占比较大，分别占二次至十次谐波总量的 31.4%、13.6% 和 12.7%。

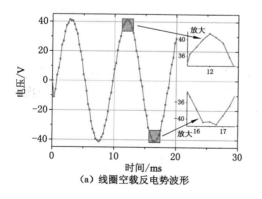

(a) 线圈空载反电势波形

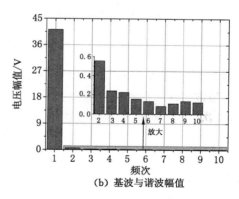

(b) 基波与谐波幅值

图 2-56 A11 线圈空载反电势及其谐波含量（速度为 200 r/min）

由图 2-57 可以看出，速度为 160 r/min 时，A11 线圈的空载反电势波形光滑度较好，存在少量谐波。A11 线圈空载反电势的主要成分为基波，基波占比为 96.6%。前十次谐波成分中,二次、三次和四次谐波占比较大,分别占二次至十次谐波总量的 40.7%、11.1% 和 13.8%。

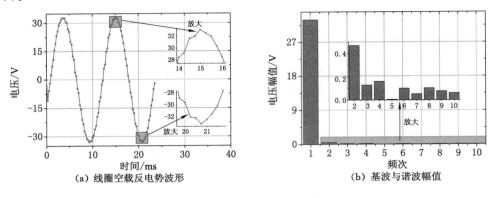

图 2-57　A11 线圈空载反电势及其谐波含量(速度为 160 r/min)

由图 2-58 可以看出,速度为 100 r/min 时 A11 线圈的空载反电势波形光滑度较好,存在少量谐波。A11 线圈空载反电势的主要成分为基波,基波占比为 96.3%。前十次谐波成分中,二次、三次和四次谐波占比较大,分别占二次至十次谐波总量的 36.7%、11.8% 和 14.7%。

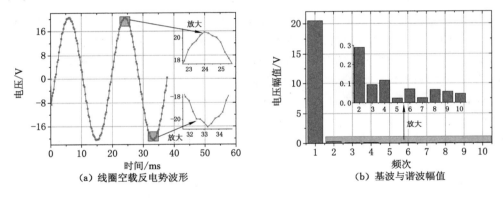

图 2-58　A11 线圈空载反电势及其谐波含量(速度为 100 r/min)

由图 2-59 可以看出,速度为 40 r/min 时,A11 线圈的空载反电势波形光滑度较好,存在少量谐波。A11 线圈空载反电势的主要成分为基波,基波占比为 98.3%。前十次谐波成分中,二次、三次和四次谐波占比较大,分别占二次至十次谐波总量的 35.7%、3.5% 和 13.7%。

　　根据以上分析,二次、三次及四次谐波是该电机中占比最大的谐波成分,因此本节将这三类谐波计入线圈空载反电势中,对模型进行改进。根据谐波的叠加原则,改进后的线圈空载反电势表达式如式(2-57)所示。

$$e_{c} = e_{c1} + e_{c2} + e_{c3} + e_{c4} \tag{2-57}$$

式中,e_{c} 为线圈的瞬时空载反电势;e_{c1} 为线圈的瞬时空载反电势基波成分;e_{c2} 为线圈的瞬时空载反电势二次谐波成分;e_{c3} 为线圈的瞬时空载反电势三次谐波成分;e_{c4} 为线圈的瞬时空载反电势四次谐波成分。

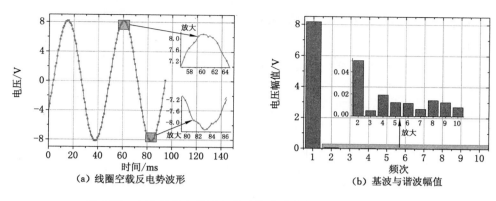

图 2-59　A11 线圈空载反电势及其谐波含量(速度为 40 r/min)

　　为在公式中计入空载反电势谐波,需要知道各次谐波在不同转速下的幅值。二次、三次及四次谐幅值随转速的变化规律如图 2-60 所示。

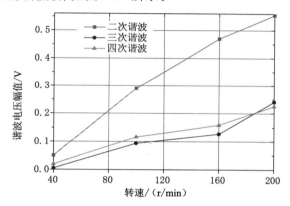

图 2-60　线圈电压主要谐波成分幅值随转速的变化规律

　　由图 2-60 可知,随着转速的增加,各次谐波幅值呈非线性增加态势。二次谐波幅值增速随着转速的增加逐渐降低,三次谐波与四次谐波幅值增速随着转速的增加出现极小值。因此,需要对各次谐波幅值与转速间的关系进行曲线拟合,得到各次谐波幅值与转速间的数学关系。线圈空载反电势的二次、三次及四次谐波幅值与转速之间的拟合曲线表达式分别如式(2-58)至式(2-60)所示。

$$e_{c2} = -8.45 \times 10^{-6} n^2 + 0.005\,2n - 0.143\,9 \tag{2-58}$$

$$e_{c3} = 1.88 \times 10^{-7} n^3 - 6.38 \times 10^{-5} n^2 + 0.007\,5n - 0.204 \tag{2-59}$$

$$e_{c4} = 1.04 \times 10^{-7} n^3 - 3.88 \times 10^{-5} n^2 + 0.005\,4n - 0.142 \tag{2-60}$$

式中,n 为电机转速。

　　式(2-58)的多重拟合系数为 1,均方根误差为 7.06×10^{-4}。

　　式(2-59)的多重拟合系数为 1,均方根误差为 2.18×10^{-31}。式(2-60)的多重拟合系数为 1,均方根误差为 1.04×10^{-31}。因此,三条拟合曲线具有较高的拟合精度。

　　将电机转速代入式(2-58)至式(2-60)计算出线圈空载反电势主要谐波成分的幅值。然后通过式(2-57)和式(2-41)计算出线圈子单元空载反电势。

2.6.3 短路故障的解析与有限元结果比较分析

利用改进后的模型计算 A11_01~24F 和 A11_25~48F（短路电阻为 0~1 Ω）的 A 相电压（V_a）、a1 支路电流（I_{a1}）、短路电阻电流（I_{Rf}）和平均转矩（T_{ave}）随短路电阻的变化规律。变化规律如图 2-61、图 2-62 所示。

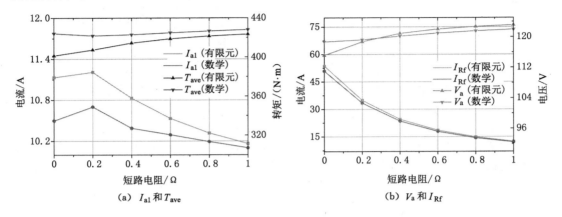

图 2-61 改进模型计算出的 V_a、I_{a1}、I_{Rf} 和 T_{ave}（A11_01~24F）

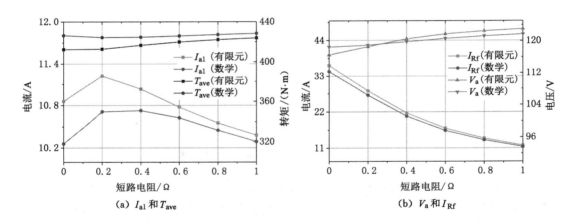

图 2-62 改进模型计算出的 V_a、I_{a1}、I_{Rf} 和 T_{ave}（A11_25~48F）

由图 2-61 和图 2-62 可知，经过改进，所建立数学模型的计算结果与有限元模型计算结果的吻合程度增加。图 2-69 中，改进数学模型计算结果与有限元模型计算结果的最大误差为 5.71%。图 2-62 中，改进数学模型计算结果与有限元模型计算结果的最大误差为 5.53%。改进前两种故障类型下对应的最大误差分别为 46.02% 和 43.06%。因此，经过改进，所建立模型的计算精度进一步提高。

2.7 本章小结

本章开展了基于线圈子单元的 DDPMSM 定子绕组故障状态数学建模研究，主要工作及结论如下：

（1）考虑绕组形式、短路线圈位置等因素对电感及电机性能的影响，将每个线圈分割为多个线圈子单元，建立了以线圈子单元为基本单元的定子绕组故障状态数学模型。

（2）考虑线圈元件内部短路点的空间位置和绕组实际绕制工艺等因素，提出了 DDPMSM 线圈子单元电感的精细化建模方法，使得故障模型的分析精度大为提高。

（3）针对磁路饱和影响建模精度问题，引入修正系数对电感进行修正。通过交流法计算出线圈电感随电流的变化规律，并利用多项式函数拟合法建立修正系数与短路电阻、短路匝数之间的函数关系，实现不同故障情况下电感的自适应计算。

（4）针对忽略空载反电势谐波影响建模精度问题，将电机的主要谐波计入模型的空载反电势方程。利用多项式函数拟合法建立主要谐波幅值与转速之间的函数关系，实现不同转速情况下空载反电势的自适应计算。

（5）利用改进前后的基于线圈子单元的定子绕组故障状态数学模型计算了 DDPMSM 健康状态和定子绕组故障状态下的相电压、线圈电压、支路电流和输出转矩，并与有限元结果进行对比分析，健康状态下 PFM 与 FEM 计算的物理量的最大误差小于 4.6%，定子绕组故障状态下 PFM 与 FEM 计算的物理量的最大误差小于 5.7%。解析结果与有限元结果高度吻合，验证了本章提出的基于线圈子单元的定子绕组故障状态数学模型的正确性与准确性。

（6）本章提出的基于线圈子单元的 DDPMSM 定子绕组故障状态数学模型能在不改变模型拓扑结构的前提下可以方便、快捷地分析健康状态及不同类型定子故障状态下的电机性能，能精确分析线圈元件内部不同短路位置的匝间短路故障。

3 DDPMSM 线圈内部匝间短路对电机性能的影响及故障特征研究

3.1 引言

匝间短路是定子绕组短路故障中最常见的形式,电机线圈元件内部匝间短路是故障发生的最初阶段,若未进行及时处理,将使电机短路故障恶化,进一步引起定子绕组短路范围扩大,直接威胁电机安全可靠运行。因此,深入分析线圈元件内匝间短路故障,对于DDPMSM 早期故障诊断具有重要意义。

国内外学者对永磁同步电机定子匝间短路故障的故障机理及特征进行了大量的研究和探析,并获得了许多非常有用的结论。文献[59,68,69,72]利用定子电流信号中故障特征谐波实现匝间故障诊断。文献[75]利用 FFT 提取端电压中正序的三次谐波分量实现同步发电机匝间短路故障的诊断。文献[77,78]通过监测 d 轴和 q 轴给定电压的二次谐波分量进行 PMSM 匝间短路故障诊断。文献[148]采用基于新型探测线圈的谐波电势进行匝间短路故障的诊断。文献[149]利用并联支路环流实现同步发电机匝间短路故障的诊断。文献[150]对同步电机匝间短路故障前后的电磁转矩做了理论分析,得到了匝间短路故障后 2 倍基频转矩显著增加的结论。

目前的研究成果主要集中于 PMSM 匝间短路早期故障检测,关于短路线圈定位的成果鲜有报道。相对于普通的 PMSM,DDPMSM 工作信号大,目前的方法难以实现线圈元件内部几匝短路的微弱故障检测。本章利用建立的 DDPMSM 定子绕组故障状态数学模型,以样机为研究对象,对比研究线圈元件内部匝间短路故障前后定子电流、定子电压、电磁转矩等物理量的变化规律。分析故障机理及特征,研究多因素及多工况对故障特征量敏感度及鲁棒性的影响规律,分别遴选出早期故障检测特征量、故障线圈定位特征量、故障程度评估特征量。

3.2 线圈元件内部匝间短路对电机性能的影响

利用 2.7 节建立的改进的基于线圈子单元的 DDPMSM 定子绕组短路故障数学模型,对额定工况 A 相第一支路不同线圈发生 48 匝短路的故障电流、各支路电流、支路差值电流、定子电压、转矩、2 倍基频转矩等物理量的变化规律进行分析。

为研究额定工况下 A11 线圈发生 48 匝短路故障并定量分析故障电阻对上述物理量的影响,将 int_{A111} 设置为 0,int_{A114} 设置为 48,R_f 并联在 int_{A111} 和 int_{A114} 之间;为研究额定工况下 A12 线圈发生 48 匝短路故障,将 int_{A121} 设置为 0,int_{A124} 设置为 48,R_f 并联在 int_{A121} 和

int_{A124} 之间；为研究额定工况下 A13 线圈发生 48 匝短路故障，将 int_{A131} 设置为 0，int_{A134} 设置为 48，R_f 并联在 int_{A131} 和 int_{A134} 之间；为研究额定工况下 A14 线圈发生 48 匝短路故障，将 int_{A141} 设置为 0，int_{A144} 设置为 48，R_f 并联在 int_{A141} 和 int_{A144} 之间。上述各种匝间短路故障，R_f 设置为 $[0,50]$；三相电流设置如公式（3-1）所示。

$$i_A = \sqrt{2} \times 28\cos \omega t$$
$$i_B = \sqrt{2} \times 28\cos(\omega t - 120°)$$
$$i_C = \sqrt{2} \times 28\cos(\omega t - 240°)$$
$$(3\text{-}1)$$

3.2.1　线圈元件内部短路对 DDPMSM 定子电流影响分析

定子电流可以反映电机定子短路故障[59,68,69,72]，对于 DDPMSM，健康情况下各支路阻抗相等，各支路电流相等。匝间短路故障后，故障支路阻抗减小，健康支路阻抗不变，使同一相各支路电流不再相等，导致支路间产生环流。根据这一特点，本章将分析支路差值电流与支路电流残差。若 X_k 支路发生匝间短路故障，则 MB-DDPMSM 的支路差值电流和支路电流残差计算公式如式（3-2）至（3-4）所示。

$$I_{Xkk'} = I_{Xk} - I_{Xk'} \tag{3-2}$$
$$I_{XkRS} = I_{Xk} - I_{bran} \tag{3-3}$$
$$I_{bran} = \frac{1}{k} \times I_X \tag{3-4}$$

式中，$I_{Xkk'}$ 为 X_k 支路与 $X_{k'}$ 支路之间的瞬时支路差值电流（$k \neq k'$）；I_{XkRS} 为 X_k 支路的瞬时支路电流残差（$X=a,b,c$）。I_{Xk} 和 $I_{Xk'}$ 分别为 X_k 支路和 $X_{k'}$ 支路的瞬时电流；I_X 为 X 相瞬时电流；I_{bran} 为健康状态下的瞬时支路电流。

对于电流源供电的直驱永磁同步电机，其相电流恒等于供电电流值。当 X_k 支路的一个线圈内部发生匝间短路故障时，故障相故障支路和故障相健康支路的瞬时电流如式（3-5）至（3-6）所示。

$$I_X = I_{Xk'} + \cdots + I_{X(k-1)} + I_{Xk} \tag{3-5}$$
$$I_{Xk'}Z_{Xk'} + E_{Xk'} = I_{Xk}Z_{Xk} + E_{Xkh} \tag{3-6}$$

式中，Z_{Xk} 和 $Z_{Xk'}$ 分别为 X_k 支路和 $X_{k'}$ 支路的阻抗（$k \neq k'$），其中 X_k 支路为故障相故障支路，$X_{k'}$ 为故障相健康支路；$E_{Xk'}$ 为永磁体在 $X_{k'}$ 支路上产生的瞬时感应电动势；E_{Xkh} 为永磁体在 X_k 支路非故障线圈上产生的瞬时感应电动势。

当 X_k 支路上的一个线圈内部发生匝间短路故障后，$E_{Xk'}$ 大于 E_{Xkh}，$Z_{Xk'}$ 大于 Z_{Xk}。根据式（3-5）和式（3-6），$I_{Xk'}$ 减小，I_{Xk} 增大。而后根据式（3-2）可知，$I_{Xkk'}$ 增大，且其变化率明显高于 I_{Xk} 和 $I_{Xk'}$。

当 X_k 支路的一个线圈内部发生匝间短路故障时，X' 相（健康相）的瞬时支路电流如式（3-7）至式（3-8）所示。

$$I_{X'k} = \left(\frac{Z_{X'k'}}{Z_{X'k} + Z_{X'k'}}\right)I_{X'} + \frac{(M_{X'k'} - M_{X'k})\frac{dI_f}{dt}}{Z_{X'k} + Z_{X'k'}} \tag{3-7}$$

$$I_{X'k'} = \left(\frac{Z_{X'k}}{Z_{X'k} + Z_{X'k'}}\right)I_{X'} - \frac{(M_{X'k'} - M_{X'k})\frac{dI_f}{dt}}{Z_{X'k} + Z_{X'k'}} \tag{3-8}$$

式中，$I_{X'_k}$ 和 $I_{X'_{k'}}$ 为分别 X' 相 k 支路和 k' 支路的瞬时支路电流（$k \neq k'$）；$Z_{X'_k}$ 和 $Z_{X'_{k'}}$ 为 X' 相 k 支路和 k' 支路的阻抗；$M_{X'_k}$ 和 $M_{X'_{k'}}$ 分别为故障子线圈对 X' 相 k 支路和 k' 支路的互感；I_f 为流过故障子线圈的瞬时电流。

根据式（3-4），X' 相（健康相）各支路的瞬时支路电流残差如式（3-9）至（3-12）所示。

$$I_{X'_k \text{RS}} = \frac{(M_{X'_{k'}} - M_{X'_k}) \dfrac{\mathrm{d}I_f}{\mathrm{d}t}}{Z_{X'_k} + Z_{X'_{k'}}} \qquad (3-9)$$

$$I_{X'_{k'} \text{RS}} = -\frac{(M_{X'_{k'}} - M_{X'_k}) \dfrac{\mathrm{d}I_f}{\mathrm{d}t}}{Z_{X'_k} + Z_{X'_{k'}}} \qquad (3-10)$$

$$I_{X''_k \text{RS}} = \frac{(M_{X''_{k'}} - M_{X''_k}) \dfrac{\mathrm{d}I_f}{\mathrm{d}t}}{Z_{X''_k} + Z_{X''_{k'}}} \qquad (3-11)$$

$$I_{X''_{k'} \text{RS}} = -\frac{(M_{X''_{k'}} - M_{X''_k}) \dfrac{\mathrm{d}I_f}{\mathrm{d}t}}{Z_{X''_k} + Z_{X''_{k'}}} \qquad (3-12)$$

式中，$I_{X'_k \text{RS}}$ 和 $I_{X'_{k'} \text{RS}}$ 为分别 X' 相 k 支路和 k' 支路的瞬时支路电流残差（$k \neq k'$）；$I_{X''_k \text{RS}}$ 和 $I_{X''_{k'} \text{RS}}$ 为分别 X'' 相 k 支路和 k' 支路的瞬时支路电流残差（$k \neq k'$，$X'' \neq X'$）；$Z_{X''_k}$ 和 $Z_{X''_{k'}}$ 为 X'' 相 k 支路和 k' 支路的阻抗；$M_{X''_k}$ 和 $M_{X''_{k'}}$ 分别为故障子线圈对 X'' 相 k 支路和 k' 支路的互感。

当 Xk 支路中的一个线圈内部发生匝间短路故障后，故障线匝中的电流大幅增加，增加的电流会在健康相的支路上产生互感。由于该结构电机的互感本身较小，故障线匝中增加的电流对线圈间互感的相对影响较大，且在空间位置上距离故障线圈越近，影响越大。因此，根据式（3-9）至（3-12），距离故障线圈所在支路越近的健康相支路，其支路电流残差越大。

图 3-1 所示为额定工况 A11 线圈 48 匝短路的定子电流的解析结果，包括故障电流，A 相、B 相和 C 相各支路电流的有效值，A 相、B 相和 C 相各支路电流的瞬时值，A 相和 B 相支路差值电流有效值。

图 3-1（a）所示为故障电流随故障电阻的变化曲线。由图 3-1（a）可以看出，额定工况 A11 线圈 48 匝短路时，故障电流有效值随故障电阻减小逐渐增大；金属性短路时，故障电流有效值为 27.4 A，是健康状态支路电流的 2.94 倍。当短路匝数为 1 匝时，故障电流有效值为 98.38 A，是健康状态支路电流的 10.55 倍，此时故障电流较大。通过上述分析可以看出，故障电流在匝间短路故障后显著增加，能反映绕组绝缘失效程度，但故障电流在电机实际运行时不可测量，故不能将故障电流作为匝间短路的故障特征量。

图 3-1（b）所示为故障相各支路电流有效值随故障电阻的变化曲线。由图 3-1（b）可以看出，额定工况 A11 线圈 48 匝短路时，故障支路电流 I_{a1} 有效值随故障电阻的减小先增加后减小，非故障支路电流 I_{a2}、I_{a3} 有效值随故障电阻的减小先减小后增加，非故障支路电流 I_{a2}、I_{a3} 有效值基本相等。当 $0 \leqslant R_f \leqslant 0.6$ Ω 时，故障支路电流 I_{a1} 有效值随故障电阻的减小逐渐减小；当 $R_f > 0.6$ Ω 时，故障支路电流 I_{a1} 有效值随故障电阻的减小逐渐增加；故障支路电流 I_{a1} 有效值在 $R_f = 0.6$ Ω 时最大，比健康状态支路电流有效值高 24.65%。当 $0 \leqslant R_f \leqslant 0.8$ Ω 时，故障支路电流 I_{a2}、I_{a3} 有效值随故障电阻的减小逐渐增加，当 $R_f > 0.8$ Ω 时，故障支路电流 I_{a2}、I_{a3} 有效值随故障电阻的减小逐渐减小，故障支路电流 I_{a2}、I_{a3} 有效值在 $R_f = 0.8$ Ω 时

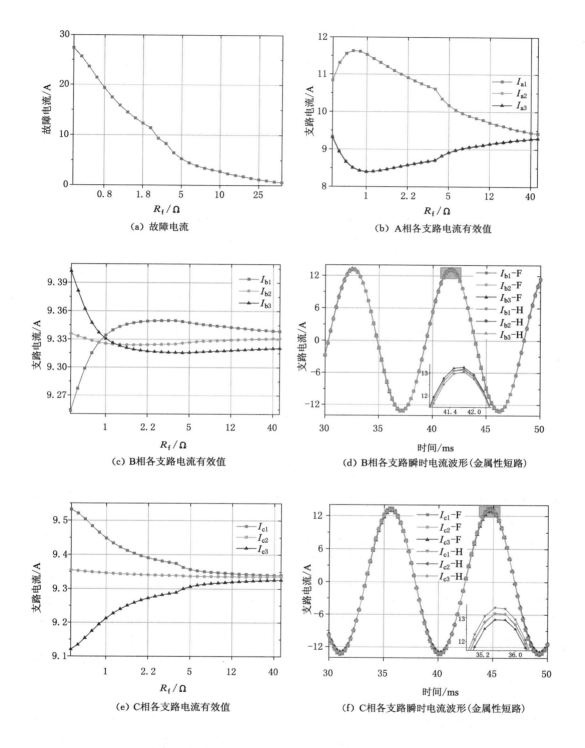

(a) 故障电流

(b) A相各支路电流有效值

(c) B相各支路电流有效值

(d) B相各支路瞬时电流波形（金属性短路）

(e) C相各支路电流有效值

(f) C相各支路瞬时电流波形（金属性短路）

图 3-1 额定工况 A11 线圈 48 匝短路对定子电流的影响

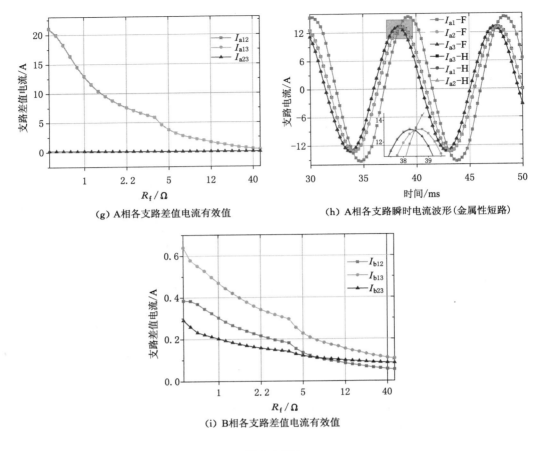

（g）A相各支路差值电流有效值

（h）A相各支路瞬时电流波形（金属性短路）

（i）B相各支路差值电流有效值

图 3-1（续）

最小，比健康状态支路电流有效值低 10%。当 $R_f \geqslant 10\ \Omega$ 时，故障相各支路电流有效值趋于电机健康状态的值，支路电流残差（匝间短路故障状态与健康状态支路电流的差值）小于 5%，此时绕组绝缘失效程度非常微弱。通过以上分析可以看出，在匝间短路故障的早期，故障相各支路电流包含的故障信息非常微弱。

图 3-1（c）所示为 B 相各支路电流有效值随故障电阻的变化曲线。由图 3-1（c）可以看出，额定工况 A11 线圈 48 匝短路时，B 相三条支路电流 I_{b1}、I_{b2}、I_{b3} 有效值基本相等，且基本不随故障电阻发生变化。图 3-1（d）所示为 B 相各支路瞬时电流波形。由图 3-1（d）可以看出，金属性短路时，I_{b1}、I_{b2}、I_{b3} 的波形与健康状态差别很小，I_{b2} 的幅值基本不变，I_{b1} 的幅值减小了 0.8%，I_{b3} 的幅值增加了 0.75%。通过以上分析可以看出，非故障相 B 相各支路电流对匝间短路故障不敏感。

图 3-1（e）所示为 C 相各支路电流有效值随故障电阻的变化曲线。由图 3-1（e）可以看出，额定工况 A11 线圈 48 匝短路时，C 相三条支路电流 I_{c1}、I_{c2}、I_{c3} 有效值基本相等，且基本不随故障电阻发生变化。图 3-1（f）所示为 C 相各支路瞬时电流波形。由图 3-1（f）可以看出，金属性短路时，I_{c1}、I_{c2}、I_{c3} 的波形与健康状态时差别很小，I_{c2} 的幅值基本不变，I_{c1} 的幅值增加了 2.14%，I_{c3} 的幅值减小了 2.25%。通过以上分析可以看出，非故障相各支路电流对

匝间短路故障不敏感。

图 3-1(g)所示为故障相故障支路与非故障支路差值电流(简称为故障支路差值电流)、故障相非故障支路差值电流(简称为非故障支路差值电流)随故障电阻的变化曲线。由图 3-1(g)可以看出,随着故障电阻的减小,A 相第一支路与第二支路差值电流(I_{a12})有效值逐渐增加,第一支路与第三支路差值电流(I_{a13})有效值逐渐增加,第二支路与第三支路差值电流(I_{a23})有效值趋向于 0。这是因为发生匝间短路故障时故障相故障支路电流增加,非故障支路电流减小且非故障支路电流基本相等。当 $R_f = 50\ \Omega$ 时,支路差值电流 I_{a12}、I_{a13}、I_{a23} 峰峰值分别为 0.41 A、0.402 A、0.05;健康状态支路差值电流峰峰值 I_{a12}、I_{a13}、I_{a23} 分别为 0.064 A、0.081 A、0.075 A。可以看出,在绕组绝缘失效非常微弱时,故障支路差值电流比健康状态时显著增加。究其原因,从图 3-1(h)所示的 A 相各支路瞬时电流波形可以看出,额定工况 A11 线圈 48 匝短路,A 相故障支路电流 I_{a1} 幅值增加,非故障支路电流 I_{a2}、I_{a3} 幅值降低。另外,非故障支路电流 I_{a2}、I_{a3} 与故障支路电流 I_{a1} 的相位发生了偏移,所以故障支路电流减去非故障支路电流得到的支路差值电流值在绕组绝缘失效非常微弱时也具有很大的值。由图 3-1(h)还可以看出,非故障支路电流 I_{a2}、I_{a3} 波形基本重合,所以故障相非故障支路差值电流基本为 0。图 3-1(i)所示为 B 相各支路差值电流有效值随故障电阻变化曲线。由图 3-1(i)可以看出,额定工况 A11 线圈 48 匝短路故障时,B 相三条支路差值电流很小,这是因为所研究的电机为直驱永磁同步电机,该电机采用分数槽、集中绕组、隔齿绕的结构形式,互感很小,故短路线圈产生的磁势对相邻线圈的影响较小。单线圈短路故障时,B 相三条支路阻抗基本相等,空载反电势也相等,所以 B 相三条支路电流的差值很小。金属性短路时,B 相支路差值电流 I_{b12}、I_{b13}、I_{b23} 峰峰值分别为 0.385 A、0.64 A、0.29 A;A 相支路差值电流 I_{a12}、I_{a13}、I_{a23} 峰峰值分别为 21.08 A、20.96 A、0.19 A。通过以上分析可以看出,故障支路差值电流远远大于故障相非故障支路差值电流、非故障相支路差值电流及健康状态支路差值电流,所以故障支路差值电流是比较明显的故障特征量,通过对它的提取,不仅能实现早期微弱匝间短路故障在线监测,而且能定位到故障相的故障支路。

图 3-2 所示为额定工况 A 相第一支路不同线圈 48 匝短路时 C 相第三支路电流残差 I_{c3RS}(支路电流残差定义为故障状态与健康状态支路电流的差值)、B 相第三支路电流残差 I_{b3RS}、C 相第一支路电流残差 I_{c1RS}、B 相第一支路电流残差 I_{b1RS} 随故障电阻的变化曲线。

由图 3-2(a)可以看出,当 $R_f < 5\ \Omega$ 时,$I_{c3RS} > I_{b3RS}$,$I_{c3RS} > I_{c1RS}$,$I_{c3RS} > I_{b1RS}$;当 $R_f \geqslant 5\ \Omega$ 时,上述各支路电流残差的差值趋近 0。这是因为,如图 2-1(a)所示,短路线圈 A11 与 C34 线圈相邻,与 B33 线圈中间隔了 A12 线圈,故 A11 线圈发生匝间短路对 C34 线圈磁链影响比对 B33 线圈影响大,从而导致 C 相第三支路电流受的影响比 B 相第三支路电流大,故 $I_{c3RS} > I_{b3RS}$,$I_{c3RS} > I_{c1RS}$,$I_{c3RS} > I_{b1RS}$。由图 3-2(b)可以看出,当 $R_f < 5\ \Omega$ 时,$I_{b3RS} > I_{c3RS}$,$I_{b3RS} > I_{c1RS}$,$I_{b3RS} > I_{b1RS}$;当 $R_f \geqslant 5\ \Omega$ 时,上述各支路电流残差的差值趋近 0。这是因为,如图 2-1(a)所示,短路线圈 A12 与 B33 线圈相邻,与 C34 线圈中间隔了 A11 线圈,故 A12 线圈发生匝间短路对 B 相第三支路电流的影响比对 C 相第三支路电流大。由图 3-2(c)可以看出,当 $R_f < 5\ \Omega$ 时,$I_{c1RS} > I_{b1RS}$,$I_{c1RS} > I_{c3RS}$,$I_{c1RS} > I_{b3RS}$;当 $R_f \geqslant 5\ \Omega$ 时,上述各支路电流残差的差值趋近 0。这是因为短路线圈 A13 与 C12 线圈相邻,与 B11 线圈中间隔了 A14 线圈,故 A13 线圈发生匝间短路对 C 相第一支路电流的影响比对 B 相第一支路电流大。由图 3-2(d)可以看出,当 $R_f < 5\ \Omega$ 时,$I_{b1RS} > I_{c1RS}$,$I_{b1RS} > I_{c3RS}$,$I_{b1RS} > I_{b3RS}$;当 $R_f \geqslant 5\ \Omega$ 时,上述各支路电流

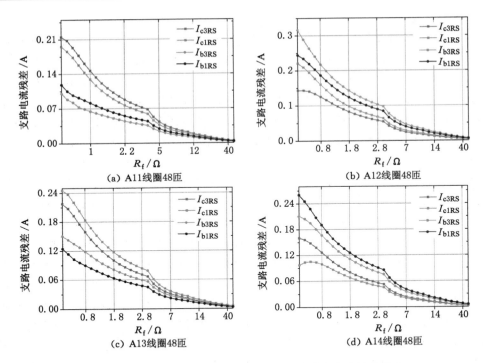

图 3-2　A 相第一支路不同线圈短路对支路电流残差的影响

残差的差值趋近 0。这是由于短路线圈 A14 与 B11 线圈相邻,与 C12 线圈中间隔了 A13 线圈,故 A14 线圈发生匝间短路对 B 相第一支路电流的影响比对 C 相第一支路电流大。通过以上分析可以看出,当 $R_f < 5\ \Omega$ 时,通过比较非故障相支路电流残差可以实现故障线圈的定位。

3.2.2　线圈元件内部短路对 DDPMSM 定子相电压影响分析

电机的电压量可以反映电机的匝间短路故障[41-42],对于 DDPMSM,支路电压等于相电压。在同一相中,故障支路电压等于健康支路电压,当 Xk 支路中一个线圈内部发生匝间短路故障时,故障相的瞬时支路电压(相电压)如式(3-13)所示。

$$V_{Xk} = V_{Xk'} = R_{Xk'}I_{Xk'} + L_{Xk'}\frac{\mathrm{d}}{\mathrm{d}t}I_{Xk'} + E_{Xk'} \tag{3-13}$$

式中,V_{Xk} 和 $V_{Xk'}$ 分别为 Xk 支路(故障支路)和 Xk' 支路(健康支路)的瞬时支路电压,等于故障相的相电压;$R_{Xk'}$ 为 Xk' 支路(健康支路)的电阻;$L_{Xk'}$ 为 Xk' 支路(健康支路)的电感;$E_{Xk'}$ 为永磁体在 Xk' 支路(健康支路)上产生的瞬时感应电动势。

当 Xk 支路中一个线圈内部发生匝间短路故障后,$I_{Xk'}$ 减小,$R_{Xk'}$ 和 $E_{Xk'}$ 保持不变,$L_{Xk'}$ 几乎不变。因此,根据式(3-13),故障相的支路电压减小。

图 3-3 所示为额定工况 A11 线圈 48 匝短路定子相电压及相电压残差随故障电阻的变化曲线。

由图 3-3 可以看出,额定工况 A11 线圈 48 匝短路时,A 相电压有效值随着故障电阻减小逐渐降低,金属性短路时,A 相电压有效值为 114 V,比健康状态时减小了 11.35 V,A 相电压残差 U_{ars} 为 11.35 V,U_{ars} 占健康状态三相电压平均值的 9%。当 $R_f \geqslant 10\ \Omega$ 时,$U_a \geqslant$

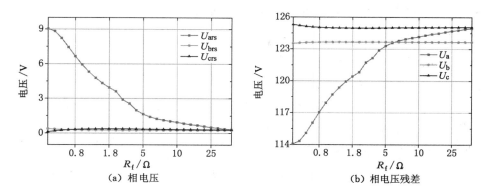

图 3-3　额定工况 A11 线圈 48 匝短路对相电压及相电压残差的影响

124.16 V，$U_{ars} \leqslant 1.19$ V，U_{ars} 占健康状态三相电压平均值的比例小于 0.96%。B 相、C 相电压有效值与健康状态下的基本相等，U_{brs} 和 U_{crs} 占三相电压平均值比例均小于 0.38%，可以认为非故障相 B 相、C 相电压基本不变。通过以上分析可以看出，匝间短路故障时定子各相电压及相电压残差的变化很小，所以通过定子相电压及相电压残差难以实现早期微弱匝间短路故障的检测，且该物理量只能定位到故障相。

3.2.3　线圈元件内部短路对 DDPMSM 电磁转矩影响分析

3.2.3.1　DDPMSM 健康状态下的电磁转矩分析

电机健康状态下的气隙磁势为：

$$f(\alpha,t) = F_a \cos(\omega t - \alpha) + F_{PM} \cos(\omega t - \alpha + \frac{\pi}{2} - \varphi + \theta + \phi) \tag{3-14}$$

式中，F_a 为电枢合成磁动势基波分量幅值；F_{PM} 为主磁极磁动势基波分量幅值；ω 为电角频率；α 为基波空间电角度；θ 为功率角；φ 为功率因数角；ϕ 为转子扭振角。

由于面贴式 DDPMSM 的气隙均匀，如果不考虑电机运行时振动偏心的影响，则单位面积磁导为：

$$\Lambda(\alpha,t) = \frac{\mu_0}{k_\mu \delta_0} \tag{3-15}$$

式中，μ_0 为空气磁导率；k_μ 为磁路饱和程度；δ_0 为平均气隙大小。

由文献[41,150]可知，DDPMSM 的气隙磁通管能量为：

$$dW = \frac{1}{2} f(\alpha,t) d\varphi = \frac{1}{2} \Lambda(\alpha,t) f^2(\alpha,t) R dZ d\alpha \tag{3-16}$$

DDPMSM 对应气隙磁场能量为：

$$W = \int_0^{2\pi} \int_0^L \frac{1}{2} \Lambda(\alpha,t) f^2(\alpha,t) R dZ d\alpha = \frac{R}{2} \int_0^{2\pi} \int_0^L \{\Lambda(\alpha,t) f^2(\alpha,t)\} \cdot dZ d\alpha \tag{3-17}$$

式中，R 为定子内圆半径；L 为电机轴向有效长度。

DDPMSM 的电磁转矩为：

$$T_e = p \frac{\partial W}{\partial \gamma} \tag{3-18}$$

式中,$\gamma = \omega t + \varphi$,为转子转角的电角度;$p$ 为电机的极对数。

将公式(3-17)代入公式(3-18),可得电机的电磁转矩为:

$$T_e = 2RpL \Lambda \int_0^{2\pi} \left[F_a \cos(\omega t - \alpha) + F_{PM} \cos\left(\omega t - \alpha + \frac{\pi}{2} - \varphi + \theta + \phi\right) \right]^2 d\alpha_m \quad (3-19)$$

经推导可得 DDPMSM 电磁转矩表达式:

$$T_e = 2p\pi RL \Lambda\, F_a F_{PM}\, N_1 \cos(-\varphi + \theta + \phi) \quad (3-20)$$

3.2.3.2　DDPMSM 匝间短路故障状态下的电磁转矩分析

DDPMSM 匝间短路故障时的气隙磁势为:

$$f(\alpha, t) = F_{a+} \cos(\omega t - \alpha) + F_{a-} \cos(\omega t + \alpha) + F_{PM} \cos\left(\omega t - \alpha + \frac{\pi}{2} - \varphi + \theta + \phi\right)$$
$$(3-21)$$

将公式(3-21)代入公式(3-17),可得匝间短路故障时的 DDPMSM 气隙磁场能量为:

$$W' = \frac{R}{2} \int_0^{2\pi} \int_0^L \left\{ \Lambda(\alpha, t) \left[F_{a+} \cos(\omega t - \alpha) + F_{a-} \cos(\omega t + \alpha) \right. \right.$$
$$(3-22)$$
$$\left. \left. + F_{PM} \cos\left(\omega t - \alpha + \frac{\pi}{2} - \varphi + \theta + \phi\right) \right]^2 \right\} dz d\alpha$$

将公式(3-21)代入公式(3-18),可得匝间短路故障的 DDPMSM 电磁转矩为:

$$T_e = 2p\pi RL\Lambda \left[F_{a+} F_{PM} \cos(-\varphi + \theta + \phi) + F_{a-} F_{PM} \cos(2\omega t - \varphi + \theta + \phi) \right] \quad (3-23)$$

通过比较公式(3-19)和公式(3-23)可知,公式(3-23)的第一部分是电磁转矩平均值,第二部分是 2 倍基频转矩。DDPMSM 匝间短路故障时,2 倍基频转矩显著增大,同时电磁转矩平均值变小。这是因为,DDPMSM 匝间短路时,短路线圈中流过短路电流,短路电流会产生去磁性质的磁场,它将削弱电枢合成磁场,故匝间短路时电磁转矩平均值比健康状态低。2 倍基频转矩显著增大是因为匝间短路负序分量造成的。

图 3-4 所示为额定工况 A11 线圈 48 匝短路时平均转矩(T_{ave})、转矩波动(T_{rip})和转矩二倍频分量随故障电阻的变化曲线。

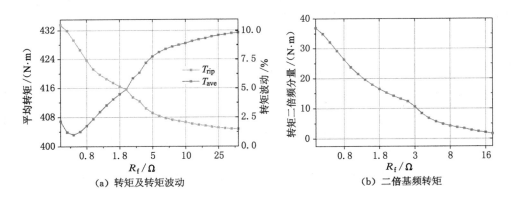

（a）转矩及转矩波动　　　　（b）二倍基频转矩

图 3-4　额定工况 A11 线圈 48 匝短路转矩随故障电阻变化曲线

由图 3-4(a)可以看出,DDPMSM 匝间短路故障后,转矩平均值减小,转矩平均值随故障电阻减小先减小后增加。转矩平均值减小是由于短路线圈的去磁磁势造成的。转矩平均值也不随故障电阻单调变化的原因是,匝间短路故障时,故障相各支路电流不随故障电阻单调变化,故电枢合成磁势的正序分量不随故障电阻单调变化,导致转矩平均值也不随故障电阻单调变化。当 $R_f=0.4\ \Omega$ 时,转矩平均值最小,为健康状态时的 0.93 倍。通过以上分析可以看出,匝间短路故障时转矩平均值变化不明显,通过其难以实现早期微弱匝间短路故障的检测。由图 3-4(a)还可以看出,DDPMSM 匝间短路故障后,转矩波动明显增加,且转矩波动随着故障电阻减小而增大。这是因为,匝间短路故障后电流波形发生畸变,电流不再对称,导致电机内部旋转磁场发生了畸变,谐波含量增加,导致电磁转矩的波动增加。金属性短路时,转矩波动为健康状态时的 6.63 倍。通过以上分析可以看出,匝间短路故障时转矩波动明显增加,所以转矩波动可以作为匝间故障检测的特征量。

由图 3-4(b)可以看出,DDPMSM 匝间短路故障后,2 倍基频转矩显著增加,且 2 倍基频转矩随着故障电阻减小而增加。匝间短路故障时 2 倍基频转矩显著增加,与前面理论分析一致。2 倍基频转矩之所以随着故障电阻减小而增加,这是因为,短路电阻越小,短路线圈中的电流越大,其产生的负序磁势越大,由公式(3-23)的第二部分可以看出,负序磁势越大,2 倍基频转矩越大,故 2 倍基频转矩随着故障电阻减小而增加。金属性短路时,2 倍基频转矩为健康状态的 60.6 倍;当 $R_f=50\ \Omega$ 时,2 倍基频转矩为健康状态的 2.7 倍。通过以上分析看出,2 倍基频转矩是比较明显的故障特征量,其灵敏性比转矩波动好。

综合以上分析,DDPMSM 匝间短路故障时,故障支路差值电流显著增加,利用支路差值电流作为特征量不仅可以实现早期微弱匝间短路故障的在线检测,还可以实现故障线圈的定位。2 倍基频转矩也是比较明显的故障特征量,利用 2 倍基频转矩也能实现早期微弱匝间短路故障的在线检测,但无法实现故障线圈的定位。

3.3 额定工况多因素耦合作用下线圈元件内部匝间短路对电机性能的影响

由 2.4 节分析可知,由于导体电感随着槽深位置发生变化,所以短路位置对电机性能及故障特征影响很大。文献[151]采用解析及有限元法研究了短路匝数、短路位置对分数槽集中绕组永磁同步电机短路电流的影响规律,得到了金属性短路时,单匝槽口处短路电流最大的结论。文献[152]采用场路耦合法分析了相同时刻、相同匝数、不同空间位置(短路点到中性点的距离)短路对水轮发电机故障支路电流、非故障支路电流、故障电流的影响,得到了故障点的空间位置对发电机定子故障影响很大的结论。文献[153]采用场-路-网耦合时步有限元法分析了相同时刻、相同绝缘失效程度、不同短路位置(短路点到中性点的距离)短路对大型同步发电机定子电流及电磁转矩的影响,揭示了定子绕组短路位置对电机电气量的影响规律。文献[154]分析了同步发电机定子匝间短路位置对电磁转矩的影响规律。

目前,关于短路位置对电机性能及故障特征的研究主要集中于大型同步发电机,研究的故障位置为短路点至电机中性点的距离,得到了短路位置对电机性能影响很大的结论,对线圈元件内部不同短路位置短路的研究鲜有报道。本章在上述研究基础上,利用建立的基于线圈子单元的 DDPMSM 定子绕组故障状态数学模型,对比研究线圈元件内部短路故障电阻、短路匝数、短路位置等多因素耦合作用对 DDPMSM 性能及故障特征的影响规律。

本节对于多因素耦合作用下电机故障特性的研究均在额定工况下进行,设置了 3 种短路匝数,选取了图 3-5 所示的典型短路位置开展研究。

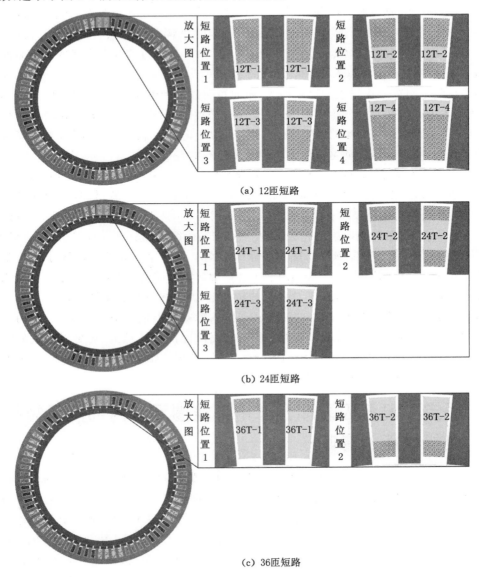

（a）12 匝短路

（b）24 匝短路

（c）36 匝短路

图 3-5　短路位置示意图

图 3-5 为短路位置示意图。图 3-5(a) 为 12 匝短路位置示意图,短路位置 1 对应的短路匝编号为 No.01-12、短路位置 2 对应的短路匝编号为 No.13-24、短路位置 3 对应的短路匝编号为 No.25-36、短路位置 4 对应的短路匝编号为 No.37-48。图 3-5(b) 为 24 匝短路位置示意图,短路位置 1 对应的短路匝编号为 No.01-24、短路位置 2 对应的短路匝编号为 No.13-36、短路位置 3 对应的短路匝编号为 No.25-48。图 3-5(c) 为 36 匝短路位置示意图,短路位置 1 对应的短路匝编号为 No.01-3、短路位置 2 对应的短路匝编号为 No.13-48。

3.3.1　多因素耦合作用对 DDPMSM 故障电流影响分析

图 3-6 所示为额定工况 A11 线圈不同短路匝数下不同短路位置的故障电流随故障电阻变化曲线。表 3-1 为 A11 线圈不同短路位置的故障电流及按公式(3-24)计算的不同短路位置故障电流差值百分比的最大值。

$$I_{fij} = \left(\frac{I_{fi} - I_{fj}}{I_h}\right) \times 100\% \tag{3-24}$$

式中，I_{fij} 为不同短路位置的故障电流差值百分比；I_{fi} 为短路位置 i 故障电流有效值；I_{fj} 为短路位置 j 故障电流有效值；I_h 为健康状态支路电流有效值。

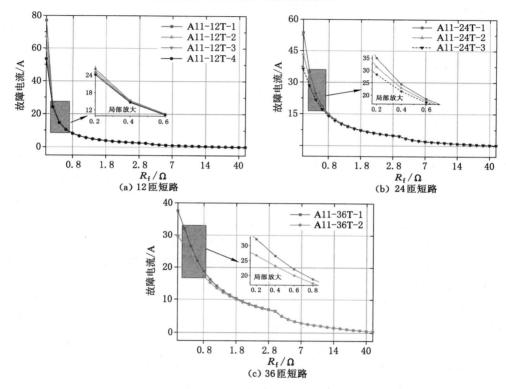

图 3-6　A11 线圈不同短路位置故障电流随故障电阻变化曲线

表 3-1　A11 线圈不同短路位置的故障电流有效值

故障电阻	短路匝数/匝	I_{f1}/A	I_{f2}/A	I_{f3}/A	I_{f4}/A	$I_{fij}/\%$
$R_f = 0\ \Omega$	12	77.10	67.22	59.63	53.46	253.46
	24	53.66	43.30	36.32		185.72
	36	37.58	29.70			84.46
$R_f = 0.2\ \Omega$	12	26.07	25.25	24.63	24.09	21.22
	24	34.94	31.36	28.37		70.40
	36	32.14	26.72			58.02

表 3-1(续)

故障电阻	短路匝数/匝	I_{f1}/A	I_{f2}/A	I_{f3}/A	I_{f4}/A	I_{fij}/%
$R_f = 0.4\ \Omega$	12	15.24	14.93	14.73	14.60	6.87
	24	24.44	22.97	21.64		30.20
	36	26.54	23.19			35.89
$R_f = 0.6\ \Omega$	12	10.75	10.54	10.44	10.39	3.90
	24	18.51	17.76	17.09		15.20
	36	22.08	19.99			22.45
$R_f = 0.8\ \Omega$	24	14.83	14.38	13.99		8.93
	36	18.76	17.36			14.95
$R_f = 1\ \Omega$	36	16.21	15.24			10.31

通过对图 3-6、表 3-1 的对比分析,可以得到以下结论。

(1) 12 匝短路在 $R_f = 0\ \Omega$ 时不同短路位置故障电流差值百分比最大值为 253.46%;$R_f \leqslant 0.2\ \Omega$ 时不同短路位置故障电流差值百分比最大值为 21.22%。24 匝短路在 $R_f \leqslant 0.6\ \Omega$ 时不同短路位置故障电流差值百分比最大值为 15.2%;当 $R_f \geqslant 0.6\ \Omega$ 时,不同短路位置的故障电流差值百分比小于 8.93%。36 匝短路在 $R_f \leqslant 1\ \Omega$ 时不同短路位置故障电流差值百分比最大值为 10.31%。可以看出,在 R_f 较小时,短路位置对故障电流影响较大,且短路位置对故障电流的影响随着故障电阻增加下降很快,短路匝数越少下降得越快。

(2) 金属性短路时,12 匝位置 1 处短路的故障电流为 77.10 A,是健康状态支路电流的 8.26 倍;24 匝位置 1 处短路的故障电流为 53.66 A,是健康状态支路电流的 5.75 倍;36 匝位置 1 处短路的故障电流为 37.58 A,是健康状态支路电流的 4.03 倍。$R_f = 0.2\ \Omega$ 时,12 匝位置 1 处短路的故障电流为 26.07 A,是健康状态支路电流的 2.79 倍;24 匝位置 1 处短路的故障电流为 34.94 A,是健康状态支路电流的 3.74 倍;36 匝位置 1 处短路的故障电流为 32.14 A,是健康状态支路电流的 3.44 倍。可以看出,在 R_f 较小时,相同短路位置不同短路匝数的故障电流均很大。短路匝数越少,故障电阻越小,故障电流越大。

(3) 金属性短路时,12 匝短路不同短路位置故障电流差值的最大百分值为 253.46%,24 匝短路为 185.7%,36 匝短路为 84.5%。$R_f = 0.2\ \Omega$ 时,12 匝短路不同短路位置故障电流差值的最大百分值为 21.22%,24 匝短路为 70.40%,36 匝短路为 58.02%。可以看出,金属性短路时,短路位置对故障电流影响最大,短路匝数越少影响越大。

(4) 相同故障电阻下,12 匝短路 I_{f1}(槽口)$> I_{f2} > I_{f3} > I_{f4}$(槽底),24 匝短路 $I_{f1} > I_{f2} > I_{f3}$,36 匝短路 $I_{f1} > I_{f2}$。可见,在任何一个短路匝数下,随着短路位置由槽口处向槽底处偏移,故障电流越来越小。

(5) 短路匝数越少,故障电阻越小;越接近槽口处,故障电流越大。槽口处发生 1 匝金属性短路时,故障电流最大,为 98.38 A,是健康状态支路电流的 10.54 倍。

3.3.2 多因素耦合作用对 DDPMSM 故障线圈电流影响分析

图 3-7 所示为额定工况 A11 线圈不同短路匝数下、不同短路位置故障线圈电流(故障线圈电流定义为短路线圈故障部分流过的电流)随故障电阻变化曲线。表 3-2 为额定工况

A11 线圈不同短路位置的故障线圈电流及按公式(3-25)计算的不同短路位置故障线圈差值百分比最大值。

$$I_{fcij} = \left(\frac{I_{fci} - I_{fcj}}{I_h}\right) \times 100\% \qquad (3\text{-}25)$$

式中，I_{fcij} 为不同短路位置的故障线圈电流差值百分比；I_{fci} 为短路位置 i 故障线圈电流有效值；I_{fcj} 为短路位置 j 故障线圈电流有效值。

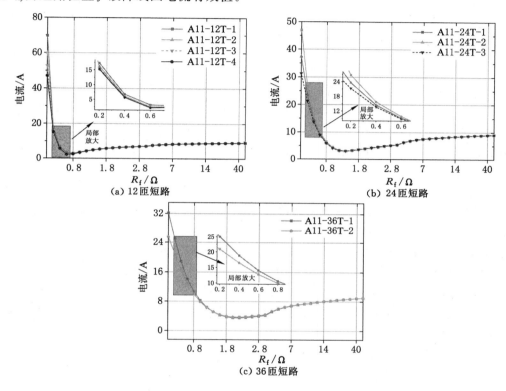

图 3-7 A11 线圈不同短路状况故障线圈电流随故障电阻变化曲线

表 3-2 A11 线圈在槽深不同短路位置故障线圈电流有效值

故障电阻	短路匝数/匝	I_{fc1}/A	I_{fc2}/A	I_{fc3}/A	I_{fc4}/A	I_{fcij}/%
$R_f = 0\ \Omega$	12	69.68	59.92	52.71	47.13	241.74
	24	46.94	37.33	31.29		167.77
	36	32.17	25.53			71.15
$R_f = 0.2\ \Omega$	12	17.29	16.19	15.52	15.17	22.78
	24	26.67	23.56	21.23		58.36
	36	25.03	20.89			44.39
$R_f = 0.4\ \Omega$	12	6.76	6.09	5.76	5.68	11.68
	24	15.78	14.51	13.70		22.34
	36	18.82	16.50			24.91

表 3-2（续）

故障电阻	短路匝数/匝	I_{fc1}/A	I_{fc2}/A	I_{fc3}/A	I_{fc4}/A	$I_{fcij}/\%$
$R_f=0.6\ \Omega$	24	9.90	9.22	8.92		10.52
	36	14.12	12.85			13.59
$R_f=0.8\ \Omega$	24	6.45	6.02	5.91		5.81
	36	10.69	10.02			7.26

通过对图 3-7、表 3-2 的对比分析，可以得到以下结论。

（1）12 匝短路在 $R_f\leqslant0.2\ \Omega$ 时不同短路位置故障线圈电流差值百分比最大值为 22.78%，24 匝短路在 $R_f\leqslant0.4\ \Omega$ 时不同短路位置故障线圈电流差值百分比最大值为 22.34%，36 匝短路在 $R_f\leqslant0.6\ \Omega$ 时不同短路位置故障线圈电流差值百分比最大值为 13.59%。可以看出，在 R_f 较小时，短路位置对故障线圈电流影响较大，且短路位置对故障线圈电流的影响随着故障电阻增加下降很快，短路匝数越少下降得越快。该趋势与短路位置对故障电流的影响相似。

（2）金属性短路时，12 匝位置 1 处短路的故障线圈电流为 69.68 A，是健康状态支路电流的 7.47 倍；24 匝位置 1 处短路的故障线圈电流为 46.94 A，是健康状态支路电流的 5.03 倍；36 匝位置 1 处短路的故障线圈电流为 32.17 A，是健康状态支路电流的 3.45 倍。$R_f=0.2\ \Omega$ 时，12 匝位置 1 处短路的故障线圈电流为 17.29 A，是健康状态支路电流的 1.85 倍；24 匝位置 1 处短路的故障线圈电流为 26.67 A，是健康状态支路电流的 2.86 倍；36 匝位置 1 处短路的故障线圈电流为 25.03 A，是健康状态支路电流的 2.68 倍。可以看出，在 R_f 较小时，相同短路位置不同短路匝数的故障线圈电流均很大。短路匝数越少、故障电阻越小，故障线圈电流越大。

（3）金属性短路时，12 匝短路不同短路位置故障线圈电流差值的最大百分值为 241.74%，24 匝短路为 167.77%，36 匝短路为 71.15%。$R_f=0.2\ \Omega$ 时，12 匝短路不同短路位置故障线圈电流差值的最大百分值为 22.78%，24 匝短路为 58.36%，36 匝短路为 44.39%。可以看出，金属性短路时，短路位置对故障线圈电流影响最大，短路匝数越少影响越大。

（4）相同故障电阻下，12 匝短路 I_{fc1}（槽口）$>I_{fc2}>I_{fc3}>I_{fc4}$（槽底），24 匝短路 $I_{fc1}>I_{fc2}>I_{fc3}$，36 匝短路 $I_{fc1}>I_{fc2}$。可见，在任何一个短路匝数下，随着短路位置由槽口处向槽底处偏移，故障线圈电流越来越小。

（5）短路匝数越少、故障电阻越小、越接近槽口处，故障线圈电流越大。槽口处发生 1 匝金属性短路时，故障线圈电流最大，为 90.49 A，是健康状态线圈电流的 9.7 倍。该电流会导致短路线圈过热，故障迅速恶化，对电机造成严重的损坏。因此，以往通过故障电阻及短路匝数这两个因素评判匝间短路故障程度存在局限性。

3.3.3 多因素耦合作用对 DDPMSM 支路电流影响分析

由 3.2 节分析可知，线圈元件内部短路对非故障相支路电流影响很小，因此，本节仅研究短路位置对故障相支路电流的影响规律。图 3-8 所示为额定工况 A11 线圈不同短路匝数下不同短路位置故障相支路电流随故障电阻变化曲线。

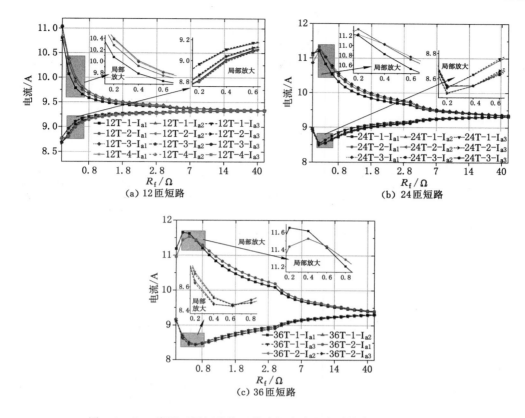

图 3-8　A11 线圈不同短路位置故障相支路电流随故障电阻变化曲线

　　由图 3-8 可以看出,额定工况 12 匝短路、24 匝短路、36 匝短路的短路位置对故障相支路电流影响很小。按照公式(3-26)对不同短路位置故障支路电流的差值百分比进行了计算,12 匝短路 I_{fbij} 最大值小于 4.6%,24 匝短路 I_{fbij} 最大值小于 2.63%,36 匝短路 I_{fbij} 最大值小于 2.49%。按照公式(3-27)对不同短路位置故障相非故障支路电流的差值百分比进行了计算,12 匝短路 I_{fhbij} 最大值小于 1.75%,24 匝短路 I_{fhbij} 最大值小于 0.98%,36 匝短路 I_{fhbij} 最大值小于 0.8%。通过以上分析可以看出,短路位置对故障相故障支路与非故障支路电流影响都很小,故障相支路电流包含的短路位置信息非常微弱。

$$I_{fbij} = (\frac{I_{fbi} - I_{fbj}}{I_h}) \times 100\% \tag{3-26}$$

式中,I_{fbij} 为不同短路位置故障支路电流的差值百分比;I_{fbi} 为短路位置 i 故障支路电流有效值;I_{fbj} 为短路位置 j 故障支路电流有效值。

$$I_{fhbij} = (\frac{I_{fhbi} - I_{fhbj}}{I_h}) \times 100\% \tag{3-27}$$

式中,I_{fhbij} 为不同短路位置故障相非故障支路电流的差值百分比;I_{fhbi} 为短路位置 i 故障相非故障支路电流有效值;I_{fhbj} 为短路位置 j 故障相非故障支路电流有效值。

3.3.4　多因素耦合作用对 DDPMSM 支路差值电流影响分析

　　图 3-9 所示为额定工况 A11 线圈不同短路匝数下不同短路位置支路差值电流随故障

电阻的变化曲线。

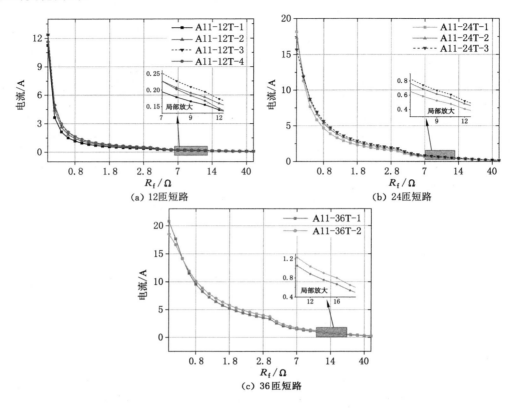

图 3-9　额定工况不同短路位置支路差值电流随故障电阻变化曲线

表 3-3 为 A11 线圈不同短路位置的支路差值电流峰峰值及按公式(3-28)计算的不同短路位置支路差值电流百分比的最大值。

$$I_{\mathrm{fbd}ij} = \frac{I_{\mathrm{fbd}i} - I_{\mathrm{fbd}j}}{I_{\mathrm{hp}}}\qquad(3\text{-}28)$$

式中，$I_{\mathrm{fbd}ij}$ 为不同故障位置支路差值电流百分比；$I_{\mathrm{fbd}i}$ 为故障位置 i 支路差值电流峰峰值；$I_{\mathrm{fbd}j}$ 为 j 支路的差值电流峰峰值；I_{hp} 为健康状态支路差值电流峰峰值。

表 3-3　A11 线圈在槽深不同短路位置支路差值电流峰峰值

故障电阻	短路匝数/匝	$I_{\mathrm{fbd}1}/\mathrm{A}$	$I_{\mathrm{fbd}2}/\mathrm{A}$	$I_{\mathrm{fbd}3}/\mathrm{A}$	$I_{\mathrm{fbd}4}/\mathrm{A}$	$I_{\mathrm{fbd}ij}/\%$
$R_{\mathrm{f}}=0\ \Omega$	12	11.26	12.38	12.37	11.63	4.23
	24	18.16	17.34	15.67		9.45
	36	20.78	18.50			8.67
$R_{\mathrm{f}}=0.2\ \Omega$	12	3.64	4.42	4.85	4.95	2.94
	24	11.30	12.06	11.87		2.87
	36	17.67	16.63			3.97

表 3-3(续)

故障电阻	短路匝数/匝	I_{fbd1}/A	I_{fbd2}/A	I_{fbd3}/A	I_{fbd4}/A	I_{fbdij}/%
$R_f = 0.4\ \Omega$	12	2.14	2.62	2.90	2.99	1.82
	24	7.65	8.55	8.74		4.13
	36	14.19	14.12			0.26
$R_f = 0.6\ \Omega$	12	1.51	1.86	2.07	2.12	1.30
	24	5.82	6.62	6.92		4.17
	36	11.49	11.90			1.56
$R_f = 1\ \Omega$	12	0.96	1.18	1.32	1.35	1.44
	24	3.87	4.47	4.76		3.37
	36	8.23	8.84			2.27
$R_f = 10\ \Omega$	12	0.16	0.18	0.20	0.17	0.15
	24	0.48	0.56	0.61		0.50
	36	1.05	1.23			0.68
$R_f = 20\ \Omega$	12	0.11	0.12	0.13	0.10	0.10
	24	0.27	0.31	0.34		0.27
	36	0.54	0.65			0.42

备注:$I_{hp}=26.394$ A。

通过对图 3-9、表 3-3 的对比分析,可以得到以下结论:12 匝金属性短路时,不同短路位置支路差值电流百分比最大值为 4.23%;24 匝金属性短路时,不同短路位置支路差值电流百分比最大值为 9.45%;36 匝金属性短路时,不同短路位置支路差值电流百分比最大值为 8.67%。$R_f = 0.2\ \Omega$ 时,12 匝不同短路位置支路差值电流百分比最大值为 2.94%;24 匝金属性短路时,不同短路位置支路差值电流百分比最大值为 2.87%;36 匝金属性短路时,不同短路位置支路差值电流百分比最大值为 3.97%。$R_f = 20\ \Omega$ 时,12 匝不同短路位置支路差值电流百分比最大值为 0.1%;24 匝金属性短路时,不同短路位置支路差值电流百分比最大值为 0.27%;36 匝金属性短路时,不同短路位置支路差值电流百分比最大值为 0.42%。可以看出,短路位置对支路差值电流影响很小,匝间短路故障初期不同故障位置支路差值电流的百分比接近于 0。因此,利用支路差值电流作为早期匝间短路故障检测的特征量不受短路位置的影响,泛化性好。

3.3.5 多因素耦合作用对 DDPMSM 故障相电压影响分析

由 3.2 节分析可知,线圈元件内部短路对非故障相电压影响很小,因此,本节仅研究短路位置对故障相电压的影响规律。图 3-10 所示为额定工况 A11 线圈不同短路匝数时不同短路位置故障相电压随故障电阻变化曲线。

由图 3-10 可以看出,短路位置对故障相电压影响很小。按照公式(3-29)对不同短路位置故障相电压的差值百分比进行了计算,结果如表 3-4 所列。

$$U_{fpij} = \left(\frac{U_{fpi} - U_{fpj}}{U_{hp}}\right) \times 100\% \qquad (3-29)$$

式中,U_{fpij} 为不同短路位置的故障相电压差值百分比;U_{fpi} 为位置 i 故障相电压有效值;U_{fpj}

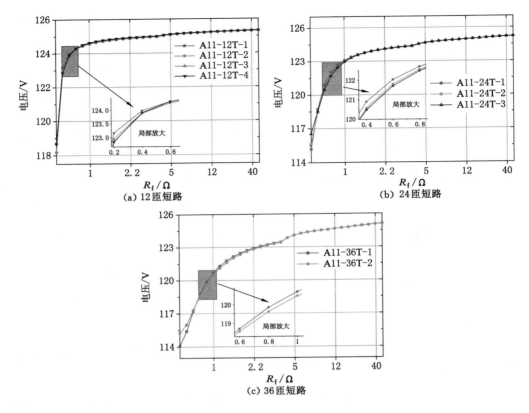

图 3-10　A11 线圈在不同短路位置的故障相电压随故障电阻变化曲线

为位置 j 故障相电压有效值；U_{hp} 为健康状态相电压有效值。

表 3-4　A11 线圈不同短路位置故障相电压有效值及差值百分比

故障电阻	短路匝数/匝	U_{fp1}/V	U_{fp2}/V	U_{fp3}/V	U_{fp4}/V	U_{fpij}/%
	12	118.70	118.18	118.23	118.66	0.42
$R_f = 0\ \Omega$	24	115.18	115.66	116.53		1.08
	36	114.09	115.24			0.92
	12	123.16	122.95	122.86	122.84	0.26
$R_f = 0.2\ \Omega$	24	118.74	118.43	118.55		0.15
	36	115.39	116.00			0.48

由表 3-4 可以看出，不同故障情况下，U_{fpij} 最大值小于 0.92%，因此短路位置对故障相电压影响很小，故障相电压包含的故障位置信息非常微弱。

3.3.6　多因素耦合作用对 DDPMSM 转矩平均值影响分析

图 3-11 所示为额定工况 A11 线圈不同短路匝数时不同短路位置转矩平均值随故障电阻变化曲线。

由图 3-11 可以看出，短路位置对转矩平均值影响很小。按照公式(3-30)对不同短路位

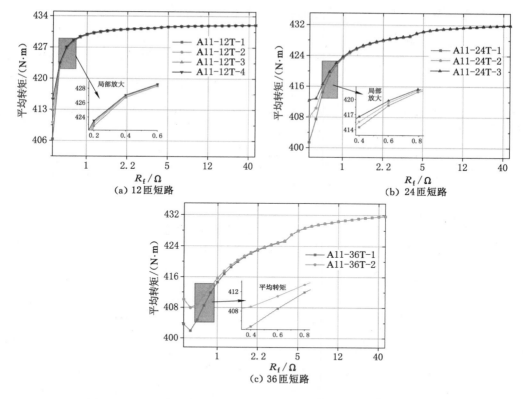

图 3-11　A11 线圈在不同短路位置转矩平均值随故障电阻变化曲线

置转矩平均值的差值百分比进行了计算,结果如表 3-5 所列。

$$T_{aij} = \left(\frac{T_{ai} - T_{aj}}{T_a}\right) \times 100\% \qquad (3\text{-}30)$$

式中,T_{aij} 为不同短路位置转矩平均值的差值百分比;T_{ai} 为短路位置 i 转矩平均值;T_{aj} 为短路位置 j 转矩平均值;T_a 为健康状态转矩平均值。

表 3-5　A11 线圈不同短路位置转矩平均值及差值百分比

故障电阻	短路匝数/匝	$T_{a1}/(\mathrm{N \cdot m})$	$T_{a2}/(\mathrm{N \cdot m})$	$T_{a3}/(\mathrm{N \cdot m})$	$T_{a4}/(\mathrm{N \cdot m})$	$T_{aij}/\%$
$R_f = 0\ \Omega$	12	406.36	410.05	412.89	415.34	2.08
	24	401.43	408.03	412.45		2.55
	36	403.68	410.11			1.49
$R_f = 0.2\ \Omega$	12	422.79	423.12	423.34	423.51	0.17
	24	407.46	410.30	412.80		1.24
	36	401.94	407.92			1.38

备注:健康状态转矩平均值为 432.11 N·m。

　　由表 3-5 可以看出,不同故障情况下,T_{aij} 最大值小于 2.55%,因此短路位置对转矩平均值影响很小,转矩平均值包含的故障位置信息非常微弱。

3.3.7 多因素耦合作用对 DDPMSM 转矩波动影响分析

图 3-12 所示为额定工况 A11 线圈不同短路匝数时不同短路位置转矩波动随故障电阻变化曲线。表 3-6 为按照公式(3-31)计算的不同短路位置转矩波动的差值百分比最大值。

$$T_{rij} = \left(\frac{T_{ri} - T_{rj}}{T_r} \right) \times 100\% \tag{3-31}$$

式中，T_{rij} 为不同短路位置的电磁转矩波动差值百分比；T_{ri} 为短路位置 i 转矩波动；T_{rj} 为短路位置 j 转矩波动；T_r 为健康状态转矩波动。

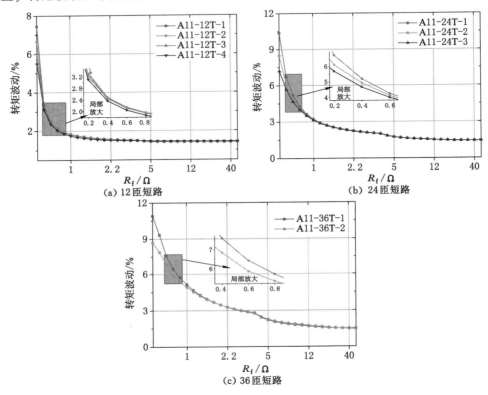

图 3-12　A11 线圈在不同短路位置转矩波动随故障电阻变化曲线

表 3-6　A11 线圈在不同短路位置的转矩波动

故障电阻	短路匝数	$T_{r1}/\%$	$T_{r2}/\%$	$T_{r3}/\%$	$T_{r4}/\%$	$T_{rij}/\%$
$R_f = 0 \ \Omega$	12 匝	7.45	6.66	6.04	5.49	122.45
	24 匝	10.36	8.48	7.22		198.57
	36 匝	10.89	8.69			139.28
$R_f = 0.2 \ \Omega$	12 匝	3.34	3.27	3.22	3.11	14.55
	24 匝	6.73	6.10	5.69		65.64
	36 匝	9.34	7.90			90.19

表 3-6(续)

故障电阻	短路匝数	$T_{r1}/\%$	$T_{r2}/\%$	$T_{r3}/\%$	$T_{r4}/\%$	$T_{rij}/\%$
$R_f=0.4\ \Omega$	12 匝	2.48	2.46	2.44	2.36	7.60
	24 匝	5.19	4.92	4.65		34.00
	36 匝	7.58	6.85			45.97
$R_f=0.6\ \Omega$	24 匝	4.24	4.11	3.99		15.93
	36 匝	6.42	5.86			36.02
$R_f=0.8\ \Omega$	24 匝	3.64	3.56	3.49		8.87
	36 匝	5.71	5.35			22.51
$R_f=1\ \Omega$	36 匝	5.12	4.91			13.48

备注:健康状态转矩波动为 1.59%。

通过对图 3-12、表 3-6 的对比分析,可以得到以下结论。

(1) 12 匝短路在 $R_f \leqslant 0.2\ \Omega$ 时不同短路位置转矩波动差值百分比最大值为 14.55%,24 匝短路在 $R_f \leqslant 0.6\ \Omega$ 时不同短路位置转矩波动差值百分比最大值为 34%,36 匝短路在 $R_f \leqslant 1\ \Omega$ 时不同短路位置转矩波动差值百分比最大值大于 13.48%。可以看出,在 R_f 较小时,短路位置对转矩波动影响较大,且短路位置对转矩波动的影响随着故障电阻增加下降很快,短路匝数越少下降得越快。

(2) 金属性短路时,12 匝位置 1 处短路的转矩波动为 7.45%,是健康状态的 4.7 倍;24 匝位置 1 处短路的转矩波动为 10.36%,是健康状态的 6.53 倍;36 匝位置 1 处短路的转矩波动为 10.89%,是健康状态的 6.87 倍。$R_f=0.2\ \Omega$ 时,12 匝位置 1 处短路的转矩波动为 3.34%,是健康状态的 2.11 倍;24 匝位置 1 处短路的转矩波动为 6.73%,是健康状态的 4.25 倍;36 匝位置 1 处短路的转矩波动为 9.34%,是健康状态的 5.89 倍。可以看出,在 R_f 较小时,相同短路位置不同短路匝数的转矩波动均很大。

(3) 12 匝短路 $T_{r1}>T_{r2}>T_{r3}>T_{r4}$,24 匝短路 $T_{r1}>T_{r2}>T_{r3}$,36 匝短路 $T_{r1}>T_{r2}$。可见,在任何一个短路匝数下,随着短路位置由槽口向槽底偏移,转矩波动越来越小。

3.3.8　多因素耦合作用对 DDPMSM 双倍频转矩影响分析

图 3-13 所示为额定工况 A11 线圈不同短路匝数时不同短路位置双倍频转矩随故障电阻变化曲线。表 3-7 所列为按照公式(3-32)计算的不同短路位置双倍频转矩的差值比最大值。

$$T_{2fij} = \frac{T_{2fi} - T_{2fj}}{T_{2f}} \tag{3-32}$$

式中,T_{2fij} 为不同短路位置双倍频转矩差值比;T_{2fi} 为短路位置 i 双倍频转矩;T_{2fj} 为短路位置 j 双倍频转矩;T_{2f} 为健康状态双倍频转矩。

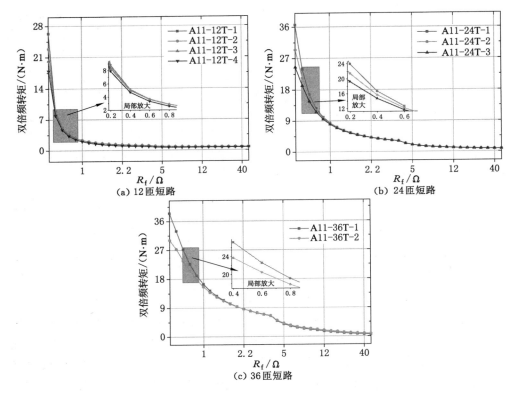

图 3-13　A11 线圈不同短路位置双倍频转矩随故障电阻变化曲线

表 3-7　A11 线圈在槽深不同短路位置双倍频转矩及差值比

故障电阻	短路匝数/匝	T_{2f1}/(N·m)	T_{2f2}/(N·m)	T_{2f3}/(N·m)	T_{2f4}/(N·m)	T_{2fij}
$R_f=0$ Ω	12	26.29	22.84	20.17	17.93	13.70
	24	36.62	29.42	24.50		19.87
	36	38.49	30.08			13.79
$R_f=0.2$ Ω	12	8.82	8.54	8.32	7.90	1.51
	24	23.94	21.42	19.25		7.69
	36	32.92	27.25			9.30
$R_f=0.4$ Ω	12	5.155	5.06	5.00	4.69	0.76
	24	16.67	15.64	14.69		3.25
	36	27.18	23.72			5.67
$R_f=0.6$ Ω	12	3.63	3.60	3.58	3.29	0.56
	24	12.60	12.07	11.58		1.67
	36	22.58	20.47			3.46
$R_f=0.8$ Ω	12	2.82	2.81	2.81	2.52	0.49
	24	10.07	9.76	9.48		0.97
	36	19.08	17.77			2.15

备注:健康状态双倍频转矩 0.61 N·m。

通过对图 3-13、表 3-7 的对比分析,可以得到以下结论。

(1) 12 匝短路在 $R_f \leq 0.2 \ \Omega$ 时不同短路位置双倍频转矩差值比最大值为 1.51,24 匝短路在 $R_f \leq 0.4 \ \Omega$ 时不同短路位置双倍频转矩差值比最大值为 3.25,36 匝短路在 $R_f \leq 0.6 \ \Omega$ 时不同短路位置双倍频转矩差值比最大值大于 3.46。可以看出,在 R_f 较小时,短路位置对双倍频转矩影响较大,且短路位置对双倍频转矩的影响随着故障电阻增加下降很快,短路匝数越少影响率下降得越快。双倍频转矩包含有丰富的位置信息。

(2) 金属性短路时,12 匝位置 1 处短路的双倍频转矩为 26.29 N·m,是健康状态的 43.1 倍;24 匝位置 1 处短路的双倍频转矩为 36.62 N·m,是健康状态的 60.03 倍;36 匝位置 1 处短路的双倍频转矩为 38.49 N·m,是健康状态的 63.1 倍。$R_f = 0.2 \ \Omega$ 时,12 匝位置 1 处短路的双倍频转矩为 8.82 N·m,是健康状态的 14.46 倍;24 匝位置 1 处短路的双倍频转矩为 23.94 N·m,是健康状态的 39.24 倍;36 匝位置 1 处短路的双倍频转矩为 32.92 N·m,是健康状态的 53.97 倍。可以看出,在 R_f 较小时,相同短路位置不同短路匝数的双倍频转矩均很大,其对匝间短路故障灵敏性很好。

(3) 12 匝短路 $T_{r1} > T_{r2} > T_{r3} > T_{r4}$,24 匝短路 $T_{r1} > T_{r2} > T_{r3}$,36 匝短路 $T_{r1} > T_{r2}$。可见,在任何一个短路匝数下,随着短路位置由槽口向槽底偏移,双倍频转矩越来越小。

3.4 低速工况多因素耦合作用下线圈元件内部匝间短路对电机性能的影响

3.4.1 多因素耦合作用对 DDPMSM 故障电流影响分析

图 3-14 所示为低速工况 A11 线圈不同短路匝数下不同短路位置的故障电流随故障电阻变化曲线。表 3-8 为 A11 线圈不同短路位置的故障电流及按公式(3-12)计算的不同短路位置故障电流差值百分比的最大值。

表 3-8 A11 线圈不同短路位置的故障电流有效值

故障电阻	短路匝数/匝	I_{f1}/A	I_{f2}/A	I_{f3}/A	I_{f4}/A	$I_{fij}/\%$
$R_f = 0 \ \Omega$	12	51.77	48.59	45.78	43.20	91.92
	24	44.20	38.64	34.08	—	108.47
	36	35.45	29.36			64.83
$R_f = 0.2 \ \Omega$	12	14.49	14.25	14.11	14.02	5.04
	24	22.04	21.08	20.20		19.70
	36	24.37	22.05	—		24.89
$R_f = 0.4 \ \Omega$	12	—	—	—		—
	24	14.27	13.93	13.63	—	6.82
	36	17.85	16.78			11.36
$R_f = 0.6\Omega$	12	—	—	—		—
	24	10.49	10.31	10.18		3.35
	36	13.87	13.33	—		5.70

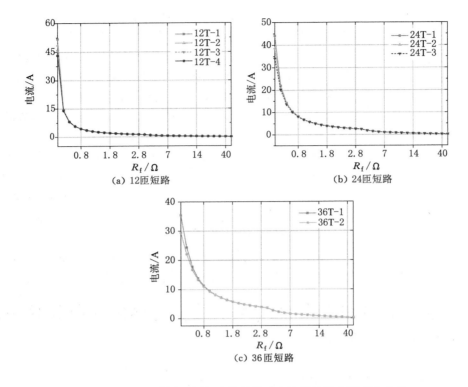

图 3-14　A11 线圈不同短路位置故障电流随故障电阻变化曲线

通过对图 3-14、表 3-8 的对比分析,可以得到以下结论。

(1) 12 匝短路在 $R_f = 0\ \Omega$ 时不同短路位置故障电流差值百分比最大值为 91.92%;当 $R_f \geqslant 0.2\ \Omega$ 时,不同短路位置的故障电流差值百分比小于 5.04%。24 匝短路在 $R_f \leqslant 0.2\ \Omega$ 时不同短路位置故障电流差值百分比最大值为 108.47%;当 $R_f \geqslant 0.4\ \Omega$ 时,不同短路位置的故障电流差值百分比最大值为 6.82%。36 匝短路在 $R_f \leqslant 0.4\ \Omega$ 时不同短路位置故障电流差值百分比最大值为 64.83%;当 $R_f \geqslant 0.6\ \Omega$ 时,不同短路位置的故障电流差值百分比小于 5.7%。可以看出,在 R_f 较小时,短路位置对故障电流影响较大,且短路位置对故障电流的影响随着故障电阻增加下降很快,短路匝数越少下降得越快。与额定工况下的变化规律相似。

(2) 金属性短路时,12 匝位置 1 处短路的故障电流为 51.77 A,是健康状态支路电流的 5.55 倍;24 匝位置 1 处短路的故障电流为 44.20 A,是健康状态支路电流的 4.74 倍;36 匝位置 1 处短路的故障电流为 35.45 A,是健康状态支路电流的 3.80 倍。$R_f = 0.2\ \Omega$ 时,12 匝位置 1 处短路的故障电流为 14.49 A,是健康状态支路电流的 1.55 倍;24 匝位置 1 处短路的故障电流为 22.04 A,是健康状态支路电流的 2.36 倍;36 匝位置 1 处短路的故障电流为 24.37 A,是健康状态支路电流的 2.61 倍。可以看出,在 R_f 较小时,相同短路位置不同短路匝数的故障电流均很大。短路匝数越少故障电阻越小,故障电流越大。这与额定工况下的变化规律相似。

(3) 金属性短路时,12 匝短路不同短路位置故障电流差值的最大值为 91.92%,24 匝短路为 108.5%,36 匝短路为 64.8%。$R_f=0.2\ \Omega$ 时,12 匝短路不同短路位置故障电流差值的最大值为 5.04%,24 匝短路为 19.70%,36 匝短路为 24.89%。可以看出,金属性短路时,短路位置对故障电流影响最大,其中 24 匝短路的故障电流受短路位置影响最大。额定工况下,12 匝短路的故障电流受短路位置影响最大。

(4) 相同故障电阻下,12 匝短路 I_{f1}(槽口)$>I_{f2}>I_{f3}>I_{f4}$(槽底),24 匝短路 $I_{f1}>I_{f2}>I_{f3}$,36 匝短路 $I_{f1}>I_{f2}$。可见,在任何一个短路匝数下,随着短路位置由槽口处向槽底处偏移,故障电流越来越小,与额定工况下的变化规律相似。

(5) 故障电阻越小,越接近槽口处,故障电流越大。槽口处发生 1 匝金属性短路时,故障电流最大,为 55.30 A,是健康状态支路电流的 5.93 倍。这与额定工况下的变化规律相似。

3.4.2 多因素耦合作用对 DDPMSM 故障线圈电流影响分析

图 3-15 所示为额定工况 A11 线圈不同短路位置故障线圈电流(故障线圈电流定义为短路线圈故障部分流过的电流)随故障电阻变化曲线。表 3-9 所列为低速工况 A11 线圈不同短路位置的故障线圈电流及按公式(3-25)计算的不同短路位置故障线圈差值百分比最大值。

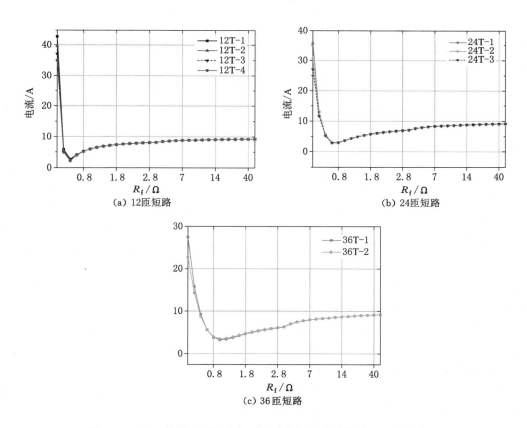

图 3-15 A11 线圈不同短路位置故障线圈电流随故障电阻变化曲线

表 3-9　A11 线圈在槽深不同短路位置故障线圈电流有效值

故障电阻	短路匝数/匝	I_{fc1}/A	I_{fc2}/A	I_{fc3}/A	I_{fc4}/A	$I_{fcij}/\%$
$R_f=0\Omega$	12	42.80	39.59	37.03	34.92	84.47
	24	35.66	30.73	27.02	—	92.51
	36	27.48	22.73	—		50.86
$R_f=0.2\ \Omega$	12	5.82	5.25	4.98	4.93	9.55
	24	12.96	12.15	11.64	—	14.13
	36	15.81	14.33	—		15.78
$R_f=0.4\ \Omega$	12	2.68	2.35	2.23	2.22	
	24	5.61	5.28	5.25	—	3.92
	36	9.23	8.81	—		4.51
$R_f=0.6\ \Omega$	36	5.64	5.61			0.37

通过对图 3-15、表 3-9 的对比分析，可以得到以下结论。

（1）12 匝短路在 $R_f=0\ \Omega$ 时不同短路位置故障线圈电流差值百分比最大值为 84.47%；当 $R_f\geqslant0.2\ \Omega$ 时，不同短路位置的故障电流差值百分比小于 9.55%。24 匝短路在 $R_f=0\ \Omega$ 时不同短路位置故障线圈电流差值百分比最大值为 92.51%；24 匝短路在 $R_f\leqslant0.2\ \Omega$ 时不同短路位置故障电流差值百分比最大值为 92.51%，当 $R_f\geqslant0.4\ \Omega$ 时，不同短路位置的故障电流差值百分比小于 3.92%。36 匝短路在 $R_f\leqslant0.2\ \Omega$ 时不同短路位置故障电流差值百分比最大值为 50.86%；当 $R_f\geqslant0.4\ \Omega$ 时，不同短路位置的故障电流差值百分比小于 4.51%。可以看出，在 R_f 较小时，短路位置对故障电流影响较大，且短路位置对故障电流的影响随着故障电阻增加下降很快，短路匝数越少下降得越快。该趋势与短路位置对故障电流的影响相似，与额定工况下的变化规律相似。

（2）金属性短路时，12 匝位置 1 处短路的故障线圈电流为 42.80 A，是健康状态支路电流的 4.59 倍；24 匝位置 1 处短路的故障线圈电流为 35.66 A，是健康状态支路电流的 3.82 倍；36 匝位置 1 处短路的故障线圈电流为 27.48 A，是健康状态支路电流的 2.95 倍。$R_f=0.2\ \Omega$ 时，12 匝位置 1 处短路的故障线圈电流为 5.82 A，是健康状态支路电流的 0.62 倍；24 匝位置 1 处短路的故障线圈电流为 12.96 A，是健康状态支路电流的 1.39 倍；36 匝位置 1 处短路的故障线圈电流为 15.81 A，是健康状态支路电流的 1.69 倍。可以看出，在 R_f 较小时，相同短路位置不同短路匝数的故障线圈电流均很大。短路匝数越少，故障电阻越小，故障线圈电流越大。与额定工况下的变化规律相似。

（3）金属性短路时，12 匝短路不同短路位置故障线圈电流差值的最大值为 84.47%，24 匝短路为 92.51%，36 匝短路为 50.86%。$R_f=0.2\ \Omega$ 时，12 匝短路不同短路位置故障线圈电流差值的最大值为 9.55%，24 匝短路为 14.13%，36 匝短路为 15.78%。可以看出，金属性短路时，短路位置对故障线圈电流影响最大，其中 24 匝短路的故障线圈电流受短路位置影响最大。额定工况下，12 匝短路的故障线圈电流受短路位置影响最大。

（4）相同故障电阻下，12 匝短路 I_{fc1}（槽口）$>I_{fc2}>I_{fc3}>I_{fc4}$（槽底），24 匝短路 $I_{fc1}>I_{fc2}>I_{fc3}$，36 匝短路 $I_{fc1}>I_{fc2}$。可见，在任何一个短路匝数下，随着短路位置由槽口处向槽底处偏移，故障线圈电流越来越小。与额定工况下的变化规律相似。

（5）短路匝数越少，故障电阻越小，越接近槽口处，故障线圈电流越大。槽口处发生 1 匝金属性短路时，故障线圈电流最大，为 46.60 A，是健康状态线圈电流的 5 倍。该电流会导致短路线圈过热，故障迅速恶化，对电机造成严重的损坏。与额定工况下的变化规律相似。因此，以往通过故障电阻及短路匝数这两个因素评判匝间短路故障程度存在局限性。

3.4.3 多因素耦合作用对 DDPMSM 支路电流影响分析

由 3.2 节分析可知，线圈元件内部短路对非故障相支路电流影响很小，因此，本节仅研究短路位置对故障相支路电流的影响规律。图 3-16 所示为低速工况 A11 线圈不同短路位置故障相支路电流随故障电阻变化曲线。

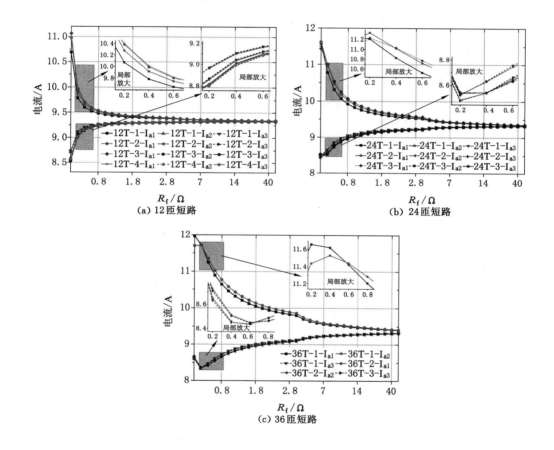

图 3-16　A11 线圈不同短路位置故障相支路电流随故障电阻变化曲线

由图 3-16 可以看出，额定工况 12 匝短路、24 匝短路、36 匝短路，其短路位置对故障相支路电流影响很小。按照公式（3-33）对不同短路位置故障支路电流的差值百分比进行了计算，12 匝短路 I_{fbij} 最大值小于 3.99%，24 匝短路 I_{fbij} 最大值小于 2.48%，36 匝短路 I_{fbij} 最大值小于 2.87%。按照公式（3-34）对不同短路位置故障相非故障支路电流的差值值百分比进行了计算，12 匝短路 I_{fhbij} 最大值小于 1.97%，24 匝短路 I_{fhbij} 最大值小于 1.21%，36 匝短路 I_{fhbij} 最大值小于 0.68%。通过以上分析可以看出，短路位置对故障相故障支路与非故障支路电流影响都很小，故障相支路电流包含的短路位置信息非常微弱。

$$I_{\mathrm{fb}ij} = \left(\frac{I_{\mathrm{fb}i} - I_{\mathrm{fb}j}}{I_{\mathrm{h}}}\right) \times 100\% \qquad (3\text{-}33)$$

式中，$I_{\mathrm{fb}ij}$ 为不同短路位置故障支路电流的差值百分比；$I_{\mathrm{fb}i}$ 为短路位置 i 故障支路电流有效值；$I_{\mathrm{fb}j}$ 为短路位置 j 故障支路电流有效值。

$$I_{\mathrm{fhb}ij} = \left(\frac{I_{\mathrm{fhb}i} - I_{\mathrm{fhb}j}}{I_{\mathrm{h}}}\right) \times 100\% \qquad (3\text{-}34)$$

式中，$I_{\mathrm{fhb}ij}$ 为不同短路位置故障相非故障支路电流的差值百分比；$I_{\mathrm{fhb}i}$ 为短路位置 i 故障相非故障支路电流有效值；$I_{\mathrm{fhb}j}$ 为短路位置 j 故障相非故障支路电流有效值。

3.4.4 多因素耦合作用对 DDPMSM 支路差值电流影响分析

图 3-17 所示为低速工况 A11 线圈不同短路位置支路差值电流随故障电阻的变化曲线。

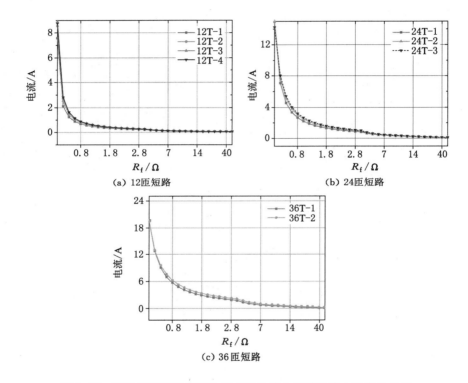

(a) 12匝短路　　　　(b) 24匝短路

(c) 36匝短路

图 3-17　额定工况不同短路位置支路差值电流随故障电阻变化曲线

表 3-10 所示为 A11 线圈不同短路位置的支路差值电流峰峰值及按公式(3-35)计算的不同短路位置支路差值电流百分比的最大值。

$$I_{\mathrm{fbd}ij} = \frac{I_{\mathrm{fbd}i} - I_{\mathrm{fbd}j}}{I_{\mathrm{hp}}} \qquad (3\text{-}35)$$

式中，$I_{\mathrm{fbd}ij}$ 为不同故障位置支路差值电流百分比；$I_{\mathrm{fbd}i}$ 为故障位置 i 支路差值电流峰峰值；$I_{\mathrm{fbd}j}$ 为故障位置 j 支路差值电流峰峰值；I_{hp} 为健康状态支路差值电流峰峰值。

表 3-10   A11 线圈在槽深不同短路位置支路差值电流峰峰值

故障电阻	短路匝数/匝	I_{fbd1}/A	I_{fbd2}/A	I_{fbd3}/A	I_{fbd4}/A	$I_{fbdij}/\%$
$R_f = 0\ \Omega$	12	7.58	8.54	8.90	8.75	4.90
	24	14.94	15.02	14.22	—	3.00
	36	19.53	18.11	—	—	5.34
$R_f = 0.2\ \Omega$	12	2.12	2.52	2.76	2.82	2.60
	24	7.06	7.79	8.02	—	3.80
	36	12.68	12.97	—	—	1.50
$R_f = 0.4\ \Omega$	12	1.24	1.47	1.61	1.64	1.50
	24	4.57	5.15	5.41	—	3.20
	36	9.02	9.60	—	—	2.30

备注：$I_{hp} = 26.39$ A。

通过对图 3-17、表 3-10 的对比分析，可以得到以下结论。12 匝金属性短路时，不同短路位置支路差值电流百分比最大值为 4.90%；24 匝金属性短路时，不同短路位置支路差值电流百分比最大值为 3.80%；36 匝金属性短路时，不同短路位置支路差值电流百分比最大值为 5.34%。$R_f = 0.2\ \Omega$ 时，12 匝不同短路位置支路差值电流差值百分比最大值为 2.60%；24 匝金属性短路时，不同短路位置支路差值电流差值百分比最大值为 3.80%；36 匝金属性短路时，不同短路位置支路差值电流差值百分比最大值为 1.50%。$R_f = 0.4\ \Omega$ 时，12 匝不同短路位置支路差值电流差值百分比最大值为 1.50%；24 匝金属性短路时，不同短路位置支路差值电流差值百分比最大值为 3.20%；36 匝金属性短路时，不同短路位置支路差值电流差值百分比最大值为 2.30%。可以看出，短路位置对支路差值电流影响很小。因此，利用支路差值电流作为早期匝间短路故障检测的特征量不受短路位置的影响，泛化性好。这与额定工况下的变化规律相似。

3.4.5   多因素耦合作用对 DDPMSM 故障相电压影响分析

由 3.2 节分析可知，线圈元件内部短路对非故障相电压影响很小，因此，本节仅研究短路位置对故障相电压的影响规律。图 3-18 所示为低速工况 A11 线圈不同短路位置故障相电压随故障电阻变化曲线。

由图 3-18 可以看出，短路位置对故障相电压影响很小。按照公式(3-36)对不同短路位置故障相电压的差值百分比进行了计算，结果如表 3-11 所列。

$$U_{fpij} = (\frac{U_{fpi} - U_{fpj}}{U_{hp}}) \times 100\% \tag{3-36}$$

式中，U_{fpij} 为不同短路位置的故障相电压差值百分比；U_{fpi} 为位置 i 故障相电压有效值；U_{fpj} 为位置 j 故障相电压有效值；U_{hp} 为健康状态相电压有效值。

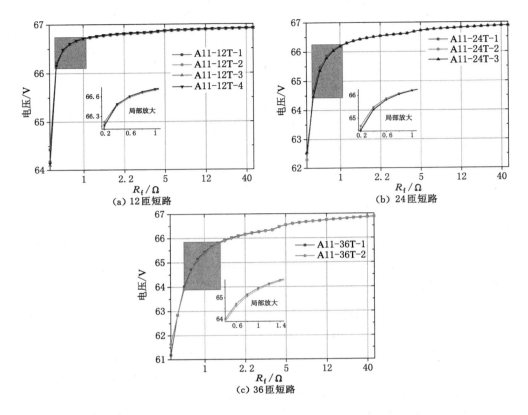

图 3-18　A11 线圈不同短路位置的故障相电压随故障电阻变化曲线

表 3-11　A11 线圈不同短路位置故障相电压有效值及差值百分比

故障电阻	短路匝数/匝	U_{fp1}/V	U_{fp2}/V	U_{fp3}/V	U_{fp4}/V	U_{fpij}/%
	12	64.43	64.19	64.10	64.14	0.49
$R_f = 0\ \Omega$	24	62.30	62.30	62.56	—	0.38
	36	61.18	61.64	—	—	0.68
	12	66.21	66.17	66.16	66.16	0.07
$R_f = 0.2\ \Omega$	24	64.66	64.52	64.47	—	0.28
	36	62.85	62.84	—	—	0.01

由表 3-11 可以看出,不同故障情况下,U_{fpij} 最大值不大于 0.68%,短路位置对故障相电压影响很小,故障相电压包含的故障位置信息非常微弱。这与额定工况下的变化规律相似。

3.4.6　多因素耦合作用对 DDPMSM 转矩平均值影响分析

图 3-19 所示为低速工况 A11 线圈不同短路位置转矩平均值随故障电阻变化曲线。

由图 3-19 可以看出,短路位置对转矩平均值影响很小。按照公式(3-37)对不同短路位置转矩平均值的差值百分比进行了计算,结果如表 3-12 所列。

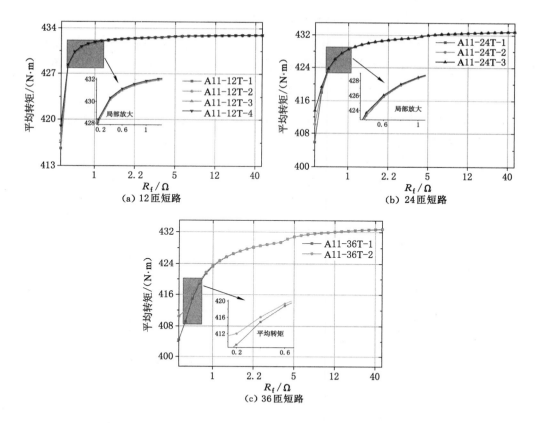

图 3-19　A11 线圈不同短路位置转矩平均值随故障电阻变化曲线

$$T_{aij} = (\frac{T_{ai} - T_{aj}}{T_a}) \times 100\% \tag{3-37}$$

式中，T_{aij} 为不同短路位置转矩平均值的差值百分比；T_{ai} 为短路位置 i 转矩平均值；T_{aj} 为短路位置 j 转矩平均值；T_a 为健康状态转矩平均值。

表 3-12　A11 线圈不同短路位置转矩平均值及差值百分比

故障电阻	短路匝数(匝)	$T_{a1}/(N \cdot m)$	$T_{a2}/(N \cdot m)$	$T_{a3}/(N \cdot m)$	$T_{a4}/(N \cdot m)$	$T_{aij}/\%$
$R_f = 0\ \Omega$	12	415.65	416.79	417.86	418.99	0.77
	24	405.91	410.14	413.57	—	1.77
	36	404.44	410.48	—	—	1.39
$R_f = 0.2\ \Omega$	12	428.06	428.19	428.25	428.33	0.06
	24	417.97	418.65	419.34	—	0.32
	36	409.18	412.01	—	—	0.65

备注：健康状态转矩平均值为 432.99（N·m）。

　　由表 3-12 可以看出，不同故障情况下，T_{aij} 最大值为 1.77%，短路位置对转矩平均值影响很小，转矩平均值包含的故障位置信息非常微弱。这与额定工况下的变化规律相似。

3.4.7 多因素耦合作用对 DDPMSM 转矩波动影响分析

图 3-20 所示为低速工况 A11 线圈不同短路位置转矩波动随故障电阻变化曲线。表 3-13所列为按照公式(3-38)计算的不同短路位置转矩波动的差值百分比最大值。

$$T_{rij} = (\frac{T_{ri} - T_{rj}}{T_r}) \times 100\% \qquad (3-38)$$

式中,T_{rij} 为不同短路位置的电磁转矩波动差值百分比;T_{ri} 为短路位置 i 转矩波动;T_{rj} 为短路位置 j 转矩波动;T_r 为健康状态转矩波动。

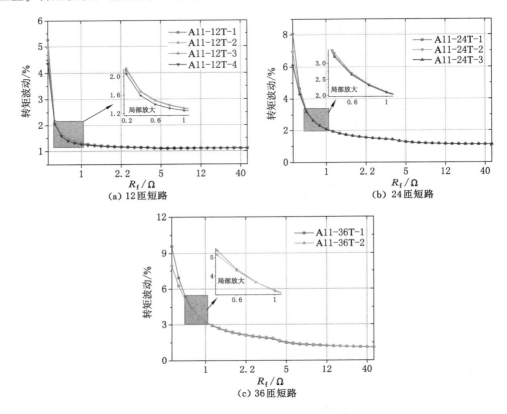

图 3-20　A11 线圈不同短路位置转矩波动随故障电阻变化曲线

表 3-13　A11 线圈不同短路位置转矩波动

故障电阻	短路匝数	$T_{r1}/\%$	$T_{r2}/\%$	$T_{r3}/\%$	$T_{r4}/\%$	$T_{rij}/\%$
$R_f = 0\ \Omega$	12 匝	5.26	4.96	4.69	4.35	64.96
	24 匝	8.05	6.94	6.12	—	124.14
	36 匝	9.59	7.91	—	—	108.06
$R_f = 0.2\ \Omega$	12 匝	2.17	2.15	2.14	2.05	7.72
	24 匝	4.64	4.47	4.30	—	21.87
	36 匝	6.92	6.27	—	—	41.81

表 3-13（续）

故障电阻	短路匝数	$T_{r1}/\%$	$T_{r2}/\%$	$T_{r3}/\%$	$T_{r4}/\%$	$T_{rij}/\%$
$R_f = 0.4\ \Omega$	12 匝	1.68	1.67	1.66	1.59	5.79
	24 匝	3.30	3.25	3.20	—	6.43
	36 匝	5.37	5.14	—	—	14.79
$R_f = 0.6\ \Omega$	24 匝	2.69	2.66	2.64		3.22
	36 匝	4.36	4.29			4.50
$R_f = 0.8\ \Omega$	24 匝	2.34	2.32	2.30		2.57
	36 匝	3.69	3.68			0.64
$R_f = 1\ \Omega$	36 匝	3.23	3.25	—	—	1.29

备注：健康状态转矩波动为 1.55%。

通过对图 3-20、表 3-13 的对比分析，可以得到以下结论。

（1）12 匝短路在 $R_f \leqslant 0.2\ \Omega$ 时不同短路位置转矩波动差值百分比最大值大于 7.72%，24 匝短路在 $R_f \leqslant 0.4\ \Omega$ 时不同短路位置转矩波动差值百分比最大值大于 3.22%，36 匝短路在 $R_f \leqslant 1\ \Omega$ 时不同短路位置转矩波动差值百分比最大值大于 6.43%。可以看出，在 R_f 较小时，短路位置对转矩波动影响较大，且短路位置对转矩波动的影响随着故障电阻增加下降很快，短路匝数越少下降得越快。这与额定工况下的变化规律相似。

（2）金属性短路时，12 匝位置 1 处短路的转矩波动为 5.26%，是健康状态支路的 3.39 倍；24 匝位置 1 处短路的转矩波动为 8.05%，是健康状态支路的 5.19 倍；36 匝位置 1 处短路的转矩波动为 9.59%，是健康状态支路的 6.19 倍。$R_f = 0.2\ \Omega$ 时，12 匝位置 1 处短路的转矩波动为 2.17%，是健康状态支路的 1.4 倍；24 匝位置 1 处短路的转矩波动为 4.64%，是健康状态支路的 2.99 倍；36 匝位置 1 处短路的转矩波动为 6.92%，是健康状态支路的 4.46 倍。可以看出，相同短路位置不同短路匝数的转矩波动均很大。这与额定工况下的变化规律相似。

（3）12 匝短路 $T_{r1} > T_{r2} > T_{r3} > T_{r4}$，24 匝短路 $T_{r1} > T_{r2} > T_{r3}$，36 匝短路 $T_{r1} > T_{r2}$（$R_f = 1\ \Omega$ 时例外），可见，在任何一个短路匝数下，随着短路位置由槽口处向槽底处偏移，转矩波动越来越小。这与额定工况下的变化规律相似。

3.4.8　多因素耦合作用对 DDPMSM 双倍频转矩影响分析

图 3-21 所示为低速工况 A11 线圈不同短路位置双倍频转矩随故障电阻变化曲线。表 3-14 所列为按照公式（3-39）计算的不同短路位置双倍频转矩的差值比最大值。

$$T_{2fij} = \frac{T_{2fi} - T_{2fj}}{T_{2f}} \tag{3-39}$$

式中，T_{2fij} 为不同短路位置双倍频转矩差值比；T_{2fi} 为短路位置 i 双倍频转矩；T_{2fj} 为短路位置 j 双倍频转矩；T_{2f} 为健康状态双倍频转矩。

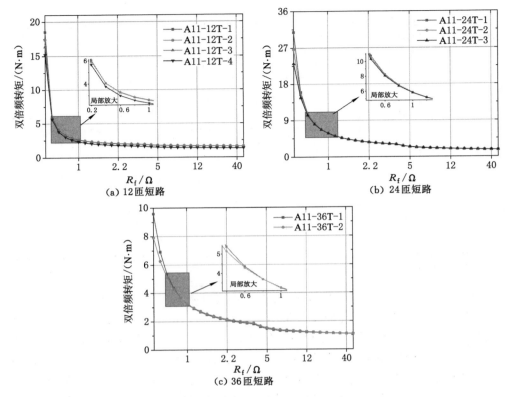

图 3-21 A11 线圈不同短路位置双倍频转矩随故障电阻变化曲线

表 3-14 A11 线圈在槽深不同短路位置双倍频转矩及差值比

故障电阻	短路匝数	$T_{2f1}/(N \cdot m)$	$T_{2f2}/(N \cdot m)$	$T_{2f3}/(N \cdot m)$	$T_{2f4}/(N \cdot m)$	T_{2fij}
$R_f = 0 \ \Omega$	12 匝	18.52	17.40	16.37	15.21	2.96
	24 匝	30.84	26.68	23.12	—	6.91
	36 匝	9.59	7.91	—		1.50
$R_f = 0.2 \ \Omega$	12 匝	6.05	6.01	5.97	5.66	0.35
	24 匝	16.01	15.32	14.64	—	1.23
	36 匝	6.92	6.27	—		0.58
$R_f = 0.4 \ \Omega$	12 匝	4.05	4.06	4.06	3.76	0.27
	24 匝	10.78	10.54	10.31	—	0.42
	36 匝	5.37	5.14	—		0.21
$R_f = 0.6 \ \Omega$	12 匝	3.26	3.28	3.29	2.99	0.27
	24 匝	8.25	8.14	8.04	—	0.19
	36 匝	4.36	4.29	—		0.06
$R_f = 0.8 \ \Omega$	12 匝	2.84	2.86	2.88	2.58	0.27
	24 匝	6.78	6.72	6.67	—	0.19
	36 匝	3.69	3.68			0.009

备注:健康状态双倍频转矩 1.117 N·m。

通过对图 3-21、表 3-14 的对比分析,可以得到以下结论。

(1) 12 匝短路在 $R_f \leqslant 0.8\ \Omega$ 时不同短路位置双倍频转矩差值比最大值大于 0.27,24 匝短路在 $R_f \leqslant 0.8\ \Omega$ 时不同短路位置双倍频转矩差值比最大值大于 0.19,36 匝短路在 $R_f \leqslant 0.6\ \Omega$ 时不同短路位置双倍频转矩差值比最大值大于 0.06。可以看出,在 R_f 较小时,短路位置对双倍频转矩影响较大,且短路位置对双倍频转矩的影响随着故障电阻增加下降很快。这与额定工况下的变化规律相似。

(2) 金属性短路时,12 匝位置 1 处短路的双倍频转矩为 18.52 N·m,是健康状态的 16.58 倍;24 匝位置 1 处短路的双倍频转矩为 30.84 N·m,是健康状态的 27.62 倍;36 匝位置 1 处短路的双倍频转矩为 9.59 N·m,是健康状态的 8.59 倍。$R_f = 0.2\ \Omega$ 时,12 匝位置 1 处短路的双倍频转矩为 6.05 N·m,是健康状态的 5.42 倍;24 匝位置 1 处短路的双倍频转矩为 16.01 N·m,是健康状态的 14.34 倍;36 匝位置 1 处短路的双倍频转矩为 6.92 N·m,是健康状态的 6.20 倍。可以看出,在 R_f 较小时,相同短路位置不同短路匝数的双倍频转矩均很大,其对匝间短路故障灵敏性很好。这与额定工况下的变化规律相似。

(3) 12 匝短路 $T_{2f1} > T_{2f2} > T_{2f3} > T_{2f4}$,24 匝短路 $T_{2f1} > T_{2f2} > T_{2f3}$,36 匝短路 $T_{2f1} > T_{2f2}$。可见,在任何一个短路匝数下,随着短路位置由槽口处向槽底处偏移,双倍频转矩越来越小。这与额定工况下的变化规律相似。

3.5 故障特征量遴选

匝间短路故障诊断系统需要实现匝间短路故障检测、匝间短路故障线圈定位以及匝间短路故障程度评估三类功能。三类功能对故障特征量的要求不同。本节对 MB-DDPMSM 线圈内部匝间短路故障特征量进行分析,并遴选出故障检测、故障线圈定位、故障程度评估特征量。在实际情况中,电机发生匝间短路故障后导体直接相连,短路电阻会迅速下降至较低的值。因此,在短路电阻为 0 Ω 的假设下分析和遴选故障特征量是合理的[72]。本节中所有分析均在短路电阻为 0 Ω 的前提下进行。

3.5.1 DDPMSM 早期故障检测特征量遴选

电机的早期匝间短路故障检测是进行匝间短路故障诊断的第一步,是故障线圈定位和故障程度评估的基础。如果匝间短路故障能够在早期被检测,那么就能对电机进行计划停机,从而避免突然停机造成的各种事故。根据 3.1 节的分析,所研究的平均转矩、转矩二倍频分量、转矩波动、支路电流残差、支路差值电流和支路电压均可用于故障检测。各特征量在匝间短路故障后的变化率列于表 3-15 中。其中故障线圈为 A11,故障时特征量的值取 A11_01~12F、A11_01~24F、A11_01~36F 和 A11_01~48F 下特征量的平均值。

匝间短路故障后的变化率越大,则对匝间短路故障越敏感,越适合作为故障检测特征量。由表 3-15 中的数据可以看出,支路差值电流 (I_{a12}) 和转矩二倍频分量的故障前后变化率远大于平均转矩、转矩波动和支路电压 (V_{A1})。支路电流残差 (I_{c3RS}) 在健康状态时的值接近于 0 A,导致其变化率接近无穷。该结果说明支路差值电流 (I_{a12})、转矩二倍频分量和支路电流残差 (I_{c3RS}) 对匝间短路故障更为敏感,适合作为匝间短路故障检测的特征量。

表 3-15　额定工况下故障特征量变化率

故障特征量	健康时数值	故障时数值	故障前后变化率
平均转矩	432.1 N·m	410.9 N·m	4.9%
转矩二倍频分量	0.64 N·m	34.5 N·m	5 290%
转矩波动	1.43%	9.80%	585%
支路差值电流(I_{a12})	0.02 A	6.3 A	31 400%
支路电流残差(I_{c3RS})	0 A	0.2 A	无穷大
支路电压(V_{A1})	125.4 V	115.5 V	7.9 %

3.5.2　MB-DDPMSM 故障线圈定位特征量遴选

匝间短路故障被检测到后,可以进行故障线圈定位和故障程度评估。如果故障线圈能够被精准地定位,将大幅缩短电机的维修时间,增加电机的平均故障间隔时间,进而提升电机的可靠性。为了实现故障线圈定位,需要遴选出包含匝间短路故障位置信息的故障特征量。这种特征量在不同位置线圈发生匝间短路故障时需要表现出不同的数值或逻辑规律。对于本节所研究的 MB-DDPMSM,其位置信息包含支路位置信息 $Xk(X=A,B,C;k=1,2,3)$ 和线圈位置信息 $j(j=1,2,3,4)$。在进行故障线圈定位时首先需要定位到故障支路,然后定位到故障线圈。

对于 MB-DDPMSM,每相和每条支路是等效的。因此,在 A 相 A1、A2 和 A3 三条支路上设置匝间短路故障进行本节的分析。具体的故障类型列于表 3-16 中。

表 3-16　具体故障类型

故障线圈	短路匝数	短路位置	缩写
A11 线圈	48	编号 01~48	A11_01~48F
A21 线圈	48	编号 01~48	A21_01~48F
A31 线圈	48	编号 01~48	A31_13~48F
A12 线圈	48	编号 01~48	A12_01~48F
A13 线圈	48	编号 01~48	A13_01~48F
A14 线圈	48	编号 01~48	A14_01~48F

MB-DDPMSM 具有多支路并联绕组结构,因此除对各故障特征量的数值进行分析外,也需分析特征量间的逻辑关系。故障发生在 A 相 A1 支路,为分析不同电流之间的逻辑关系,选取 A 相所有支路差值电流,即 A1 支路与 A2 支路之间的差值电流(I_{a12})、A1 支路与 A3 支路之间的差值电流(I_{a13})和 A2 支路与 A3 支路之间的差值电流(I_{a23})行分析。选取距离 A1 支路空间距离最近的健康相支路电流残差(图 3-22),即 B1 支路电流残差(I_{b1RS})、B3 支路电流残差(I_{b3RS})、C1 支路电流残差(I_{c1RS})和 C3 支路电流残差(I_{c3RS})作为支路电流残差特征量进行分析。

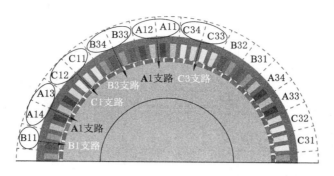

图 3-22 部分支路的空间位置

首先进行故障支路定位分析,额定工况 A11_01～48F、A21_01～48F 和 A31_01～48F 下的平均转矩、转矩二倍频分量、转矩波动和支路电压(V_{A1})如图 3-23 所示,支路差值电流(I_{a12}、I_{a13}、I_{a23})和支路电流残差(I_{b1RS}、I_{b3RS}、I_{c1RS}、I_{c3RS})峰值如图 3-24 所示。

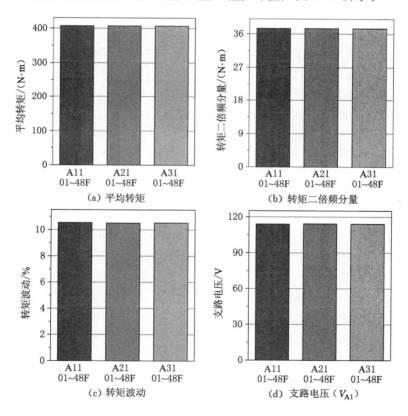

图 3-23 不同支路故障时的转矩和电压

由图 3-23 可知,不同支路发生匝间短路故障时电机的平均转矩、转矩二倍频分量、转矩波动和支路电压(V_{A1})具有相近的数值,其差值分别为 0.008%、0.03%、0.29% 和 0.19%。因此,平均转矩、转矩二倍频分量、转矩波动和支路电压(V_{A1})不能用于故障支路定位。

图 3-24(a)中,A1 支路发生匝间短路故障时,C3 支路电流残差(I_{c3RS})最大。A2 支路发

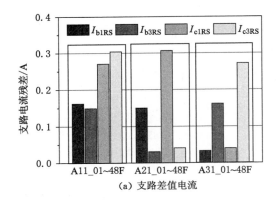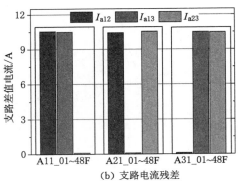

(a) 支路差值电流　　　　　　(b) 支路电流残差

图 3-24　不同支路故障时的电流

生匝间短路故障时，C1 支路电流残差（I_{c1RS}）最大。A3 支路发生匝间短路故障时，C1 支路电流残差（I_{c1RS}）最大。支路电流残差（I_{b1RS}、I_{b3RS}、I_{c1RS}、I_{c3RS}）在数值和逻辑上均不包含故障支路信息，无法作为故障支路定位特征量。图 3-24（b）中，A1 支路发生匝间短路故障时，A2 支路与 A3 支路间的支路差值电流（I_{a23}）远小于 I_{a13} 和 I_{a12}。A2 支路发生匝间短路故障时，A1 支路与 A3 支路间的支路差值电流（I_{a13}）远小于 I_{a12} 和 I_{a23}。A3 支路发生匝间短路故障时，A1 支路与 A2 支路间的支路差值电流（I_{a12}）远小于 I_{a13} 和 I_{a23}。该结果初步说明故障相支路间的支路差值电流包含故障线圈位置信息。下面对该结论进一步验证，分析电机在不同工况、不同短路匝数时是否满足该结论。图 3-25 所示为 A11_01～48F，转速保持额定转速，不同负载情况下支路差值电流（I_{a12}、I_{a13}、I_{a23}）随短路匝数的变化规律。图 3-26 所示为 A11_01～48F，负载保持额定负载，不同转速情况下支路差值电流（I_{a12}、I_{a13}、I_{a23}）随短路匝数的变化规律。

由图 3-25 和图 3-26 可知，A2 支路与 A3 支路间的支路差值电流（I_{a23}）在所有工况中均远小于 I_{a13} 和 I_{a12}。故障相支路差值电流间的逻辑规律在任何工况下均包含故障支路信息，适合用于故障支路定位。

下面进行故障线圈定位分析，额定工况 A11_01～48F、A12_01～48F、A13_01～48F 和 A14_01～48F 下的平均转矩、转矩二倍频分量、转矩波动、支路电压（V_{A1}）和支路差值电流（I_{a12}、I_{a13}、I_{a23}）如图 3-27 所示。

由图 3-27 可知，同一支路不同线圈发生故障时电机的平均转矩具有相近的数值，不同故障线圈之间的平均转矩差值百分值为 0.33%。对于转矩二倍频分量、转矩波动、支路电压（V_{A1}），A11 和 A13 线圈故障时特征量数值相似，A12 和 A14 线圈故障时特征量数值相似。A11、A13 线圈故障时的转矩二倍频分量和转矩波动值较 A12、A14 线圈故障时的数值低。对于支路差值电流（I_{a12}、I_{a13}、I_{a23}），A1 支路不同线圈故障时均有 A2 支路与 A3 支路间的支路差值电流（I_{a23}）远小于 I_{a13} 和 I_{a12}，其中 A11 线圈和 A13 线圈故障时的支路差值电流数值相似，A12 和 A14 线圈故障时的支路差值电流数值相似，A11、A13 线圈故障时的数值较 A12、A14 线圈故障时的数值低。因此，平均转矩、转矩二倍频分量、转矩波动、支路电压（V_{A1}）和支路差值电流（I_{a12}、I_{a13}、I_{a23}）不能用于故障线圈定位。

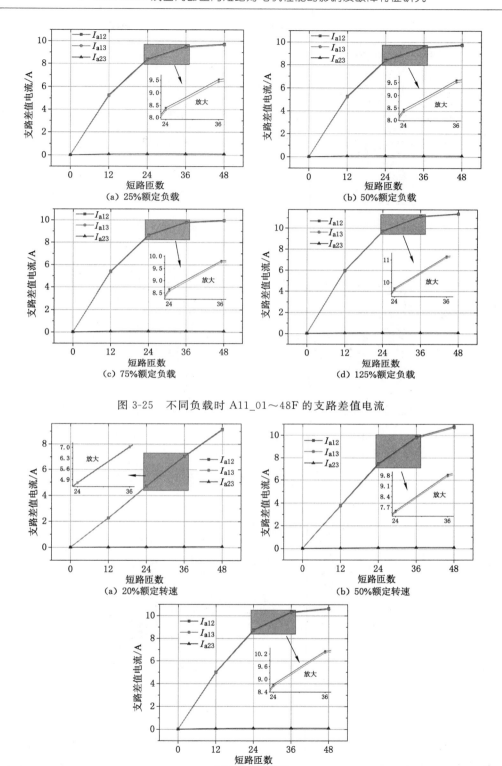

图 3-25 不同负载时 A11_01～48F 的支路差值电流

图 3-26 不同转速时 A11_01～48F 的支路差值电流

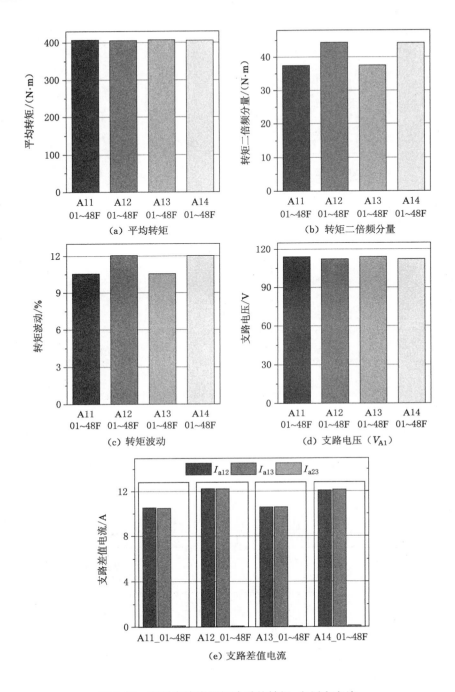

图 3-27 不同支路线圈短路时的转矩、电压和电流

额定工况 A11_01～48F、A12_01～48F、A13_01～48F 和 A14_01～48F 下对故障支路的相邻健康相支路的影响程度分析如图 3-28 所示,支路电流残差(I_{b1RS}、I_{b3RS}、I_{c1RS}、I_{c3RS})峰值如图 3-29 所示,具体数据列于表 3-17 中。

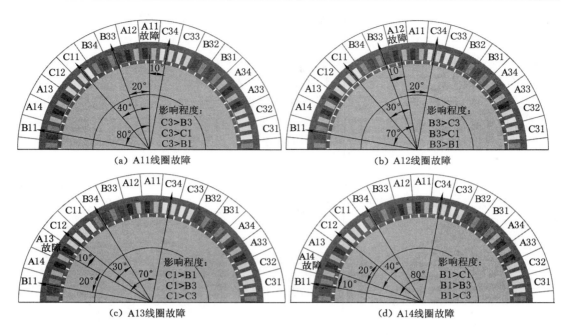

(a) A11线圈故障   (b) A12线圈故障

(c) A13线圈故障   (d) A14线圈故障

图 3-28 不同线圈故障时对相邻健康支路的影响程度分析

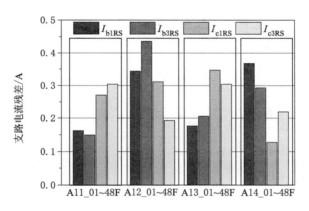

图 3-29 不同线圈短路时的支路电流残差

表 3-17 不同线圈短路时的支路电流残差数据

故障线圈	I_{b1RS}/A	I_{b3RS}/A	I_{c1RS}/A	I_{c3RS}/A
A11 线圈	0.16	0.15	0.27	0.31
A12 线圈	0.34	0.44	0.31	0.19
A13 线圈	0.17	0.21	0.35	0.30
A14 线圈	0.37	0.29	0.13	0.22

  由图 3-29 和表 3-17 可知,当 A11 线圈短路时,I_{c3RS} 的值大于其余支路的支路电流残差,这与图 3-28(a)的分析结果和 3.1 节中的理论分析结果相一致。同时 I_{c3RS} 的值为 0.31 A,I_{c1RS} 的值为 0.27 A,I_{c3RS} 较 I_{c1RS} 大 14.8%,差值明显。当 A12 线圈短路时,I_{b3RS} 的值大于

其余支路的支路电流残差,这与图 3-28(b)的分析结果和 3.1 节中的理论分析结果相一致。同时 I_{b3RS} 的值为 0.44 A,I_{b1RS} 的值为 0.34 A,I_{b3RS} 较 I_{b1RS} 大 29.4%,差值明显。当 A13 线圈短路时,I_{c1RS} 的值大于其余支路的支路电流残差,这与图 3-28(c)的分析结果和 3.1 节中的理论分析结果相一致。同时 I_{c1RS} 的值为 0.35 A,I_{c3RS} 的值为 0.30 A,I_{c1RS} 较 I_{cc3RS} 大 16.7%,差值明显。当 A14 线圈短路时,I_{b1RS} 的值大于其余支路的支路电流残差,这与图 3-28(d)的分析结果和 3.1 节中的理论分析结果相一致。同时 I_{b1RS} 的值为 0.37 A,I_{b3RS} 的值为 0.29 A,I_{b1RS} 较 I_{b3RS} 大 27.6%,差值明显。可以发现,支路电流残差(I_{b1RS}、I_{b3RS}、I_{c1RS}、I_{c3RS})并不是随着与故障支路间距离的增加而减小,这是电机由恒流源供电造成的。由于距离故障支路最近的支路受到的影响较大,与该支路在同一相的支路受恒流源的影响其支路电流残差同样较大。该结果初步说明故障支路相邻健康相支路的支路电流残差包含故障线圈位置信息。下面对该结论进行进一步验证,分析电机在不同工况、不同短路匝数时是否满足该结论。图 3-30 所示为额定转速 A11_01～48F 不同负载下支路电流残差(I_{b1RS}、I_{b3RS}、I_{c1RS}、I_{c3RS})随短路匝数的变化规律。图 3-31 所示为额定负载 A11_01～48F 不同转速情况下的支路电流残差(I_{b1RS}、I_{b3RS}、I_{c1RS}、I_{c3RS})随短路匝数的变化规律。

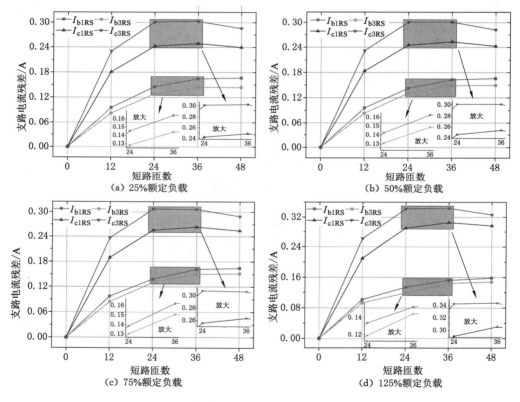

图 3-30　不同负载时 A11_01～48F 的支路电流残差

由图 3-30 和图 3-31 可知,C3 支路的支路差值电流 I_{c3RS} 的值在所有工况中均大于其余支路的支路电流残差。距故障支路最近的健康相支路的支路电流残差在任何工况下均包含故障线圈位置信息,适合用于故障线圈定位。

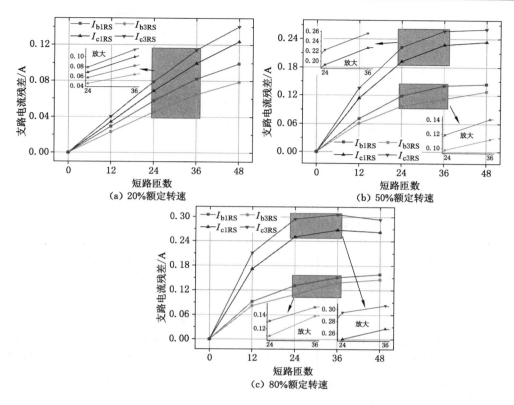

图 3-31　不同转速 A11_01～48F 的支路电流残差

3.5.3　MB-DDPMSM 故障程度评估特征量遴选

匝间短路故障被检测到后,可以进行故障程度评估和故障线圈定位。如果故障程度能够被准确地评估,则可以根据故障程度值适当延长电机的运行时间,从而增加电机的平均故障间隔时间,提升电机的可靠性。当短路电阻为 0 Ω 时,电机的短路匝数越多,短路故障越严重。为了实现故障程度评估,需要遴选出一种与短路匝数呈单调关系的特征量。同时,该特征量需要对转速、负载具有较好的泛化能力。

根据 3.1 节的分析结果,平均转矩、转矩二倍频分量、转矩波动和支路电流残差(I_{c3RS})在短路电阻为 0 Ω 时与短路匝数之间呈非单调关系,因此这些特征量不适合用于故障程度评估。本节将对故障相的支路差值电流(I_{a12})、故障支路的支路电压(V_{A1})和支路电流残差(I_{a1RS},I_{a2RS},I_{a3RS})进行分析。图 3-32 至图 3-34 分别为不同工况 A11_01～48F 下支路差值电流(I_{a12})、支路电压(V_{A1})和支路电流残差(I_{a1RS}、I_{a2RS}、I_{a3RS})随短路匝数的变化规律。

图 3-32 中,随着短路匝数的增加,支路差值电流(I_{a12})单调递增。当转速保持额定而负载发生变化时,支路差值电流(I_{a12})曲线与额定工况下的支路差值电流(I_{a12})曲线吻合程度较好。当负载保持额定而转速发生变化时,支路差值电流(I_{a12})曲线与额定工况下的支路差值电流(I_{a12})曲线吻合程度随着转速的降低而下降,且曲线吻合程度下降的速度随转速的降低而增加。两条曲线的残差平方和计算公式如式(3-40)所示。

$$Q = \sum_{N=1}^{48} (y_N - y_N^*)^2 \tag{3-40}$$

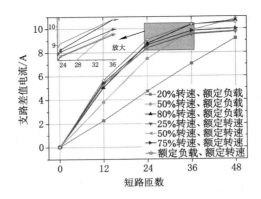

图 3-32　不同转速、工况 A11_01~48F 时的支路差值电流(I_{a12})

式中，y_N 和 y_N^* 分别为两条曲线在相同自变量下的因变量值。当转速为额定转速，负载分别为 75％额定负载、50％额定负载、25％额定负载时，支路差值电流(I_{a12})曲线与额定工况支路差值电流(I_{a12})曲线的残差平方和分别为 0.842、1.699、1.961。当负载为额定负载、转速为 80％额定转速时，支路差值电流(I_{a12})曲线与额定工况支路差值电流(I_{a12})曲线的残差平方和为 0.501，两条曲线吻合程度较好。当负载为额定负载、转速为 50％额定转速时，支路差值电流(I_{a12})曲线与额定工况支路差值电流(I_{a12})曲线的残差平方和为 6.309，两条曲线的吻合程度有所降低。当负载为额定负载、转速为 20％额定转速时，支路差值电流(I_{a12})曲线与额定工况支路差值电流(I_{a12})曲线的残差平方和为 43.198，两条曲线的吻合程度大幅度降低。该特征量对负载的泛化能力较好，在高转速情况下对转速的泛化能力较好。因此，支路差值电流适合作为故障程度评估特征量。

图 3-33 中，随着短路匝数的增加，部分工况支路电压(V_{A1})单调递减，部分工况支路电压(V_{A1})非单调变化。同时，支路电压(V_{A1})曲线对速度较为敏感，随着速度的降低，支路电压(V_{A1})出现较大变化。因此，该特征量对负载的泛化能力较好。但是，由于在部分工况中该特征量与短路匝数之间呈非单调关系，支路电压不适合作为故障程度评估特征量。

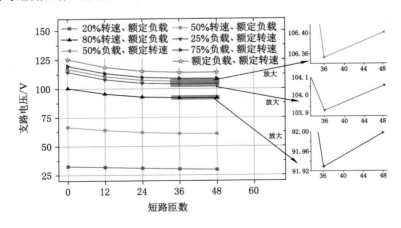

图 3-33　不同转速、工况 A11_01~48F 时的支路电压(V_{A1RS})

图 3-34 中,随着短路匝数的增加,支路电流残差(I_{a1RS}、I_{a2RS}、I_{a3RS})单调递增。当转速保持额定而负载发生变化时,支路电流残差(I_{a1RS}、I_{a2RS}、I_{a3RS})曲线与额定工况下的支路电流残差(I_{a1RS}、I_{a2RS}、I_{a3RS})曲线吻合程度较好。当负载保持额定而转速发生变化时,支路电流残差(I_{a1RS}、I_{a2RS}、I_{a3RS})曲线与额定工况下的支路电流残差(I_{a1RS}、I_{a2RS}、I_{a3RS})曲线吻合程度随着转速的降低而下降,且曲线吻合程度下降的速度随转速的降低而增加。该特征量对负载的泛化能力较好,在高转速情况下对转速的泛化能力较好。因此,支路电流残差适合作为故障程度评估特征量。

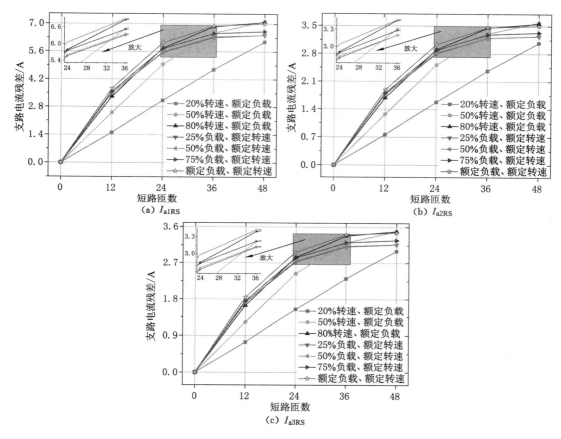

图 3-34　不同转速、工况 A11_01~48F 时的支路电流残差(I_{a1RS}、I_{a2RS}、I_{a3RS})

经过分析,支路差值电流(I_{a12})与支路电流残差(I_{a1RS}、I_{a2RS}、I_{a3RS})虽然合作为故障程度评估特征量,但两者仅在高转速范围内对转速具有泛化能力。此时,若采用额定工况下故障特征量与短路匝数间的对应关系作为故障程度评估的标准,则会在中低转速下造成误差。因此,本书建立短路匝数与转速、故障特征量之间的对应关系,并将建立的对应关系存于三维查找表中,从而解决故障特征量在中低转速时泛化能力较差的问题。

为降低采集故障特征量所需传感器的侵入性、提高故障特征量的实时性,遴选电机支路差值电流值为早期故障检测特征量,遴选支路差值电流、支路电流残差为故障线圈定位特征量,遴选支路差值电流为故障程度评估特征量。

3.6　本章小结

　　本章利用改进的基于线圈子单元的 DDPMSM 定子绕组短路故障状态数学模型开展了线圈元件内部匝间短路故障对电机性能影响的研究,研究了高速工况及低速工况下短路匝数、槽内短路位置及短路电阻多因素耦合情况下电压、电流及转矩的变化规律,遴选了早期故障检测、故障线圈定位、故障程度评估的故障特征量。主要工作及结论如下:

　　(1) 对比研究匝间短路故障前、后支路差值电流、故障电流、定子电压、电磁转矩等物理量的变化规律,发现支路差值电流和双倍频转矩对匝间短路故障非常敏感,但双倍频转矩无法实现故障支路定位。

　　(2) 故障相的支路差值电流、转矩二倍频分量及健康相的支路电流残差在故障前后的变化率更高,更适合用于匝间短路故障检测。遴选支路差值电流为早期故障检测特征量。

　　(3) 故障相支路差值电流包含故障支路位置信息,健康相的支路电流残差包含故障线圈位置信息,遴选支路差值电流与支路电流残差为故障线圈定位特征量。

　　(4) 故障相的支路差值电流、故障相支路电流残差在任意负载和高转速下能够反映电机的故障程度。本章将短路匝数与转速、故障特征量之间的对应关系存于三维查找表中,解决故障特征量在中低转速时泛化能力较差的问题。遴选支路差值电流为故障程度评估特征量。

4 DDPMSM 线圈元件内部匝间短路故障的检测、定位及程度评估综合诊断研究

4.1 引言

第 3 章对 DDPMSM 线圈元件内部匝间短路故障特征量进行了全面分析,遴选出了早期故障检测、故障线圈定位及故障程度评估的特征量。为实现 DDPMSM 线圈元件内部匝间短路故障自动定位及故障程度评估,将神经网络技术应用于直驱永磁同步电机匝间短路故障及退磁故障诊断,提出了基于概率神经网络的直驱永磁同步电机匝间短路故障及退磁故障诊断方法,能实现匝间短路故障及退磁故障早期检测、故障类型识别、故障定位及故障程度评估;将知识图谱技术应用于直驱永磁同步电机匝间短路故障诊断,提出了基于知识图谱的直驱永磁同步电机匝间短路故障诊断方法,能实现匝间短路故障早期检测、故障线圈定位、故障程度评估。

4.2 自适应阈值产生器构建

故障检测是故障诊断的第一步,对故障的精准快速检测十分重要。在实际运行中,电机的负载和速度往往变化较大,不同负载或转速情况下电机的各特征量往往存在微小变化。此时若采用单一的故障检测阈值,则有可能造成故障检测误警。因此,本节对不同工况下故障相支路差值电流进行分析,建立应能适应各种工况的自适应阈值产生器,以提高系统的故障检测可靠性。

以 A1 支路和 A2 支路之间的支路差值电流(I_{a12})为例进行说明,健康状态下 I_{a12} 随转速和负载的变化规律如图 4-1 所示。

图 4-1 中,健康状态不同工况下的支路差值电流(I_{a12})差别较大,最小值约为最大值的 72.1%。若不同工况采用单一阈值,阈值选得过小会将健康状态检测为故障状态,阈值选得过大会将故障状态检测为健康状态。为提高故障检测的准确性,构建不同工况下的自适应阈值产生器非常有必要。在实际运行时,驱动系统往往有无法避免的噪声存在,使 I_{a12} 在电机健康工况下存在波动,此时如果将阈值定为图 4-1 中的值,则仍有可能造成误警。因此,对图 4-1 中的数值上调 10% 得到阈值曲面。对阈值曲面进行曲面拟合,得到拟合曲面的表达式如式(4-1)所示。

$$
\begin{aligned}
T_h = {}& 0.030\,21 + 5.3 \times 10^{-5} n - 9.1 \times 10^{-6} I_X + 6.1 \times 10^{-7} n^2 + \\
& 4.3 \times 10^{-7} n I_X + 4.0 \times 10^{-5} I_X^2 + 2.0 \times 10^{-9} n^3 - 4.8 \times 10^{-9} n^2 I_X + \\
& 3.1 \times 10^{-8} n I_X^2 - 1.7 \times 10^{-6} I_X^3
\end{aligned}
\tag{4-1}
$$

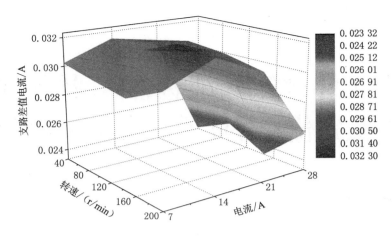

图 4-1　健康状态下 I_{a12} 随转速和负载的变化规律

式中，T_h 为故障检测阈值；n 为电机转速；I_x 为相电流（负载）。

该拟合曲线的多重拟合系数为 0.9725（越接近 1 拟合精度越高），均方根误差为 8.9×10^{-4}（越接近 0 拟合精度越高）。因此，该曲面具有较高的拟合精度，在使用时只需将电机的运行转速和相电流代入式（4-1），即可得到在该工况下的自适应阈值。

4.3　基于神经网络的匝间短路故障诊断一体化系统

4.3.1　DDPMSM 匝间短路故障综合诊断总体方案

DDPMSM 匝间短路故障检测及短路线圈自动定位的总体方案如图 4-2 所示。该方案利用支路差值电流进行匝间短路故障检测及故障支路定位，利用支路电流残差进行短路线圈定位，并通过双级 PNN（概率神经网络）实现。其中，第一级 PNN 用来实现匝间短路故障检测及故障支路定位，第二级 PNN 用来实现短路线圈定位。首先，采集各支路电流 I_{x1}、I_{x2}、I_{x3}（x＝a,b,c）并计算支路差值电流 I_{x12}、I_{x13}、I_{x23}。其次，通过支路差值电流与设定阈值的比较进行特征量的构造，并通过第一级 PNN 实现匝间短路故障检测及故障支路定位。当检测出匝间短路故障时，通过提出的基于线圈子单元的 DDPMSM 定子绕组故障状态数学模型建立观测器获取电机健康状态下的支路电流，将健康状态下的支路电流与实测支路电流做差运算获取支路电流残差，并构造基于支路电流残差的特征量。最后，通过第二级 PNN 实现短路线圈定位。

4.3.2　DDPMSM 匝间短路故障特征量构造及模式分析

4.3.2.1　DDPMSM 匝间短路故障检测及故障支路定位特征量构造

图 4-3 为故障支路定位的流程图。如果 I_{x12} 和 I_{x13} 大于设定的阈值（thr_d），I_{x23} 小于设定的阈值（thr_d），则 x 相的第一支路发生短路故障；如果 I_{x12} 和 I_{x23} 大于设定的阈值（thr_d），I_{x13} 小于设定的阈值（thr_d），则 x 相的第二支路发生短路故障，否则 x 相的第三支路发生短路故障。为实现故障支路定位，构造了 1×9 的特征量 f_{d19}，具体构造方法如下：当 $I_{a12} > thr_d$，则 $f_d(1,1)=1$，否则 $f_d(1,1)=0$；当 $I_{a13} > thr_d$，则 $f_d(1,2)=1$，否则 $f_d(1,2)=0$；当 $I_{a23} >$

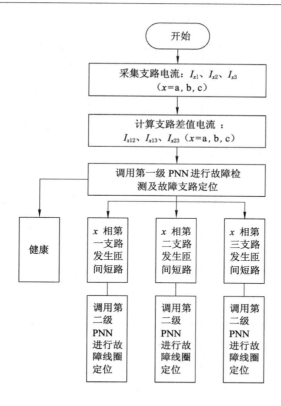

图 4-2 DDPMSM 匝间短路故障检测及定位方案

thr_d，则 $f_d(1,3)=1$，否则 $f_d(1,3)=0$；当 $I_{b12}>\text{thr}_d$，则 $f_d(1,4)=1$，否则 $f_d(1,4)=0$；当 $I_{b13}>\text{thr}_d$，则 $f_d(1,5)=1$，否则 $f_d(1,5)=0$；当 $I_{b23}>\text{thr}_d$，则 $f_d(1,6)=1$，否则 $f_d(1,6)=0$；当 $I_{c12}>\text{thr}_d$，则 $f_d(1,7)=1$，否则 $f_d(1,7)=0$；当 $I_{c13}>\text{thr}_d$，则 $f_d(1,8)=1$，否则 $f_d(1,8)=0$；当 $I_{c23}>\text{thr}_d$，则 $f_d(1,9)=1$，否则 $f_d(1,9)=0$。

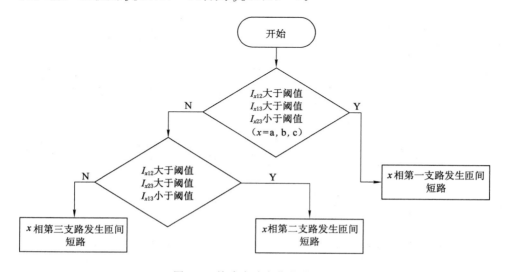

图 4-3 故障支路定位的流程图

4.3.2.2 DDPMSM 匝间短路短路线圈定位特征量构造

图 4-4 为短路线圈定位的流程图。以 A 相第一支路短路为例说明短路线圈定位的特征量的构造方法。为实现 A 相第一支路短路线圈定位,构造了 1×6 的特征量 f_{rs16},具体构造方法如下:当 $I_{c3RS}>I_{b3RS}$,则 $f_{rs}(1,1)=1$,否则 $f_{rs}(1,1)=0$;当 $I_{c3RS}>I_{c1RS}$,则 $f_{rs}(1,2)=1$,否则 $f_{rs}(1,2)=0$;当 $I_{c3RS}>I_{b1RS}$,则 $f_{rs}(1,3)=1$,否则 $f_{rs}(1,3)=0$;当 $I_{b3RS}>I_{c1RS}$,则 $f_{rs}(1,4)=1$,否则 $f_{rs}(1,4)=0$;当 $I_{b3RS}>I_{b1RS}$,则 $f_{rs}(1,5)=1$,否则 $f_{rs}(1,5)=0$;当 $I_{c1RS}>I_{b1RS}$,则 $f_{rs}(1,6)=1$,否则 $f_{rs}(1,6)=0$。按上述方法可以构造其他支路短路线圈定位的特征量。

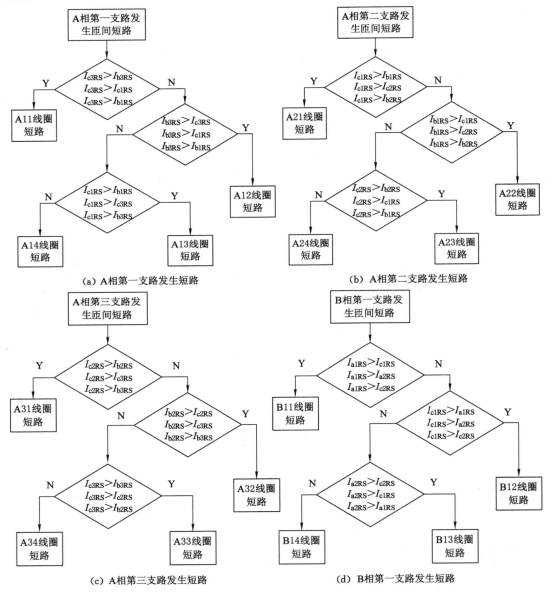

图 4-4　短路线圈定位的流程图

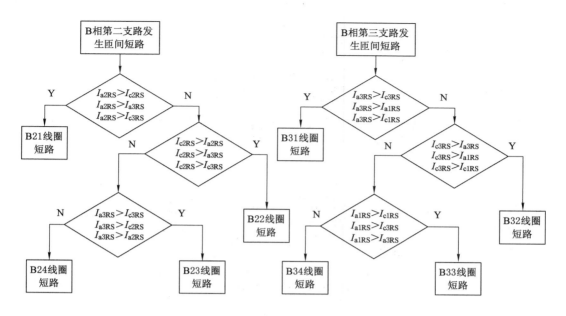

（e）B相第二支路发生短路　　　　　　　（f）B相第三支路发生短路

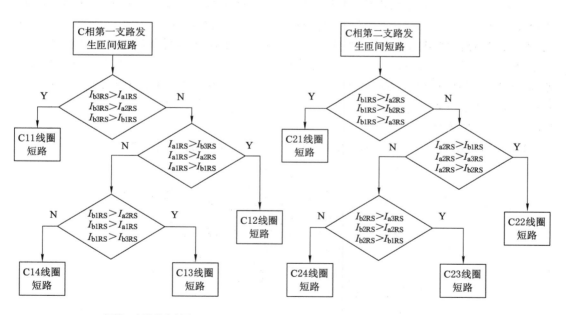

（g）C相第一支路发生短路　　　　　　　（h）C相第二支路发生短路

图 4-4（续）

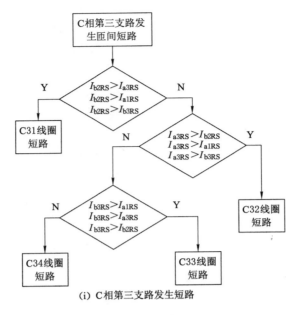

(i) C相第三支路发生短路

图 4-4(续)

4.3.3　基于双级 PNN 的 DDPMSM 匝间短路故障诊断模型建立

PNN 是由 Specht(施佩希特)博士首先提出,具有结构简单、收敛快、容错性强等优点。PNN 是一种基于贝叶斯(Bayes)最小风险理论发展而来的神经网络,它先利用 Parzen(帕尔逊)窗口法估算概率密度函数,再根据 Bayes 规则中最小风险准则实现对样本的分类,主要用于分类及模式识别等领域。与其他神经网络相比,PNN 算法不需要人为设置神经元个数,算法设计简单;相比于经典的 BP、RBF 神经网络,它不需要反复进行反向误差计算,具有训练速度快的优点。

4.3.3.1　PNN 建模

PNN 结构如图 4-5 所示,由输入层、模式层、求和层以及输出层组成。

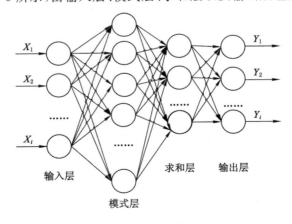

图 4-5　PNN 结构图

（1）输入层是将样本的特征量传递到 PNN，其神经元节点数等于样本特征量 X 的维数。

（2）模式层是计算输入特征量与训练样本中各种故障模式的匹配关系，其神经元节点数等于各种故障类型训练样本数之和，每个模式单元的输出为：

$$f(X,W_i) = \exp\left[-\frac{(X-W_i)^T(X-W_i)}{2\delta^2}\right] \tag{4-2}$$

式中，W_i 为输入层与模式层连接权值；δ 为平滑因子。

（3）求和层神经元节点数与故障类型数相同，它是累计样本属于某故障类型的概率，将属于同一故障类型的神经元的输出加权平均，故障类型的概率密度可通过公式（4-3）计算。

$$f_A(X) = \frac{1}{(2\pi)^{P/2}\delta^P}\frac{1}{m}\sum\exp\left[-\frac{(X-X_{ai})^T(X-X_{ai})}{2\delta^2}\right] \tag{4-3}$$

式中，X_{ai} 为故障类型 a 的第 i 个训练向量；m 为故障类型 a 的训练样本数。

（4）输出层神经元节点数与故障类型数相同，每一个神经元对应一种故障类型，它接收求和层输出的概率密度，后验概率密度最大的神经元输出为 1，即待识别的故障类型的神经元输出为 1，其他神经元输出为 0。

为了实现对 DDPMSM 匝间短路故障检测及短路线圈定位，本章采用双级 PNN，第一级 PNN 用来实现匝间短路故障检测及故障支路定位，第二级 PNN 用来实现短路线圈定位。

第一级 PNN 输入的特征量为由支路差值电流构造的特征量 f_{d19}，建立的第一级故障样本库如表 4-1 所列。第一级 PNN 输出为 0，1，2，…，9，如果输出为 0，则没有发生匝间短路故障；如果输出为 1，则 A 相第一支路发生匝间短路故障；如果输出为 2，则 A 相第二支路发生匝间短路故障；如果输出为 3，则 A 相第三支路发生匝间短路故障；以此类推，如果输出为 9，则 C 相第三支路发生匝间短路故障。

表 4-1　第一级故障样本库

编号	故障类型	1	2	3	4	...	9
1	健康	0	0	0	0	0	0
2	A1	1	1	0	0	0	0
3	A2	1	0	1	0	0	0
...	...	...	...	...	...	...	...
9	C2	0	0	0	0	0	1
10	C3	0	0	0	0	1	1

第二级 PNN 由 9 个子 PNN 构成，分别实现各支路短路线圈定位，即 A 相第一支路短路线圈定位 PNN、C 相第三支路短路线圈定位 PNN 等。以 A 相第一支路短路线圈定位 PNN 建模为例说明第二级 PNN 建模过程。第二级 PNN 输入的特征量为由支路电流残差构造的特征量 f_{rs16}，第二级故障样本库如表 4-2 所列。第二级 PNN 输出为 1，2，3，4，如果输出为 1，则线圈 A11 发生短路故障；如果输出为 2，则线圈 A12 发生短路故障；如果输出为 3，则线圈 A13 发生短路故障；如果输出为 4，则线圈 A14 发生短路故障。以此类推，建立其

他 8 个 PNN 网络。其中,支路电流残差是将实测支路电流减去健康状态下的支路电流,DDPMSM 健康状态下的支路电流通过观测器观测得到。

表 4-2   第二级故障样本库

编号	故障类型	1	2	3	4	5	6
1	A11	1	1	1	0	0	1
2	A12	0	0	0	1	1	0
3	A13	1	0	1	0	1	1
4	A14	0	1	0	1	0	0

4.3.3.2   PNN 训练

为了训练 PNN 输入与输出的关系,需要建立标准的、丰富的、包含有输入和输出的样本库。为了实现匝间短路故障样本的遍历性,第一级故障样本库训练样本数为 9 个,包含 9 条不同支路短路时的特征量;第二级故障样本库训练样本数为 36 个,包含 36 个不同线圈短路时的特征量。第一级 PNN、第二级 PNN 的测试样本相同,用于测试的短路线圈为 A11 线圈、A22 线圈、A33 线圈、B12 线圈、B 23 线圈、B34 线圈、C33 线圈、C34 线圈、C32 线圈,每种短路线圈对应了 5 种不同的故障程度,所以测试样本总数为 45 个。

图 4-6、图 4-7 所示分别为第一级、第二级 PNN 训练结果。

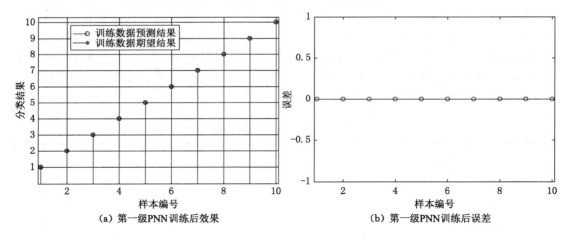

（a）第一级PNN训练后效果   （b）第一级PNN训练后误差

图 4-6   第一级 PNN 训练结果

由图 4-6、图 4-7 可以看出,将训练样本作为输入测试已经训练好的各级 PNN,没有出现判断错误的样本,训练误差为 0,正确率已经达到 100%。图 4-8 所示为测试数据第一级、第二级 PNN 预测结果。

由图 4-8 可以看出,将测试样本作为输入测试已经训练好的双级 PNN,没有出现判断错误的样本,训练误差为 0,正确率已经达到 100%。上述结果表明,所设计的双级网络训练和测试识别正确率都很高,训练后的误差为 0,没有判断错误的样本,识别正确率已经达到 100%,能够精确实现短路线圈的定位。

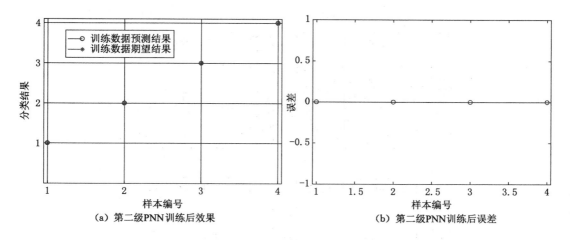

（a）第二级PNN训练后效果　　　　　　（b）第二级PNN训练后误差

图 4-7　　第二级 PNN 训练结果

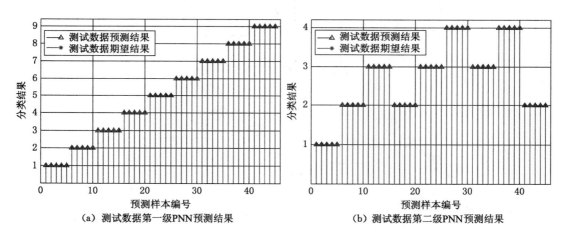

（a）测试数据第一级PNN预测结果　　　　（b）测试数据第二级PNN预测结果

图 4-8　　测试数据 PNN 预测结果

4.4　基于知识图谱的匝间短路故障诊断一体化系统

　　如图 4-9 所示,电机在恒流源下运行,通过在每相任意两个支路安装的电流传感器获取九条支路的瞬时电流。利用 MATLAB 软件计算出所有支路的支路差值电流和支路电流残差,再将其转换为知识图谱语言。将知识图谱语言输入 Neo4j 软件建立的自动诊断系统中,如果发生槽内匝间短路故障则输出故障线圈及短路匝数。

　　所建立的集故障检测、定位及评估于一体的知识图谱系统如图 4-10 所示,该图谱系统由 71 个节点和 70 条关系组成,能够实现直驱永磁同步电机的线圈内部匝间短路故障检测、故障线圈定位以及故障程度评估。其中,DDPMSM 节点存有四条电机信息属性,故障检测节点用于匝间短路故障检测,故障相节点、故障支路节点及故障线圈节点用于故障线圈定位,故障评估节点用于估计短路匝数。

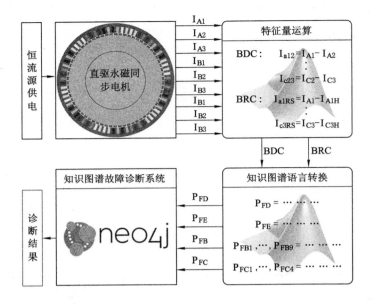

图 4-9　基于知识图谱的自动故障诊断过程

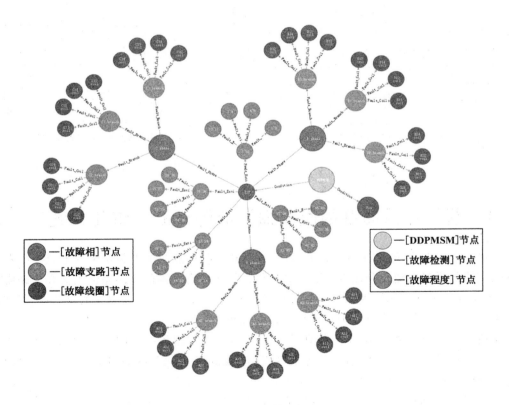

图 4-10　知识图谱系统的结构

4.4.1 早期匝间短路故障检测模块

经第 3 章分析,遴选支路差值电流为早期故障检测特征量。根据故障特征量与匝间短路故障之间的映射关系,建立的早期故障检测模块如图 4-11 所示。该模块由 3 个节点和 2 条关系组成。

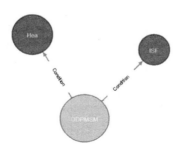

图 4-11 早期故障检测模块

故障检测节点包含两条属性,其中一条为身份属性,另一条为判定属性。判定属性由一位数字构成。当电机的任意支路差值电流(I_{a12}、I_{a13}、I_{a23}、I_{b12}、I_{b13}、I_{b23}、I_{c12}、I_{c13}、I_{c23})大于自适应阈值产生器产生的阈值时,判定属性的一位数字置 1,小于则置 0。使用时将电机的特征量数据转化为故障检测节点的判定属性输入所建立的知识图谱系统,即可完成故障检测。

4.4.2 故障线圈定位模块

经第 3 章分析,遴选支路差值电流、支路电流残差为故障线圈定位特征量,则根据故障特征量与故障线圈之间的映射关系,建立的故障线圈定位模块如图 4-12 所示。该模块由 50 个节点和 49 条关系组成。

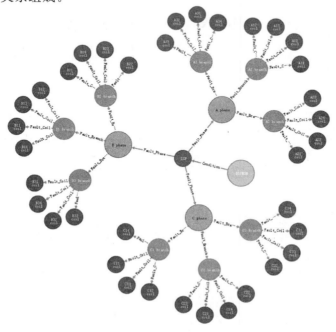

图 4-12 故障线圈定位模块

故障支路节点包含两条属性,其中一条为身份属性,另一条为判定属性。判定属性由九位数字构成($P_{FB1} \sim P_{FB9}$)。判定属性中的每位数字由支路差值电流之间的逻辑关系决定。当支路差值电流之间的逻辑关系满足设定关系时,对应属性置 1,不满足时置 0,则不同支路短路时故障支路节点的属性列于表 4-3 中。

表 4-3　不同支路短路时故障支路节点的属性

短路支路	P_{FB1}	P_{FB2}	P_{FB3}	P_{FB4}	P_{FB5}	P_{FB6}	P_{FB7}	P_{FB8}	P_{FB0}
A1 支路	1	1	0	0	0	0	0	0	0
A2 支路	1	0	1	0	0	0	0	0	0
A3 支路	0	1	1	0	0	0	0	0	0
B1 支路	0	0	0	1	1	0	0	0	0
B2 支路	0	0	0	1	0	1	0	0	0
B3 支路	0	0	0	0	1	1	0	0	0
C1 支路	0	0	0	0	0	0	1	1	0
C2 支路	0	0	0	0	0	0	1	0	1
C3 支路	0	0	0	0	0	0	0	1	1

通过故障支路节点诊断出短路支路后,通过故障线圈节点诊断出各支路内的短路线圈。故障线圈节点包含两条属性,其中一条为身份属性,另一条为判定属性。判定属性由四位数字构成($P_{FC1} \sim P_{FC4}$)。判定属性中的每位数字由健康相支路的支路电流残差决定。当相应支路电流残差间的逻辑关系满足设定关系时,对应属性值置 1,不满足时置 0,则不同线圈短路时故障线圈节点的属性列于表 4-4 中。表中 $X=A,B,C;k=1,2,3$。

表 4-4　不同线圈短路时故障线圈节点的属性

短路线圈	P_{FC1}	P_{FC2}	P_{FC3}	P_{FC4}
$Xk1$ 线圈	1	1	1	1
$Xk2$ 线圈	0	1	1	1
$Xk3$ 线圈	0	0	0	1
$Xk4$ 线圈	0	0	0	0

使用时将电机的特征量数据转化为故障支路节点和故障线圈节点的判定属性输入所建立的知识图谱系统,即可完成故障线圈定位。

4.4.3　故障程度评估模块

经第 3 章分析,遴选支路差值电流作为故障程度评估特征量,则根据故障特征量与故障程度之间的映射关系,建立的故障线圈定位模块如图 4-13 所示。该模块由 22 个节点和 21 条关系组成。

考虑到所遴选特征量的局限性,将故障程度划分为两级共 16 种。第一级故障程度评估分辨率为 12 匝(线圈总匝数的 25%),第二级故障程度评估分辨率为 3 匝(线圈总匝数的 6.25%),并依据该结构建立程度评估节点。所有节点包含两条属性,其中一条为身份属性,

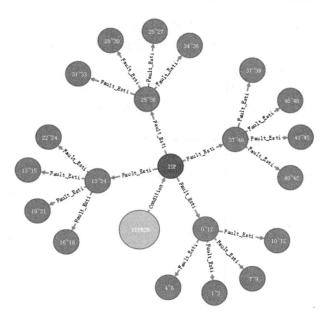

图 4-13　故障线圈定位模块

另一条为判定属性。第一级与第二级节点的判定属性分别由四位数字构成（$P_{FE1} \sim P_{FE4}$；$P_{FE5} \sim P_{FE8}$）。判定属性中的每位数字由电机故障相的支路差值电流的数值决定。当电流值满足对应属性的大小范围时置 1，不满足时置 0，则不同匝数短路时对应的判定属性列于表 4-5（第一级）至表 4-6（第二级）中。

表 4-5　不同匝数短路时的故障程度节点（第一级）中的属性

短路匝数范围	P_{FE1}	P_{FE2}	P_{FE3}	P_{FE4}
0～12 匝	1	0	0	0
13～24 匝	0	1	0	0
25～36 匝	0	0	1	0
37～48 匝	0	0	0	1

表 4-6　不同匝数短路时的故障程度节点（第二级）中的属性

短路匝数范围	P_{FE5}	P_{FE6}	P_{FE7}	P_{FE8}
1/13/25/37～3/15/37/39 匝	1	0	0	0
4/16/28/40～6/18/30/42 匝	0	1	0	0
7/19/31/43～9/21/33/45 匝	0	0	1	0
10/22/34/46～12/24/36/48 匝	0	0	0	1

　　使用时将电机的特征量数据转化为故障程度节点的判定属性输入所建立的知识图谱系统，即可完成故障线圈定位。

4.4.4　基于知识图谱的匝间短路故障诊断系统仿真分析

为对所建立的诊断系统进行全面测试,选取 16 种健康工况的 16 组样本和 101 种匝间短路故障情况的 101 组样本对所建立的故障诊断系统进行测试。所测试的健康工况由四种负载(25％负载、50％负载、75％负载、额定负载)和四种转速(20％转速、50％转速、80％转速、额定转速)构成。健康状态的具体测试工况及结果列于表 4-7 中。

表 4-7　健康状态的测试工况及结果

负载	转速	诊断结果	是否正确	负载	转速	诊断结果	是否正确
25％负载	20％转速	健康	是	50％负载	20％转速	健康	是
25％负载	50％转速	健康	是	50％负载	50％转速	健康	是
25％负载	80％转速	健康	是	50％负载	80％转速	健康	是
25％负载	额定转速	健康	是	50％负载	额定转速	健康	是
75％负载	20％转速	健康	是	额定负载	20％转速	健康	是
75％负载	50％转速	健康	是	额定负载	50％转速	健康	是
75％负载	80％转速	健康	是	额定负载	80％转速	健康	是
75％负载	额定转速	健康	是	额定负载	额定转速	健康	是

表 4-7 中,健康状态所有工况下的故障诊断(故障检测)结果均正确,未出现误警情况。该测试结果初步验证了所建立故障诊断系统的可靠性。下面进行故障状态测试,所测试的故障情况由五种短路电阻(0 Ω、2 Ω、3 Ω、4 Ω、5 Ω)、十种短路匝数(1 匝、3 匝、6 匝、9 匝、12 匝、18 匝、24 匝、36 匝、42 匝、48 匝)、四种短路线圈(A11 线圈、B22 线圈、C33 线圈、A14 线圈)、四种负载(25％负载、50％负载、75％负载、额定负载)及四种速度(20％转速、50％转速、80％转速、额定转速)构成。所建立系统的故障检测与故障线圈定位功能不受短路电阻的限制,具体的测试情况及结果列于表 4-8 中。所建立系统的故障程度评估功能仅在短路电阻为 0 Ω 时有效,具体的测试情况及结果列于表 4-9 中。

表 4-8　故障检测与故障线圈定位测试结果

故障类型					故障检测结果	故障定位结果
负载	转速	预设短路线圈	预设短路匝数	短路电阻		
25％负载	额定转速	A11	12	2/3/4/5	故障	A11
25％负载	额定转速	C33	36	2/3/4/5	故障	C33
25％负载	额定转速	A14	48	2/3/4/5	故障	A14
50％负载	额定转速	A11	12	2/3/4/5	故障	A11
50％负载	额定转速	B22	24	2/3/4/5	故障	B22
50％负载	额定转速	A14	48	2/3/4/5	故障	A14
75％负载	额定转速	A11	12	2/3/4/5	故障	A11
75％负载	额定转速	C33	36	2/3/4/5	故障	C33
75％负载	额定转速	A14	48	2/3/4/5	故障	A14

表 4-8(续)

故障类型					故障检测结果	故障定位结果
负载	转速	预设短路线圈	预设短路匝数	短路电阻		
额定负载	额定转速	A11	12	2/3/4/5	故障	A11
额定负载	额定转速	B22	24	2/3/4/5	故障	B22
额定负载	额定转速	C33	36	2/3/4/5	故障	C33
额定负载	20%转速	A11	36	2/3/4/5	故障	A11
额定负载	20%转速	C33	12	2/3/4/5	故障	C33
额定负载	20%转速	A14	24	2/3/4/5	故障	A14
额定负载	50%转速	A11	36	2/3/4/5	故障	A11
额定负载	50%转速	B22	48	2/3/4/5	故障	B22
额定负载	50%转速	A14	12	2/3/4/5	故障	A14
额定负载	80%转速	A11	24	2/3/4/5	故障	A11
额定负载	80%转速	B22	36	2/3/4/5	故障	B22
额定负载	80%转速	C33	48	2/3/4/5	故障	C33

表 4-9 故障检测与故障程度评估测试结果

故障详情				故障检测结果	故障定位结果	程度评估结果	
负载	转速	预设短路线圈	预设短路匝数			第一级	第二级
25%负载	额定转速	A11	12	故障	A11	1~12 匝	10~12 匝
50%负载	额定转速	A11	48	故障	A11	37~48 匝	46~48 匝
75%负载	额定转速	A11	24	故障	A11	13~24 匝	22~24 匝
额定负载	额定转速	A11	12	故障	A11	1~10 匝	10~12 匝
额定负载	额定转速	A11	24	故障	A11	13~24 匝	22~24 匝
额定负载	额定转速	A11	1	故障	A11	1~12 匝	1~3 匝
额定负载	额定转速	A11	3	故障	A11	1~12 匝	1~3 匝
额定负载	额定转速	A11	6	故障	A11	1~12 匝	4~6 匝
额定负载	额定转速	A11	9	故障	A11	1~12 匝	7~9 匝
额定负载	额定转速	A11	18	故障	A11	13~24 匝	16~18 匝
额定负载	额定转速	A11	42	故障	A11	37~48 匝	40~42 匝
额定负载	80%转速	A11	35	故障	A11	25~36 匝	34~36 匝
额定负载	80%转速	A11	10	故障	A11	1~12 匝	10~12 匝
额定负载	50%转速	A11	11	故障	A11	1~12 匝	10~12 匝
额定负载	50%转速	A11	37	故障	A11	37~48 匝	37~39 匝
额定负载	20%转速	A11	41	故障	A11	37~48 匝	40~42 匝
额定负载	20%转速	A11	7	故障	A11	1~12 匝	7~9 匝

由表 4-8 可知,所有短路情况均被正确检测,所有短路线圈均被正确定位,所建立系统的故障检测与故障线圈定位正确率为 100%。表 4-9 中,所有短路情况均被正确评估,所建立系统的故障程度评估正确率为 100%。

目前,人工神经网络技术是在故障诊断领域应用最为广泛的人工智能工具。为体现知识图谱技术应用在故障诊断领域的优势,将知识图谱技术与人工神经网络技术进行对比。人工神经网络从信息处理方面对人脑神经元网络进行模拟,自 20 世纪 80 年代以来成为人工智能领域的研究热点。随着人工神经网络的发展,越来越多类型的人工神经网络被提出,但人工神经网络中的固有特点是不变的。下面以 BP 神经网络为例,以本系统需求为前提,对人工神经网络与知识图谱系统进行比较分析。

BP 神经网络是一种多层前馈神经网络,在前向传递过程中,输入信号从输入层经隐含层逐层处理,直至输出层。BP 神经网络的拓扑结构如图 4-14 所示。

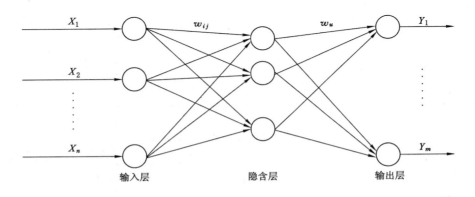

图 4-14　BP 神经网络拓扑结构图

图 4-14 中,X_1,X_2,$\cdots$,X_n是 BP 神经网络的输入值,Y_1,Y_2,$\cdots$,Y_m是 BP 神经网络的预测值。w_{ij}和 w_u为 BP 神经网络权值。从图 4-7 可以看出,BP 神经网络可以看成一个非线性函数,网络输入值和预测值分别为该函数的自变量和因变量。当输入节点数为 n、输出节点数为 m 时,BP 神经网络就表达了从 n 个自变量到 m 个因变量的函数映射关系。在使用 BP 神经网络时,首先需要通过已有的从 n 个自变量到 m 个因变量的映射关系对网络进行训练,然后再输入未知的自变量值使网络预测因变量值。

在本章所建立的系统中,对自动诊断工具的多信息融合能力要求较高。若采用人工神经网络工具构建本章的故障诊断,不同功能所需要的信息种类不同,故障检测功能需要一个网络来实现,故障线圈定位需要两个网络来实现,故障程度评估功能需要两个网络来实现,则共需要五个独立的人工神经网络系统来实现本章所建立的故障诊断系统。同时,需要对五个网络分别进行训练,复杂程度高。基于知识图谱来建立该故障诊断系统,仅需要一个知识图谱系统来实现,且没有数据训练过程,大大减小了构建系统的复杂程度,提高了系统的一体型和使用时的便捷程度。因此,知识图谱工具更加适合本章所研究的故障诊断系统。

4.5　本章小结

本章将神经网络技术和知识图谱技术应用于 DDPMSM 匝间短路故障诊断系统。根据故障检测特征量与负载、转速之间的函数关系构建早期故障检测自适应阈值产生器。利用神经网络技术构建集早期匝间短路故障检测及故障线圈定位于一体的故障诊断系统。利用知识图谱技术构建集早期匝间短路故障检测、故障线圈定位、故障程度评估于一体的故障诊断系统。通过健康状态数据和 DDPMSM 匝间短路故障状态数据对所建立的系统进行验证。本章主要结论如下。

（1）所建立的自适应阈值产生器能够考虑转速和负载对匝间短路故障检测阈值的影响，根据实际工况自适应的确定故障检测阈值，提高了故障检测精度。同时，该系统仅需电机不同健康工况时的特征量数据便可建立，不依赖电机的结构参数，具有较好的普适性。

（2）所建立故障诊断系统能在任意工况下对所研究的样机实现早期匝间短路故障检测、故障线圈定位。能在任意工况下对所研究的样机实现最小分辨率为 3 匝（占单个线圈匝数的 6.25％）的匝间短路故障程度评估。

（3）所建立的故障诊断系统使用的故障特征量为支路差值电流与支路电流残差，获取故障特征量所需的传感器侵入性弱、数量少，具有较好的适用性。

（4）提出了基于双级 PNN 的 DDPMSM 匝间短路早期故障检测及短路线圈自动精确定位方法。利用支路差值电流结合第一级 PNN 实时检测出 DDPMSM 匝间短路早期微弱故障并自动定位到故障支路，利用支路电流残差结合第二级 PNN 自动精确定位到故障线圈。故障检测和短路线圈自动定位的系统分别建立，开发难度大。

（5）提出了基于知识图谱的故障检测、故障定位及故障程度评估的 DDPMSM 匝间短路故障诊断一体化系统，具有较好的一体性，降低了综合诊断系统开发的成本与难度。

5   DDPMSM 永磁体退磁故障数学建模

5.1   引言

    DDPMSM 因功率密度高、运行环境恶劣,存在较强的振动冲击及电枢反应,加之制造缺陷及自然老化等因素,容易发生永磁体局部退磁或均匀退磁故障,导致 DDPMSM 出现发热严重、过载能力下降、转矩波动增大、可靠性降低等性能下降情况,严重威胁电机及其系统的安全稳定运行。对电机早期退磁故障的快速精确诊断是提高电机运行可靠性,减少电机突发性事故影响,延长电机使用寿命,降低维护成本,保障电机安全生产的重要手段。因此,针对 DDPMSM 退磁故障诊断的研究具有非常重要的意义。建立 DDPMSM 退磁故障模型对故障前后特性及故障特征进行分析是故障诊断的关键。

    为了实现 DDPMSM 永磁体退磁故障电气特征的定性与定量描述,本章建立 DDPMSM 永磁体退磁故障的解析与有限元模型,为开展 DDPMSM 永磁体退磁故障电机特性及故障特征研究奠定基础。

5.2   退磁故障机理分析

    受电机电枢反应、工作环境、制造缺陷及自然寿命等多种因素的影响,永磁材料的磁感应强度幅值会减小或畸变,严重时将导致永磁材料不可逆退磁故障。为能够对永磁体退磁故障进行精确快速诊断,本节对永磁体发生不可逆退磁故障的过程及机理进行深入分析。

    (1)工作温度对永磁材料退磁过程的影响。当永磁电机驱动系统过载或散热条件无法满足要求时,永磁体的工作温度将显著升高,其内部磁畴活跃程度明显增强,其磁化能力也受到严重影响。永磁电机中常用的钕铁硼等永磁材料的居里温度较低(310 ℃～410 ℃),磁化强度矫顽力 H_{ci} 的温度系数约为 $-(0.6{\sim}0.7)\%\ K^{-1}$,而剩余磁感应强度 B_r 的温度系数则高达 $-0.013\%\ K^{-1}$。因此,当永磁体工作温度过高时,将会引起永磁材料明显的磁损失。受此影响,电机的输出电磁转矩将会降低。而当电机在驱动恒转矩负载时,定子电枢电流明显升高,从而导致电机铜耗增加,永磁体工作温度进一步提高,加快了永磁体退磁进程,形成恶性循环。永磁材料动态退磁过程如图 5-1 所示。

    (2)电枢反应磁场对永磁材料退磁过程的影响。由于在永磁电机运行过程中,电枢反应磁场与永磁体磁场方向相反,其对永磁体具有退磁作用。尤其在高转速动态或高负载工况时,永磁电机的瞬态电枢电流明显增加,电枢反应磁场对永磁体退磁作用增强,极易引起永磁体不可逆退磁故障,从而形成电枢反应与退磁故障之间的恶性循环,扩大故障程度。

    (3)工作环境对永磁材料退磁过程的影响。永磁材料内部含有大量的金属元素,导致

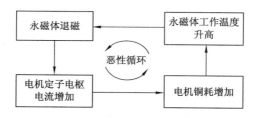

图 5-1　永磁材料动态退磁过程

其易受外部环境影响而出现氧化或腐蚀现象,氧化后的永磁材料特性松脆,在永磁电机驱动系统高速运行等极端工况下存在永磁体瓦解的风险,影响系统的运行安全。

（4）工艺制造对永磁材料退磁过程的影响。钐钴、钕铁硼等烧结永磁材料由于其材料特性松脆,在制造、装配及电机运行过程中易出现裂纹等技术瑕疵,从而使得永磁材料励磁性能大打折扣。而在电机使用领域,受不可避免的振动与冲击影响,烧结永磁材料处于高能量不稳定运行状态的原有磁矩可能向低能量方向摆动与偏转,上述磁矩的摆动及偏转会随着时间的推移趋于稳定,从而形成不可逆退磁。此外,永磁材料也具有一定的时效性,随着使用寿命的增加,不可避免地会出现一定的磁损失,损失量与其使用时间的对数近似呈现出线性关系。

综上所述,永磁体退磁故障的出现,可以归咎于上述因素的单独或联合作用,不同应用领域,上述因素的影响程度不同。在电机使用领域,受灰尘、氧化、腐蚀等环境因素的影响,加之电机功率密度高及电机运行工况的限制,造成永磁体容易出现退磁故障,定子绕组故障等原因引起的环境温度升高及大瞬态电流引起的强电枢反应磁场也是导致永磁体退磁故障的主要因素,前者通常会导致永磁体均匀退磁故障,后者则常引起永磁体局部退磁故障。尽管在电机永磁体的设计、制造、装配及电机运行等环节已采取了多种技术措施来预防永磁体局部退磁故障与均匀退磁故障的发生,但在上述因素的综合作用下,永磁体退磁故障依然难以完全避免。因此,为保证 DDPMSM 的运行安全并提高其健康管理水平,必须实现对电机永磁体健康状况的有效监控,对其早期退磁故障实施有效诊断,并实现故障程度的准确评估与退磁永磁体的精确定位。

5.3　退磁故障有限元建模

5.3.1　有限元方法基本理论

常用的电机电磁场分析计算方法主要有解析法、图解法、模拟法以及数值计算法等。有限元分析是属于数值计算法中的一种,是根据变分原理和离散化而求取近似解的方法[70]。针对永磁电机电磁场的计算,有限元分析方法计算精度高,能够实现永磁电机中关于电磁场强度分布、感应电动势分布等参数的仿真,揭示不同退磁故障状态下电机性能参数的变化规律。同时随着近些年计算机的快速发展,大量有限元软件的出现,使有限元的分析求解更加方便,被广泛应用于 DDPMSM 退磁故障的仿真分析。

在本节中,针对 DDPMSM 退磁故障问题,利用 MagNet 仿真软件,建立 DDPMSM 有限元仿真模型,对电机的二维瞬态电磁场进行计算分析与研究,为下一步电机的退磁故障性能分析和故障特征提取打下基础。为了简化电磁场的有限元计算,做如下假设[8]:

（1）按二维场来等效处理电机轴向有效长度内的电磁场；

（2）忽略位移电流的影响，定子电枢绕组的涡流忽略不计；

（3）材料为各向同性；

（4）材料磁导率是均匀的且不计磁导率随温度的变化。

基于上述简化假设，电磁场的计算采用了有限元计算方法，向量磁位仅含有 z 轴分量，对于稳态情况，二维电磁场问题可表示成边值问题，如式（5-1）所示。

$$\begin{cases} \Omega: \dfrac{1}{\mu}\dfrac{\partial^2 A_z}{\partial x^2} + \dfrac{1}{\mu}\dfrac{\partial^2 A_z}{\partial y^2} = -J_z \\ \Gamma_1: A_z = A_{z0} \\ \Gamma_2: \dfrac{1}{\mu}\dfrac{\partial A_z}{\partial n} = -H_t \end{cases} \tag{5-1}$$

式中，Ω 为求解区域；Γ_1 为第一类边界；Γ_2 为第二类边界；A_z 为磁矢量；μ 为磁导率；J_z 为电流密度；H_t 为磁场强度切向分量。

方程组（5-1）能够转换如下的能量泛函的积分式，从而构成条件变分问题：

$$\begin{cases} W(A_z) = \iint\limits_{\Omega}\left(\int_0^B \upsilon B\,\mathrm{d}B - J_z A_z\right)\mathrm{d}x\mathrm{d}y - \int_{\Gamma_2}(-H_t)A_z\,\mathrm{d}l = \min \\ \Gamma_2: A_z = A_{z0} \end{cases} \tag{5-2}$$

$$B_x = \frac{\partial A_z}{\partial x}, B_y = \frac{\partial A_z}{\partial y} \tag{5-3}$$

式中，$B = \sqrt{B_x{}^2 + B_y{}^2} = \sqrt{\left(\dfrac{\partial A_z}{\partial x}\right)^2 + \left(\dfrac{\partial A_z}{\partial y}\right)^2}$

将所有单元的能量函数求和，然后根据极值原理，令一阶偏导等于零，进行求解。

5.3.2　DDPMSM 健康状态有限元模型

建立电机的有限元模型是仿真分析的基础，本节利用直接在 MagNet 软件中建立 PMSM 有限元模型，其建模求解分析的过程如图 5-2 所示。

图 5-2　有限元仿真分析步骤

（1）几何模型的建立

对于 PMSM 几何模型的建立方法有两种：

方式一：采用其他 CAD 等专业制图软件建立电机的 2D/3D 几何模型，并生成 CAD 格式中的 DXF 文件，然后通过接口把建立的模型导入到 MagNet 软件中。

方式二：模型可以直接在 MagNet 里面建立。通过画线、圆弧、圆或它们的组合，生成封闭区域，再对这个封闭区域进行拉伸、旋转等来生成实体。

准确快速建立电机的有限元模型，可以提高电机分析的准确性和效率。在 CAD 建立几何模型再导入到 MagNet 中，操作步骤较烦琐，所以本节采用直接在 MagNet 中建立 DDPMSM 模型。电机设计参数见表 2-1，永磁同步电机的二维有限元模型如图 5-3 所示。

（2）永磁体材料的设定

为了正确分析电磁场问题，MagNet 的材料库在不同系统之间可灵活转换，用户可以输入已有的模型材料库，并对已定义的材料进行更新。用户通过材料模板可以对所使用的材料属性进行创建和编辑。本节 DDPMSM 模型中采用的是钕铁硼（NdFeB）永磁体材料。

（3）边界条件设置及剖分

为提高求解精度和速度，对 DDPMSM 不同的实体，设定了不同大小的剖分网格。图 5-4 为 DDPMSM 的剖分图，由图 5-4 可以看出，对 DDPMSM 模型中的绕组、气隙、永磁体和其他磁密密集的部分都采用了加密剖分，对这些地方的剖分节点加大有利于求解精度的提高。

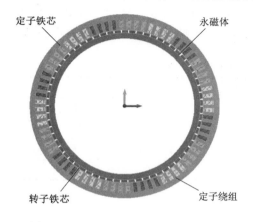

图 5-3　DDPMSM 二维有限元模型　　　　图 5-4　DDPMSM 剖分图

（4）求解分析

对上述建立的 PMSM 有限元模型进行分析，得到的 PMSM 磁场强度分布如图 5-5 所示，对应的磁感线分布如图 5-6 所示。

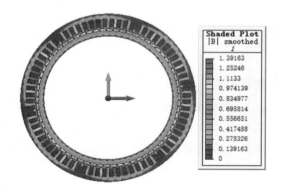

图 5-5　磁场强度分布图　　　　图 5-6　磁感线分布

由图 5-5 和图 5-6 可以看出，磁感线、磁场强度大小分布均匀，这就证明了所建立的 DDPMSM 有限元仿真模型的正确性。

5.3.3　DDPMSM 退磁故障有限元模型

DDPMSM 的不可逆退磁故障可分为均匀退磁（每一极下的永磁体退磁的程度和形状

相同)和局部退磁故障(部分极下的永磁体发生退磁故障),所以对永磁体均匀和局部退磁故障分别进行了设置。

(1) DDPMSM 均匀退磁故障模型

对于建立均匀退磁故障模型,由于电机采用高性能的钕铁硼永磁材料 NdFe35SH,其最高工作温度为 150 ℃,且其退磁曲线近似为直线[8]。因此,在本节中永磁材料剩余磁感应强度 B_r 和矫顽力 H_c 的改变近似依照线性变化规律,即永磁体退磁时,永磁材料 B_r 下降,H_c 也等比例下降,所以通过在 MagNet 软件中减小矫顽力 H_c 的大小来描述永磁体的退磁程度[71]。DDPMSM 均匀退磁 25%、50% 和 75% 时的永磁材料参数设置如表 5-1 所列,即对所有永磁体的永磁材料参数设置为一样。根据后续的仿真需要,只需将 DDPMSM 有限元模型中的永磁体替换为均匀退磁故障模型,即按表 5-1 中调整相应的永磁材料参数即可。

表 5-1   不同退磁程度永磁材料参数

退磁程度	相对磁导率	矫顽力/(A/m)
健康	1.05	−928 400
25%	1.05	−696 300
50%	1.05	−464 200
75%	1.05	−232 100

(2) DDPMSM 局部退磁故障模型

对于建立局部退磁故障模型,通过在 MagNet 软件中改变单个永磁体中矫顽力 H_c 的大小来描述永磁体的退磁程度。参照表 5-1 中永磁体退磁程度的设置方法,即对单个永磁体的永磁材料参数进行设置,来实现对单个永磁体发生不同程度退磁故障的仿真分析。根据局部退磁故障的仿真需要,只需调整相应永磁体的退磁程度和退磁永磁体的个数,即可建立不同 DDPMSM 局部退磁故障模型。

5.4 退磁故障空载反电势数学建模

5.4.1 DDPMSM 退磁故障单线圈空载反电势数学模型

忽略电机永磁体几何结构配置的影响,仅考虑电机空载电势的基波分量,即在健康状态下 DDPMSM 单线圈空载电势波形为正弦波。当电机某一位置的永磁体发生退磁故障时,该位置上的永磁体磁场强度会减小,此时,永磁体在单槽线圈上产生的空载电势即为正弦波与方波相乘[72],如公式(5-4)所示。

$$e(t) = e_0(t) - \delta e_0(t)x(t) = e_0(t)[1 - \delta x(t)] \tag{5-4}$$

式中,δ 为永磁体的退磁程度;$e_0(t)$ 为健康状态时空载电势基波分量 $\sin(2\pi ft)$;$x(t)$ 为方波。

如果 DDPMSM 的单个永磁体发生退磁故障,且退磁永磁体的一边位于转子位置零点,则对方波 $x(t)$ 进行傅里叶级数展开得:

$$x(t) = X_0 + \sum_{k=1}^{\infty} X_k \cos\left[k\left(\frac{2\pi ft}{p} - \frac{\pi}{2p}\right)\right] \tag{5-5}$$

式中，p 为极对数；f 为电机供电频率。

公式(5-5)中 X_0 和 X_k 为：

$$X_0 = \frac{1}{2p} \tag{5-6}$$

$$X_k = \frac{2}{k\pi}\sin(\frac{k\pi}{2p}), k = 1,2,3,\cdots \tag{5-7}$$

可以得到电机在任意转速额定运行下永磁体退磁故障时的单槽空载电势、相邻槽空载电势，如公式(5-8)和(5-9)所示[74]。

$$e_1(t) = E_s\sin(2\pi ft)[1 - \sum_{i=1}^{2p}\delta_i(\frac{1}{2p} + \sum_{k=1}^{\infty}\frac{2}{k\pi}\sin(\frac{k\pi}{2p})\cos(\frac{k\pi ft}{p} - \frac{(2i-1)k\pi}{2p}))] \tag{5-8}$$

$$e_2(t) = E_s\sin(2\pi ft - \frac{2p\pi}{Q})[1 - \sum_{i=1}^{2p}\delta_i(\frac{1}{2p} + \sum_{k=1}^{\infty}\frac{2}{k\pi}\sin(\frac{k\pi}{2p})\cos(\frac{k\pi ft}{p} - \frac{(2i-1)k\pi}{2p} - \frac{2k\pi}{Q}))] \tag{5-9}$$

式中，p 为极对数；f 为频率；Q 为定子槽数；E_s 为单个槽的空载电势基波的幅值；i 为电机永磁体的编号；δ_i 为对应编号永磁体退磁程度，健康情况下 $\delta_i = 0$。

在此基础上，得到了单线圈空载电势、单线圈空载电势残差及退磁故障情况下单线圈空载电势残差，如公式(5-10)和(5-11)所示。

$$e_c(t) = e_1(t) - e_2(t) = E_s[\sin(2\pi ft)(1 - \sum_{i=1}^{2p}\delta_i(\frac{1}{2p} + \sum_{k=1}^{\infty}\frac{2}{k\pi}\sin(\frac{k\pi}{2p})\cos(\frac{k\pi ft}{p} - \frac{(2i-1)k\pi}{2p})))$$
$$- \sin(2\pi ft - \frac{2p\pi}{Q})(1 - \sum_{i=1}^{2p}\delta_i(\frac{1}{2p} + \sum_{k=1}^{\infty}\frac{2}{i\pi}\sin(\frac{k\pi}{2p})\cos(\frac{k\pi ft}{p} - \frac{(2i-1)k\pi}{2p} - \frac{2k\pi}{Q})))] \tag{5-10}$$

$$e_{\text{residual}}(t) = e_{\text{health}}(t) - e_c(t) = \sum_{i=1}^{2p}\delta_i E_s[\sin(2\pi ft)(\frac{1}{2p} + \sum_{k=1}^{\infty}\frac{2}{k\pi}\sin(\frac{k\pi}{2p})\cos(\frac{k\pi ft}{p} - \frac{(2i-1)k\pi}{2p}))$$
$$- \sin(2\pi ft - \frac{2p\pi}{Q})(\frac{1}{2p} + \sum_{k=1}^{\infty}\frac{2}{k\pi}\sin(\frac{k\pi}{2p})\cos(\frac{k\pi ft}{p} - \frac{(2i-1)k\pi}{2p} - \frac{2k\pi}{Q}))] \tag{5-11}$$

根据图 2-1 中电机结构，对单个永磁体退磁故障时的 A11 线圈空载电势和空载电势残差波形进行了计算，结果如图 5-7 所示。从图中可以看出，仅在退磁故障永磁体经过 A11 线圈时，单线圈空载电势幅值才会降低。

5.4.2　DDPMSM 退磁故障单相空载电势数学模型

定子相绕组采用并联连接的 DDPMSM，相电势等于支路电势。从图 2-1 可知，该电机每条支路由相距 360°空间电角度的 2 个线圈组串联而成，每个线圈组由两两相邻的线圈串联而成。其中支路 A1 由 A11、A12、A13、A14 四个线圈构成，A11 和 A12 两线圈绕制方向与 A13 和 A14 两线圈绕制方向相反。设槽 1 和槽 2 中的 A11 线圈的初始位置角为 θ_0，则其余三个线圈的初始位置角分别为 $\theta_0 + 2 \times 2p/Q, \theta_0 + 13 \times 2p/Q, \theta_0 + 15 \times 2p/Q$。因此，任意永磁体发生不可逆退磁故障时的 A1 支路空载电势为：

$$e_{\text{A1}}(t) = \sum_{h=H}[E_s(\mu\sin(2\pi ft - (h-1)\frac{2p\pi}{Q})$$
$$(1 - \sum_{i=1}^{2p}\delta_i(\frac{1}{2p} + \sum_{k=1}^{\infty}\frac{2}{k\pi}\sin(\frac{k\pi}{2p})\cos(\frac{k\pi ft}{p} - \frac{(2i-1)k\pi}{2p} - (h-1)\frac{2k\pi}{Q}))))] \tag{5-12}$$

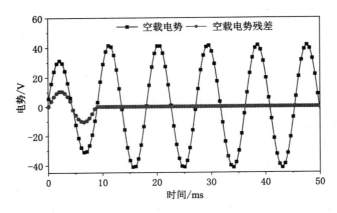

图 5-7　单永磁体退磁故障下单线圈空载电势和空载电势残差波形

式中，h 为每个支路对应各线圈单槽的空间位置编号，从 A11 线圈所在的一个槽开始进行编号，依次编号 1～72；μ 为线圈绕制方向系数。

当为 A11 和 A12 所在槽对应编号时，$\mu=(-1)^{h-1}$；当为 A13 和 A14 所在槽对应编号时，$\mu=(-1)^{h}$；如图 2-1 电机中的 A1 支路由 A11、A12、A13、A14 四个线圈构成，其支路各线圈槽对应的空间位置编号 $H_{A1}=[1,2,3,4,13,14,15,16]$，同理，$H_{A2}=[25,26,27,28,37,38,39,40]$，$H_{A3}=[49,50,51,52,61,62,63,64]$。单个永磁体退磁故障时 A 相各支路的空载电势如图 5-8 所示。

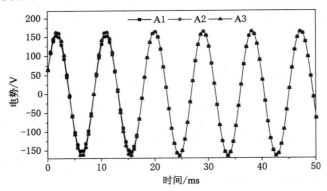

图 5-8　单永磁体退磁故障时 A 相各支路空载电势波形

由图 5-8 可知，在健康状态时 A 相各支路的空载电势是相等的，但在局部退磁故障时各支路空载电势是不等的。这是由于仅在退磁永磁体经过所在支路线圈时，该支路的空载电势才会降低。对于电机其他支路空载电势，只需修改 H 中的线圈单槽空间位置编号即可实现对应支路空载电势的求取。

5.4.3　DDPMSM 退磁故障解析与有限元结果比较分析

为验证建立的空载电势数学模型，分别计算了额定转速和 100 r/min 转速下编号为 1 的永磁体发生 75%、50%、25% 不可逆退磁故障，以及编号为 1 和编号为 2 的永磁体同时发生 75%、50%、25% 不可逆退磁故障时的单线圈空载电势，并与有限元结果进行了对比。数学模型和有限元仿真结果进行归一化后的对比如图 5-9 所示。

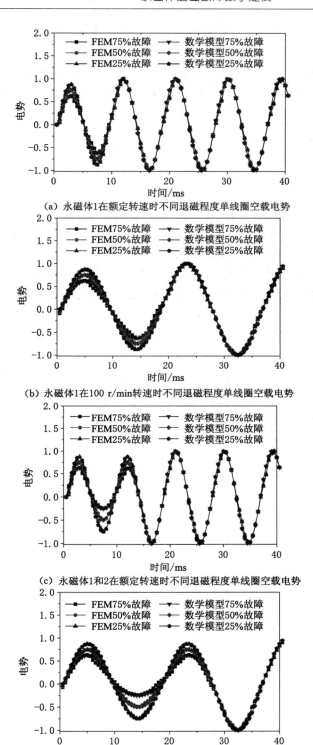

(a) 永磁体1在额定转速时不同退磁程度单线圈空载电势

(b) 永磁体1在100 r/min转速时不同退磁程度单线圈空载电势

(c) 永磁体1和2在额定转速时不同退磁程度单线圈空载电势

(d) 永磁体1和2在100 r/min转速时不同退磁程度单线圈空载电势

图 5-9　数学模型与有限元模型的仿真对比

由图 5-9 可以看出,数学模型仿真结果与有限元模型仿真结果基本吻合,但存在一定误差,这是由于电机中单线圈空载电势存在谐波分量,但数学模型只考虑了 PMSM 中空载电势的基波分量。在不同程度退磁故障时,随着退磁程度的增大,其单线圈空载电势谐波含量亦会增大。因此,建立的空载电势数学模型能分析任意永磁体发生退磁故障时的空载电势。

5.5 本章小结

本章开展了 DDPMSM 均匀退磁故障和局部退磁故障有限元及数学建模研究,主要工作及结论如下:

(1)简述了 DDPMSM 均匀退磁故障和局部退磁故障的有限元建模方法,以 DDPMSM 样机为研究对象,建立了其健康和退磁故障状态下的有限元模型,为后续开展电机退磁时的性能分析和故障诊断提供理论分析和仿真数据。

(2)针对 DDPMSM 绕组分数槽、集中绕组、隔齿绕、支路并联等特点,建立任意永磁体发生不同程度退磁故障时的 DDPMSM 单线圈和单相空载反电势的解析模型,为实现永磁体退磁故障电气特征的定性与定量描述提供理论基础。

(3)空载反电势解析结果与有限元结果基本吻合,但存在一定误差,这是由于解析模型没有考虑谐波分量。

(4)健康状态时各支路的空载电势是相等的,但在局部退磁故障时各支路空载电势不相等,导致支路间存在环流。

(5)与单相空载反电势相比,单线圈空载反电势对退磁故障更敏感。

6 均匀退磁故障对 DDPMSM 性能影响分析及诊断研究

6.1 引言

常因过载、散热条件不满足要求以及定子绕组故障等原因而导致永磁体环境温度升高，引起永磁体均匀退磁故障，并形成永磁体均匀退磁故障与环境温度之间的恶性循环，加快退磁进程。然而，该故障模式并不会造成 PMSM 永磁体等效物理结构的不对称，在电机定子电流中不会出现公式(1-2)所示的故障特征谐波。因此，基于定子电流故障特征谐波的诊断方法并不适合永磁体均匀退磁故障的诊断。文献[151]通过从建立的 PMSM 有限元模型中获取磁链幅值，并根据磁链幅值的变化来实现对永磁体均匀退磁故障的定性与定量诊断，但计算量较大。文献[160]采用 PMSM 齿槽转矩回转半径作为特征量来诊断永磁同步电机均匀退磁故障，但因电机的结构不同，在分数槽集中绕组电机中，齿槽转矩会出现波形较复杂的情况，这时就无法通过齿槽转矩的回转半径来诊断退磁故障。为此，针对 DDPMSM 永磁体均匀退磁故障，本章对比分析了均匀退磁故障前后 DDPMSM 性能参数的变化规律，在此基础上，提出了基于反电势回转半径的 DDPMSM 均匀退磁故障诊断方法。

6.2 均匀退磁故障对 DDPMSM 性能的影响

以 DDPMSM 为研究对象，在保证频率、功角不变的情况下，采用有限元分析方法对电机工作在健康状态以及永磁体发生均匀退磁状态下进行仿真分析。在模型计算准确的基础上，研究了永磁体不同程度均匀退磁故障对电机性能参数的影响，并重点从气隙磁场、反电势、支路电流、功率因数、效率、电磁转矩和齿槽转矩等方面系统地对 DDPMSM 进行计算分析，给出不同参数的变化规律，并进一步揭示其变化机理。

6.2.1 均匀退磁故障对气隙磁密的影响

在电机均匀退磁故障时，电机的磁通密度分布如图 6-1 所示，永磁体不同退磁程度下气隙磁密的最大值及变化率如表 6-1 所列。

表 6-1 不同程度均匀退磁故障下气隙磁密的最大值及变化率

退磁程度	健康	25%	50%	75%
气隙磁密最大值/T	1.16	0.87	0.58	0.29
随退磁程度的变化率/%	0	25	50	75

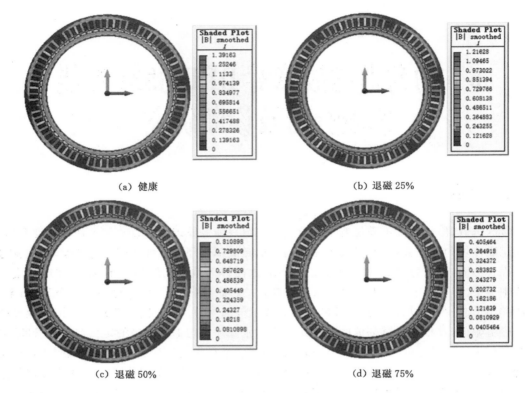

图 6-1　健康和均匀退磁故障下 PMSM 的磁通密度分布

　　由图 6-1 和表 6-1 可以看出,随着均匀退磁程度增加,磁通密度在逐渐减小。对永磁电机来说,磁通密度的减小会对电机的性能产生很大影响。电机在空载运行状态下,气隙磁场为转子永磁体励磁磁场,随着永磁体退磁程度的增加,气隙磁密最大值逐渐减小。在永磁体励磁正常状态下,电机气隙磁密最大值为 1.16 T;当永磁体退磁程度为 75% 时,电机气隙磁密的最大值变为 0.29 T;电机空载气隙磁密最大值的变化率与永磁体的均匀退磁程度呈线性变化关系。这是由于永磁体退磁时,永磁材料 Br 呈线性下降,产生的气隙磁密也呈线性下降。

6.2.2　均匀退磁故障对支路电流的影响

　　空载运行不同程度均匀退磁故障时的支路电流如图 6-2 所示。

　　由图 6-2 可以看出,在健康状态和均匀退磁故障时,其支路电流基本为零,支路电流会随着退磁程度的增加而减小。这是因为在发生均匀退磁故障时,其气隙磁场是对称的,即支路电势 E_{A1},E_{A2},E_{A3} 大小是一致的,并联支路之间不存在环流。

6.2.3　均匀退磁故障对电磁转矩的影响

　　转矩是永磁电机的重要性能指标之一,它与功率、转速及电机的结构有关。PMSM 电磁转矩公式:

$$T_{em} = \frac{P_{em}}{\Omega} = \frac{mpE_0 U}{\omega X_d}\sin\theta \qquad (6-1)$$

式中,ω 为电机电角速度;p 为极对数;m 为电机相数;E_0 为空载感应电势;U 为端电压;θ 为

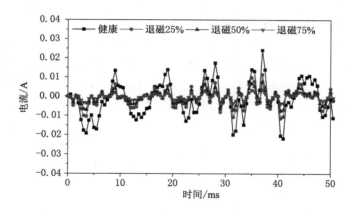

图 6-2 不同程度均匀退磁故障下的支路电流

功率角;X_d 为同步电抗。

由公式(6-1)可知,在功率角、电压、转速一定,DDPMSM 在永磁体退磁状态下,电磁转矩与感应电势成正比。不同程度均匀退磁下的平均转矩如图 6-3 所示,转矩变化和转矩波动系数如表 6-2 所列。

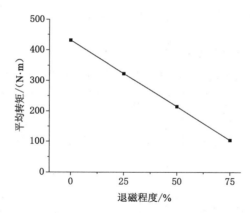

图 6-3 不同程度均匀退磁故障下的平均转矩

表 6-2 不同程度均匀退磁故障下转矩变化

退磁程度	健康	25%	50%	75%
平均转矩/(N·m)	431.24	323.31	215.17	106.97
平均转矩的变化率/%	0	25.03	50.10	75.20
转矩波动系数/%	1.48	1.13	0.81	0.50

由图 6-3 和表 6-2 可以看出,随着均匀退磁故障程度的增加,其平均转矩呈线性减小,退磁故障下平均转矩的变化率与退磁程度基本一致,这与公式(6-1)相符合,但转矩波动系数随着退磁程度的增大而减小。平均转矩和转矩波动系数可以用于检测 DDPMSM 均匀退磁故障以及退磁程度。

6.2.4 均匀退磁故障对功率因数和效率的影响

图 6-4 所示为不同程度均匀退磁故障下电机的功率因数和效率。由图可以看出,在出现均匀退磁故障时,其功率因数会出现减小过程,其减小的程度随着退磁程度的增加而变大,在退磁 75% 时,功率因数减小到 0.75。电机的效率也会随着退磁程度的增加而减小,在健康状态下电机效率为 87.58%;在均匀退磁程度为 75% 时,其效率下降到 64.67%。

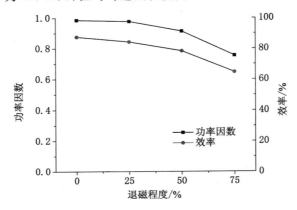

图 6-4　不同程度均匀退磁故障下电机功率因数和效率

6.2.5 均匀退磁故障对齿槽转矩的影响

齿槽转矩是在电机不通电时,由永磁体单独作用在圆周上产生的力矩,又称定位力矩、齿轮力矩等。在额度速度下对 DDPMSM 的齿槽转矩进行了仿真分析,永磁体不同程度均匀退磁下的齿槽转矩波形如图 6-5 所示。

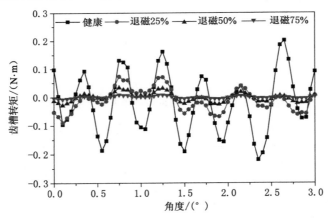

图 6-5　不同程度均匀退磁故障下齿槽转矩

由图 6-5 可以看出,齿槽转矩波形是杂乱复杂的,其波形会随着退磁程度而发生变化,且齿槽转矩的幅值随着退磁程度的增加而减小,在退磁程度为 75% 时,齿槽转矩波形接近于一条趋于 0 的直线。

通过对 DDPMSM 均匀退磁故障下性能参数的变化分析可知,在均匀退磁故障下,电机的性能会下降,同时随着退磁故障程度的增加,电机的性能也会越来越差。通过对比退磁故障前后电机各性能参数的变化规律可知,均匀退磁故障时反电势会产生规律性的变化,对退磁前后的反应更敏感,且反电势也更容易获取。

6.2.6 均匀退磁故障对空载反电势的影响

反电势是由电机永磁体产生的空载基波磁通在电枢绕组中感应产生,永磁体不同程度均匀退磁故障下的反电势如图 6-6 所示。由图可以看出,在永磁体励磁健康情况下,电机的反电势最大为 160.1 V;随着退磁程度的增加,其反电势的幅值在不断减小,在永磁体退磁为 75% 时,反电势幅值为 40.3 V;DDPMSM 反电势与永磁体退磁程度为线性变化关系,但其波形形状基本没有变化,所以主要是基波幅值在减小。这是因为均匀退磁故障时每块永磁体的退磁程度是一致的,即电机的气隙磁场是对称的,主要是气隙磁密的基波减小。

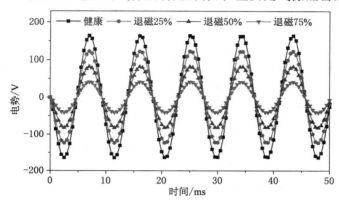

图 6-6　不同程度均匀退磁故障下的反电势

6.3　基于空载反电势回转半径的均匀退磁故障诊断研究

根据上节对均匀退磁故障前后 DDPMSM 性能参数变化的分析,得出了均匀退磁故障下反电势的变化规律,在此基础上,提出从反电势中提取数值指标来检测 DDPMSM 的健康状况,即采用反电势回转半径法来诊断 DDPMSM 是否发生均匀退磁故障[73]。

6.3.1 空载反电势差分相空间

时间延迟技术作为一种数据挖掘技术,常被应用于对时间序列数据的处理[75]。首先利用时间延迟技术对反电势进行处理,其反电势差分相空间为:

$$\Delta T = \{\Delta t(k), k = 1, 2, \cdots, N\} \tag{6-2}$$

$$\Delta t(k) = t(k) - t(k-l) \tag{6-3}$$

式中,$t(k)$ 为反电势的时间序列;$\Delta t(k)$ 为反电势延迟嵌入的差分序列;N 为反电势的时序数列观测长度。

其中反电势差分相空间的 2 维图形的横坐标为 $\Delta t(k-l)$,纵坐标为 $\Delta t(k)$。反电势在不同延迟时间下的健康状态和不同均匀退磁故障程度下的差分相空间图形如图 6-7所示。

由图 6-7 可以看出,不同的延迟时间 l 对反电势回转半径的大小产生很大的影响。为了确定最优的延迟时间,本书对不同延迟时间的健康和不同均匀退磁故障程度下的反电势

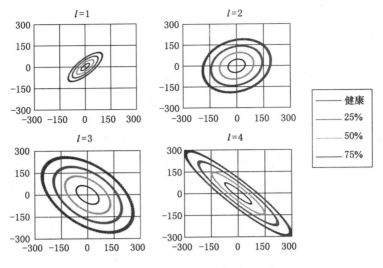

图 6-7　不同延迟时间的差分相空间图

进行了计算和分析。当延迟时间 $l=3$ 时，反电势的差分相空间图更规则，计算出来的半径与退磁程度之间更加呈线性关系，且精度也更高，所以最终确定 $l=3$ 作为本次研究的延迟时间。

6.3.2　空载反电势回转半径数学模型

基于动力系统理论，时间延迟方法揭示了时间序列数据中的隐藏信息[20]，回转半径是指物体微分质量假设的集中点到转动轴间的距离，它的大小等于物体各微分质量与其到转动轴距离平方的乘积之和除以截面质量再开平方。

反电势的回转半径是通过对反电势时域数据采用时间延迟方法得到反电势的延迟时间序列，然后对时间延迟序列进行差分相空间转化来得到各个点的坐标，最后对各个坐标点到中心点距离的平方之和求平均值再开平方得到。用计算得到的反电势回转半径与健康状态不同速度下的回转半径相比较，当回转半径 r 小于对应速度下健康状态时的回转半径 r_{health}，则认为发生均匀退磁故障。建立的反电势回转半径的数学模型为：

$$x_0 = \frac{\sum\limits_{k=l}^{N-l}\Delta t(k)}{N-l}, y_0 = \frac{\sum\limits_{k=l+1}^{N}\Delta t(k)}{N-l} \tag{6-4}$$

$$d(k)^2 = [\Delta t(k) - x_0]^2 + [\Delta t(k-l) - y_0]^2 \tag{6-5}$$

$$r = \sqrt{\frac{\sum\limits_{k=l+1}^{N}d(k)^2}{N-l}} \tag{6-6}$$

式中，(x_0, y_0) 为其中心点坐标及质心；r 为求取的差分相空间图形半径，即反电势的回转半径；$d(k)^2$ 为反电势差分相空间二维图形中每个点到质心的距离。

为了分析均匀退磁程度和反电势回转半径的关系，采用反电势回转半径的变化率来表征回转半径随退磁程度增加其本身的变化程度，即用同一速度下健康状态时的反电势回转半径 r_{health} 与故障时的反电势回转半径 r_{fault} 做差处理，然后再除以 r_{health}，反电势回转半径的

变化率为:

$$K = \frac{r_{\text{health}} - r_{\text{fault}}}{r_{\text{health}}} \tag{6-7}$$

式中,r_{health} 为健康状态下的反电势回转半径;r_{fault} 为故障状态下的反电势回转半径。

为了实现在不同速度下通过反电势回转半径法都能确定 DDPMSM 均匀退磁故障程度,分析了退磁程度与反电势回转半径和速度三者的关系,利用最小二乘法进行曲线拟合,并建立了退磁程度与反电势回转半径和速度有关的回归方程:

$$z = ax + by + cxy + d \tag{6-8}$$

式中,x 为反电势回转半径;y 为电机的速度;z 为退磁程度;a,b,c,d 为多项式的系数。

6.4 有限元仿真验证

为验证所提出的 DDPMSM 均匀退磁故障检测和程度评估方法,利用建立的 DDPMSM 有限元模型对不同程度和不同速度下的均匀退磁故障进行仿真分析,并通过本章提出的反电势回转半径提取方法进行计算。

图 6-8 所示为 DDPMSM 在不同均匀退磁程度下反电势差分相位空间图的变化,可以看出,随着均匀退磁故障程度的增加,图形的面积和其回转半径都在有规律地减小,其图形呈现有规律的椭圆形,图形的数据点坐标都在圆边上,所以提取回转半径也更加精确,与退磁程度的关系也更明显。

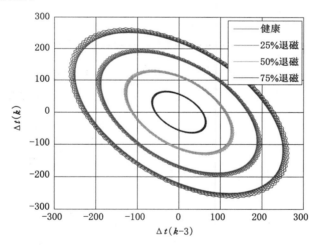

图 6-8 不同均匀退磁程度下反电势差分相空间图形

图 6-9 所示为在不同速度下均匀退磁程度与反电势回转半径的关系,可以看出,在 3 种不同速度、同样的均匀退磁程度下,速度越大其回转半径也越大。反电势回转半径随着退磁程度的增加而减小,且为很好的线性关系。表 6-3 所列为反电势回转半径随退磁程度的变化率,可以看出,在不同速度下其回转半径的变化率与永磁体的退磁程度都保持很好的一致性,且能够准确表示退磁程度的大小。

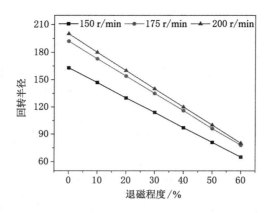

图 6-9 不同均匀退磁程度下反电势回转半径

表 6-3 反电势回转半径的变化率

退磁程度/%	回转半径的变化率/%		
	150 r/min	175 r/min	200 r/min
10	9.8	9.9	10
20	20.2	19.8	20
30	30	29.7	30
40	40.5	39.6	40
50	50.3	50	50
60	60.1	59.4	60

　　利用测得的数据对式(6-8)采用最小二乘法进行曲线拟合,其结果为 $a=0.028$, $b=-0.005\,7$, $c=0.000\,001\,95$, $d=0.5$。利用其拟合的方程对退磁程度的曲线预测值与原始数据值对比如图 6-10 所示。

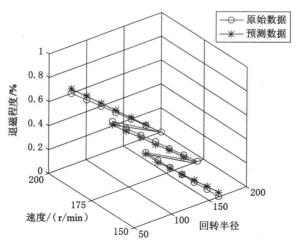

图 6-10 预测值与原始值的对比

图 6-10 中，纵坐标表示退磁程度，0 表示健康，0.1 表示退磁 10%，0.6 表示退磁 60%。由图可以看出，预测曲线与原始曲线之间的误差很小，通过回转半径和速度两个变量代入到拟合的回归方程中，可以得到退磁程度的大小。其预测数据与原始数据的残差如图 6-11 所示。

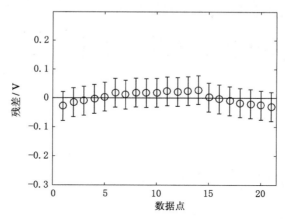

图 6-11　预测值与原始值的残差

由图 6-11 可以看出，残差的置信区间均包含零点，这说明回归模型能较好地预测原始数据，证明了该方法可以对不同速度下的永磁体均匀退磁程度进行准确预测，且通过此方法能够以较小的计算量实现对 DDPMSM 均匀退磁故障的准确诊断。

6.5　本章小结

本章利用建立的 DDPMSM 均匀退磁故障有限元及数学模型开展了均匀退磁故障对电机性能影响的研究，研究了电压、电流及转矩等物理量随退磁程度的变化规律，主要工作及结论如下：

（1）对比分析了 DDPMSM 气隙磁密、反电势、支路电流、功率因数、效率、电磁转矩和齿槽转矩等性能参数随退磁程度的变化规律，发现均匀退磁故障前后单线圈空载反电势变化最为明显。

（2）研究了均匀退磁故障前后反电势差分相空间及其回转半径随退磁程度的变化规律。随着退磁程度增加，空载反电势回转半径线性减小，且减小程度与退磁程度保持一致。

（3）通过把速度和回转半径作为变量代入回归方程来实现对不同速度下的永磁体退磁故障和退磁程度的诊断，并利用有限元对所提出的均匀退磁故障诊断方法进行了验证，结果证明了所提出基于空载反电势回转半径的 DDPMSM 均匀退磁故障诊断方法是可行的和有效的。

7 局部退磁故障对 DDPMSM 性能影响分析及故障特征信号提取

7.1 引言

过电流产生的强电枢反应容易导致永磁体出现局部退磁故障。与均匀退磁故障不同，永磁体局部退磁故障的出现除导致 DDPMSM 电磁转矩下降及相同电磁转矩约束下定子电流增加外，还导致电磁转矩脉动，直接影响 DDPMSM 驱动系统的动静态性能。

大量文献研究表明[128-141]，DDPMSM 定子电流故障特征谐波可以作为永磁体局部退磁故障有效诊断的判据。然而，微弱的故障信号极易被基波电流及 DDPMSM 驱动系统噪声湮没，故 DDPMSM 永磁体局部退磁早期微弱故障诊断难度大。因此，为实现 DDPMSM 永磁体局部退磁故障的准确诊断，亟须开展多工况交替的永磁体局部退磁故障特征研究，遴选出敏感、可靠、鲁棒的故障特征信号，这就亟须解决故障特征信号提取精度问题。本章对比分析了局部退磁故障前后 DDPMSM 性能参数的变化规律，同时对基于探测线圈的空载反电势残差信号的提取进行了研究。

7.2 局部退磁故障对 DDPMSM 性能的影响

局部退磁故障的组合类型是比较复杂的，本章选取具有代表性的单个永磁体退磁故障为例，对比分析局部退磁故障对 DDPMSM 性能参数的影响。首先采用有限元分析方法对电机工作在正常状态及永磁体局部退磁故障下的数据进行提取。在模型计算准确的基础上，研究 DDPMSM 局部退磁故障对电机性能参数的影响，并重点从气隙磁场、反电势、支路电流、功率因数、效率、电磁转矩等方面系统地对 DDPMSM 进行计算分析，给出不同参数的变化规律，并进一步揭示其变化机理。

7.2.1 局部退磁故障对气隙磁密的影响

DDPMSM 不同程度局部退磁故障时的磁通密度分布如图 7-1 所示，不同程度局部退磁故障时的气隙磁密最大值如表 7-1 所列。

表 7-1 不同程度局部退磁故障时的气隙磁密最大值

退磁程度	健康	25%	50%	75%
气隙磁密最大值/T	1.157	1.156	1.162	1.168

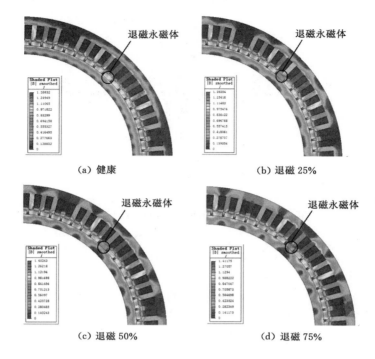

图 7-1　不同程度局部退磁故障时的磁通密度分布

由图 7-1 可以看出,随着退磁程度的增加,退磁永磁体对应位置磁通密度在逐渐减小,但对其他位置磁通密度的变化影响不大,这是由于在多磁极电机中,单个永磁体退磁对电机磁场的影响较小。由表 7-1 可以看出,电机在空载运行状态下,气隙磁场为转子永磁体励磁磁场,在永磁体励磁正常状态下,电机气隙磁密最大值为 1.157 T;当永磁体退磁程度为 75% 时,电机气隙磁密最大值变为 1.168 T;随着永磁体退磁程度的增加,气隙磁密最大值不仅没减小,反而有所增加,这是因为单个永磁体退磁故障导致气隙磁场不再对称,磁场中谐波含量增加。

7.2.2　局部退磁故障对支路电流的影响

空载运行不同程度局部退磁故障时的支路电流波形如图 7-2 所示。

由图 7-2 可以看出,对于多并联支路的 DDPMSM 来讲,当在健康状态下空载运行时,由于同相各支路上反电势瞬时值都保持相等,各支路上任意时刻都无电流;但当 DDPMSM 发生局部退磁故障时,支路电流会出现有规律的波动,且随着退磁程度的增加,波动的幅值会增加。这是因为对于多并联支路 DDPMSM,在健康状态时,每相各支路两端的电势值是相等的;当 DDPMSM 发生局部退磁故障时,退磁永磁体经过 A 相的某个线圈时,该线圈所在支路的感应电势会降低,即支路电势 E_{A1}、E_{A2}、E_{A3} 不再相等,支路的电势差会在同一相的各支路之间形成环流。

7.2.3　局部退磁故障对电磁转矩的影响

不同程度局部退磁时的平均转矩如图 7-3 所示,不同程度局部退磁故障时的转矩变化如表 7-2 所列。

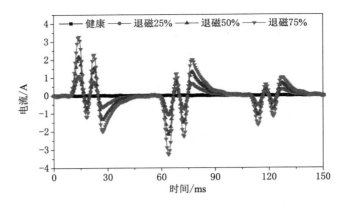

图 7-2 不同程度局部退磁故障时的支路电流波形

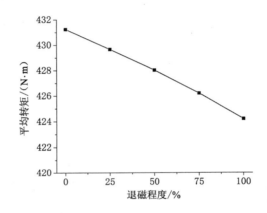

图 7-3 不同程度局部退磁故障时的平均转矩

表 7-2 不同局部退磁程度时的转矩变化

退磁程度	健康	25%	50%	75%	100%
平均转矩/(N·m)	431.24	429.66	428.02	426.2	424.2
平均转矩的变化率/%	0	0.38	0.75	1.17	1.63
转矩波动系数/%	1.48	2.52	3.62	4.55	5.29

由图 7-3 和表 7-2 可以看出,随着局部退磁故障程度的增加,其平均转矩是呈线性减小的,但平均转矩的变化是较小的。同时对比均匀退磁故障时的转矩波动变化,局部退磁故障时转矩波动随着退磁程度的增加而增大,这是因为局部退磁故障导致电机的气隙磁场不再对称,气隙磁场谐波含量增加,所以导致电机转矩波动变大。通过以上分析可以看出,转矩波动可以作为辨识 DDPMSM 退磁故障的类型,即为均匀退磁故障或局部退磁故障,但不包含退磁永磁体的位置信息。

7.2.4 局部退磁故障对功率因数和效率的影响

不同程度局部退磁故障时电机的功率因数和效率如图 7-4 所示。

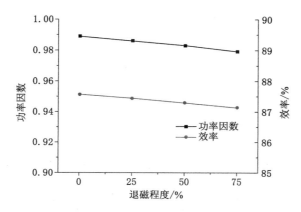

图 7-4　不同程度局部退磁故障时电机的功率因数和效率

由图 7-4 可以看出,在出现局部退磁故障时,其功率因数会随着退磁程度的增加而减小,但变化的程度很小,在退磁 75% 时,功率因数仅减小到 0.98。电机的效率也会随着退磁程度的增加而减小,在健康状态下电机效率为 87.58%;在单永磁体退磁程度为 75% 时,其效率仅下降到 87.16%。这是因为在多磁极 DDPMSM 中,单个永磁体对电机的贡献是有限的,所以单个永磁体退磁故障时电机的功率因数和效率的变化很小。

7.2.5　局部退磁故障对空载反电势及其残差的影响

永磁体不同程度局部退磁故障时的 a 相反电势对比如图 7-5 所示。

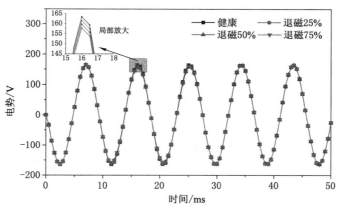

图 7-5　不同程度局部退磁故障时 a 相反电势对比

由图 7-5 可以看出,与健康状态下相比,仅在局部时刻 a 相反电势波形幅值会发生变化,且对反电势的变化影响较小,即只有当退磁故障永磁体经过所测试相的线圈时,其对应反电势幅值才会减小。对于多磁极并联支路 DDPMSM,当转子永磁体发生局部退磁故障且 DDPMSM 空载时,其每块永磁体退磁故障对整个电机磁场产生的磁场变化是比较小的;而当退磁永磁体转到其他相对应的线圈位置时,a 相反电势幅值与健康相比几乎相等。这是因为 DDPMSM 的极数较多,当转子永磁体发生局部退磁故障且 DDPMSM 空载时,健康永磁体对应空间位置的气隙磁密受到的影响较小。空载运行不同程度局部退磁故障时的单线圈反电势波形如图 7-6 所示。

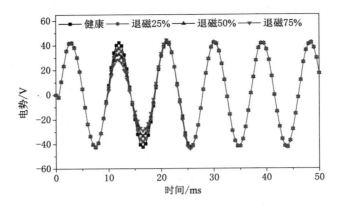

图 7-6　不同程度局部退磁故障时的单线圈反电势波形

由图 7-6 可以看出,在健康状态时,单线圈反电势的峰值是一致的,但在发生退磁故障时,单线圈反电势峰值会在相应位置减小,且随着退磁程度的增加,其峰值在不断减小;而当退磁永磁体转到其他相线圈位置时,a1 支路上反电势幅值和健康时相比几乎相等。这是因为在健康状态下电机会在定子绕组的每个线圈中感应出周期性反电势,但在发生退磁故障时,仅当退磁永磁体转过要分析的线圈时,该线圈中感应出的反电势才会减小,且 DDPMSM 的极数较多,健康永磁体对应空间的气隙磁密受到的影响较小。因此,单线圈反电势不仅可以反映局部退磁故障的发生,同时包含了退磁故障程度和退磁永磁体位置等信息。

为进一步凸显局部退磁故障的特征,将退磁时的空载反电势与健康空载反电势做差处理,得到空载反电势残差,如图 7-7 所示。单线圈空载反电势残差如公式(7-1)所示。

$$e_{\text{res}}(t) = \delta_i E_s \Big[\sin(2\pi ft)\Big(\frac{1}{2p} + \sum_{k=1}^{\infty} \frac{2}{i\pi}\sin(\frac{k\pi}{2p})\cos(\frac{k\pi ft}{p} - \frac{(2i-1)k\pi}{2p})\Big) -$$

$$\sin(2\pi ft - \frac{2p\pi}{Q})\Big(\frac{1}{2p} + \sum_{k=1}^{\infty} \frac{2}{i\pi}\sin(\frac{k\pi}{2p})\cos(\frac{k\pi ft}{p} - \frac{(2i-1)k\pi}{2p} - \frac{2k\pi}{Q})\Big) \Big] \qquad (7\text{-}1)$$

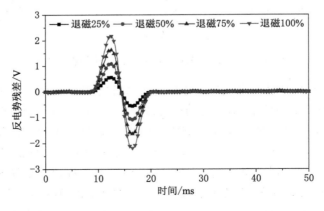

图 7-7　不同退磁程度时探测线圈空载反电势残差

式中,p 为极对数;f 为频率;Q 为定子槽数;E_s 为单个槽的空载基波空载反电势的幅值;i 为对电机永磁体依次进行的编号;δ_i 为对应编号永磁体的退磁程度,健康情况下 $\delta=0$。

通过上述分析可知,单线圈空载反电势残差对退磁故障的敏感性好,并包含退磁永磁体的位置和退磁程度等信息,是非常理想的退磁故障诊断特征量。

7.3　基于探测线圈的空载反电势残差提取研究

为了减小磁路饱和效应对空载反电势残差提取精度的影响,利用实测的探测线圈感应电势减去对应工况下的探测线圈电枢反应电势的拟合值,提取考虑磁路饱和的探测线圈空载反电势,计算并减去支路电流环流在探测线圈上产生的空载反电势,消除支路电流环流对探测线圈空载反电势残差的影响,从而得到更精确的永磁体退磁故障特征量。

7.3.1　探测线圈电枢反应电势计算

考虑磁路饱和,探测线圈电枢反应电势可通过公式(7-2)计算,为负载气隙电势与空载反电势的差值。额定转速探测线圈 SC1 电枢反应电势与负载大小的关系如图 7-8 所示。由图 7-8 可以看出,电枢电流低于 20 A 时,电枢反应电势与电枢电流呈线性关系,这是因为电枢反应电势正比于电枢反应磁通,当磁路不饱和时,电枢反应磁通正比于电枢电流,故磁路不饱和时的电枢反应电势与电枢电流呈线性关系;当电枢电流高于 20 A 时,电枢反应磁通趋于饱和,电枢反应电势不再随电枢电流呈线性增加。为得到探测线圈 SC1 在不同负载下的电枢反应电势,首先,基于有限元数据,通过公式(7-3)计算电枢电流为 7 A、14 A、28 A、35 A、42 A 时电枢反应电势 E_{sa} 的幅值,然后采用最小二乘法拟合电枢反应电势幅值与负载电流的关系,如公式(7-3)所示。

$$e_{sah}(t) = e_{sh}(t) - e_{spmh}(t) \tag{7-2}$$
$$E_{sa}(I) = 0.000\,038\,19I^2 + 0.026\,51I - 0.002\,2 \tag{7-3}$$

式中,$e_{sah}(t)$ 为 DDPMSM 探测线圈电枢反应电势瞬时值;$e_{sh}(t)$ 为 DDPMSM 气隙电势瞬时值;$e_{spmh}(t)$ 为 DDPMSM 空载反电势瞬时值;I 为负载电流;E_{sa} 为 DDPMSM 探测线圈电枢反应电势幅值。

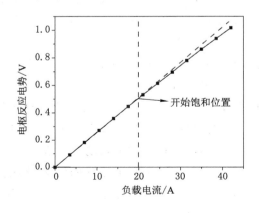

图 7-8　不同负载下探测线圈 SC1 的电枢反应电势

考虑磁路饱和,不同负载探测线圈实时的电枢反应电势 e_{sahrt} 通过公式(7-4)计算:

$$e_{sahrt}(t) = E_{sa}\sin(wt + \theta_{A1}) \tag{7-4}$$

式中,ω 为同步角速度;θ_{A1} 为探测线圈所在定子齿的位置。

表 7-3 所列为通过式(7-3)、式(7-4)解析计算与有限元计算的探测线圈 SC1 电枢反应电势结果。由表 7-3 可以看出,不同负载状态下探测线圈 SC1 电枢反应电势幅值拟合值和有限元计算值基本一致,误差小于 0.22%,故所提出的健康状态不同负载探测线圈电枢反应电势提取方法是正确、有效的。

表 7-3　不同负载下电枢反应电势拟合值和有限元比较

不同负载电流/A	探测线圈电枢电势/V		相对误差/%
	FEM 值	拟合值	
7	0.181 51	0.181 91	0.22
14	0.361 49	0.360 82	0.19
17	0.437 48	0.436 84	0.15
21	0.537 73	0.537 21	0.10
24	0.612 11	0.611 62	0.08
28	0.710 22	0.709 60	0.09
32	0.807 10	0.806 19	0.11
35	0.878 97	0.877 77	0.14
38	0.950 14	0.948 69	0.15
42	1.043 97	1.042 49	0.14

7.3.2　探测线圈空载反电势计算

考虑磁路饱和,电机实际运行时探测线圈空载反电势可通过公式(7-5)计算,将负载气隙电势减去电枢反应电势;其中,电枢反应电势 e_{sahrt} 通过公式(7-3)、(7-4)计算。

$$e_{spm}(t) = e_s(t) - e_{sahrt}(t) \tag{7-5}$$

式中,e_{sahrt} 为 DDPMSM 探测线圈电枢反应电势实时值;$e_s(t)$ 为探测线圈气隙电势实时值;$e_{spm}(t)$ 为实测的探测线圈空载反电势实时值。

图 7-9(a)所示为通过式(7-3)、式(7-4)、式(7-5)解析计算与有限元计算的额定转速不同负载时的探测线圈空载反电势对比分析,可以看出解析计算与有限元计算不同负载时的空载反电势波形吻合程度较好,波形的相位和频率均吻合。表 7-4 所列是不同负载下探测线圈 SC1 电枢反应电势幅值解析计算与有限元计算的结果及误差,可以看出,误差小于 0.98%,故所提出的空载反电势的提取方法能实现不同负载下空载反电势提取,且具有较高的精度。

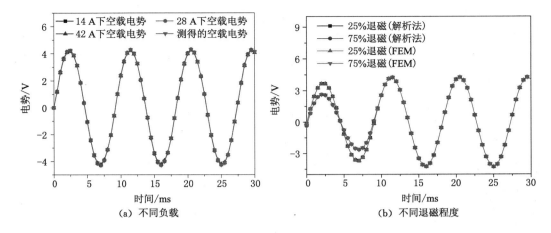

图 7-9 空载反电势解析计算和有限元结果对比

表 7-4 不同负载下空载反电势解析计算值和有限元值

负载电流/A	空载反电势幅值/V		相对误差/%
	解析计算值	FEM 值	
14	4.296 1	4.301 0	0.12
28	4.326 7	4.301 0	0.60
42	4.258 8	4.301 0	0.98

　　图 7-9(b)所示为通过式(7-3)、式(7-4)、式(7-5)解析计算与有限元计算的额定工况不同退磁程度时的探测线圈空载反电势对比分析,可以看出解析计算与有限元计算不同负载下的空载反电势波形吻合程度较好,波形的相位和频率均吻合。表 7-5 所列是额定工况不同退磁程度下探测线圈 SC1 电枢反应电势幅值解析计算与有限元计算结果及误差,可以看出,误差小于 0.89%,故所提出空载反电势提取方法能实现额定工况不同退磁程度时的空载反电势提取,且具有较高的精度。

表 7-5 不同退磁程度时空载反电势解析计算值和有限元计算值

退磁程度/%	空载反电势幅值/V		相对误差/%
	解析计算值	FEM 值	
25	3.658 3	3.691 2	0.89
50	3.189 6	3.164 0	0.81
75	2.652 3	2.634 6	0.67

　　上述结果表明,所提出的考虑磁路饱和的空载反电势提取方法能实现不同负载、不同退磁程度空载反电势提取。

7.3.3 未考虑环流影响的探测线圈空载反电势残差提取

　　首先通过编码器获取转子的位置,当检测到 66 号永磁体及 1 号永磁体的几何中心线与探测线圈 SC1 轴线重合时,开始采集探测线圈 SC1,SC2,SC3 的气隙电势,截取一个机械周期的信号,并通过式(7-3)、式(7-4)、式(7-5)计算探测线圈 SC1、SC2、SC3 的空载反电势。然后将健康状态下的探测线圈空载反电势与实测的探测线圈空载反电势相减,得到探测线圈空载反电势残差,计算公式如式(7-6)所示。图 7-10 所示为永磁体退磁时探测线圈空载反电势残差的提取过程。

$$e_{resi}(t) = e_{spm}(t) - e_{spmh}(t) \qquad (7-6)$$

式中,e_{resi} 为未考虑环流影响的探测线圈空载反电势残差。

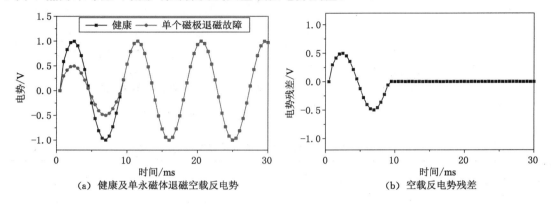

(a) 健康及单永磁体退磁空载反电势   (b) 空载反电势残差

图 7-10　空载反电势残差的提取过程

7.3.4　去除考虑环流影响的探测线圈空载反电势残差提取

图 7-11 所示为永磁体 1 退磁 100% 时探测线圈 SC1 的空载反电势残差。图 7-12 所示是额定工况永磁体 1 发生退磁故障的 A 相三条支路电流。

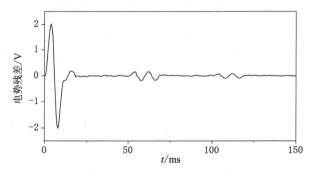

图 7-11　空载反电势残差波形

由图 7-11 可以看出,在第一个电周期出现了幅值较大的空载反电势残差,这是因为永磁体 1 经过探测线圈 SC1 时气隙磁密减小,导致其空载反电势比健康状态时小,故在第一个电周期出现了幅值较大的空载反电势残差;在后边几个周期也出现了空载反电势残差,其幅值是第一个电周期空载反电势残差的 9%。这是因为对于多支路并联的 DDPMSM,在发生局部退磁故障时,支路间会出现环流[16],该环流会产生与探测线圈相交链的磁链并在探测线圈中产生空载反电势,因此,在非退磁永磁体经过探测线圈时出现幅值较小的空载反电势残差。由于样机具有大自感小互感的特点,所以仅当与探测线圈安装在同一个定子齿上的线圈流过环流时才会产生与探测线圈交链的磁链并在探测线圈中产生空载反电势,因此,

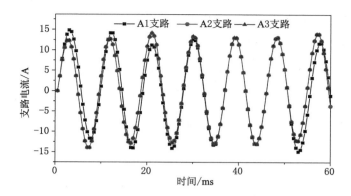

图 7-12 额定工况退磁故障时 A 相各支路电流波形

探测线圈出现空载反电势残差的时间间隔与探测线圈安装在同一个定子齿上的线圈流过环流的时间间隔相同。

由图 7-12 可以看出,当发生局部退磁故障时 A 相三条支路电流不相等,发生周期性的变化,周期为相邻两个线圈组间的空间电角度。这是因为,当退磁永磁体经过 A 相的某个线圈时,该线圈所在支路的感应电势降低,即支路电势 E_{A1}、E_{A2}、E_{A3} 不等。由于并联支路的电压 U_{A1}、U_{A2}、U_{A3} 相等,导致并联支路电流不等,造成同一相的各支路之间存在环流。图 7-13 所示为健康状态与退磁状态探测线圈 SC1 所安装的定子齿上的线圈 A11 对应的支路电流残差。由图 7-13 可以看出,A 相第一支路的电流残差存在周期性波动,环流出现的周期为相邻两个线圈组间的空间电角度,且与探测线圈空载反电势残差周期性波动规律相同。

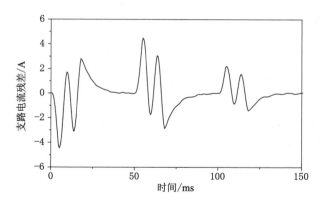

图 7-13 线圈 A11 所在支路电流残差波形

为了消除并联支路环流对探测线圈空载反电势残差的影响,避免在非退磁永磁体处发生退磁故障的误判,将未考虑环流影响的空载反电势残差减去环流产生的感应电势得到去除环流影响的探测线圈的空载反电势残差,计算公式如(7-7)所示。

$$e_{res}(t) = e_{resi}(t) - M d(I_{res})/dt \qquad (7-7)$$

式中,I_{res} 为支路电流残差;M 为 A11 线圈和探测线圈之间的互感。

图 7-14 所示为去除环流影响的探测线圈空载反电势残差波形。由图 7-14 可以看出,

探测线圈空载反电势残差在非退磁永磁体处明显减小。因此,通过式(7-7)去除环流影响可有效提高空载反电势残差提取的精度。

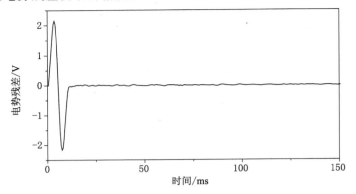

图 7-14　去除环流影响的空载反电势残差波形

7.4　本章小结

本章利用建立的 DDPMSM 局部退磁故障有限元及数学模型开展了局部退磁故障对电机性能影响的研究。广泛研究了不同位置和不同数量永磁体发生不同程度退磁故障对空载反电势信号的影响规律。考虑磁路饱和、退磁程度和并联支路环流等多因素影响,提出了基于新型探测线圈的空载反电势残差提取算法。主要工作及结论如下:

(1)对比分析了退磁故障前后 DDPMSM 气隙磁密、反电势、支路电流、功率因数、效率、电磁转矩等性能参数的变化规律,发现局部退磁故障前后单线圈空载反电势变化最为明显。

(2)广泛研究了不同位置和不同数量永磁体发生不同程度退磁对空载反电势信号的影响规律,发现空载反电势信号包含退磁永磁体的位置和退磁程度等信息,是非常理想的退磁故障诊断特征量。

(3)考虑磁路饱和、退磁程度和并联支路环流等多因素影响,提出了基于新型探测线圈的空载反电势残差提取算法,有效提高了空载反电势残差信号提取的精度。

8 DDPMSM 局部退磁故障检测、定位及程度评估的综合诊断研究

8.1 引言

在已有的研究成果中,对局部退磁故障检测的研究成果较多,但对退磁永磁体的定位研究较少。其中文献[149,160]采用了在电机每一个定子齿上安装探测线圈的方式直接获取定子齿磁通的感应电势,根据探测线圈感应电势雷达图来实现局部退磁故障的检测和定位,但其需要在每一个定子齿上安装线圈,增加了电机的体积。文献[66]通过在电机气隙中放置探测线圈,根据探测线圈反电势和数学模型数据相结合来实现轴向磁通永磁同步电机退磁故障的检测和定位。文献[162]对永磁同步直线电机的局部退磁故障类型进行分析研究,通过数据处理算法提取故障特征量,并利用分类器来实现局部退磁故障的检测和定位。针对 DDPMSM 局部退磁故障的检测、定位及程度评估问题开展研究。

8.2 探测线圈的安装及检测机理

如图 8-1 所示,在电机任意一个定子齿上安装探测线圈,转子旋转一周后,所有永磁体都经过探测线圈并产生感应电势,当退磁永磁体经过探测线圈时,对应时刻的感应电势会减小。把图 8-1 中永磁体 1 的退磁程度设定为 50% 时,即 1 号永磁体的剩磁磁密变为原来的 50%,探测线圈空载的基波电势及残差波形如图 8-2(a) 所示;永磁体 2 的退磁程度设定为 50% 时,探测线圈空载的基波电势及残差波形如图 8-2(b) 所示。

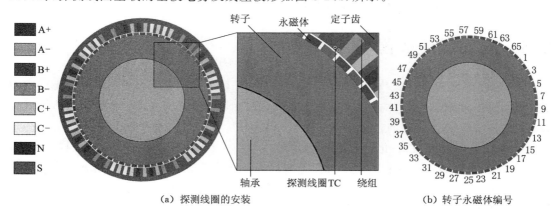

（a）探测线圈的安装　　　　　　　（b）转子永磁体编号

图 8-1 探测线圈的安装位置

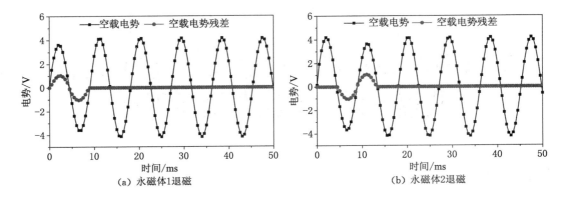

图 8-2   永磁体发生不可逆退磁 50％故障时探测线圈的空载电势及其残差波形

由图 8-2（a）可以看出，永磁体 1 退磁时，探测线圈空载电势在第一个电周期的幅值降低，其他电周期的不变，即空载电势残差信号出现在第一个电周期。由图 8-2（b）可以看出，永磁体 2 退磁时，探测线圈空载电势在第一个电周期的后半周期和第二个电周期的前半周期的幅值降低，其他电周期的不变，即永磁体 2 退磁时的空载电势残差信号出现第一个电周期的后半周期和第二个电周期的前半周期。由于永磁体 2 和永磁体 1 极性相反，因此永磁体 2 退磁时空载反电势残差的波形与永磁体 1 的相反。究其原因，永磁体发生退磁故障时，其对应位置永磁体磁场和空间气隙磁密会被不同程度地削弱，所以当退磁永磁体经过探测线圈时，探测线圈电势波形发生改变，其幅值减小的波峰或波谷对应退磁永磁体的中心，其减小量反映永磁体退磁的严重程度。

综合以上分析可以看出，探测线圈第一个电周期的后半周期空载电势残差受 1 号、2 号两块永磁体状态的共同影响，第二个电周期的前半周期空载电势残差受 2 号、3 号两块永磁体状态的共同影响，以此类推，第二个电周期的后半周期空载电势残差受 3 号、4 号两块永磁体状态的共同影响，以上规律具有重复性。所以通过探测线圈空载电势残差，不仅可以反映退磁故障的发生，且可以反映永磁体退磁故障程度和退磁永磁体的具体位置。

8.3   局部退磁故障样本库建立

利用建立的探测线圈空载电势数学模型依次计算各单个永磁体退磁故障的探测线圈空载电势残差。为消除永磁体退磁故障程度不同对故障特征幅值的影响，实现永磁体不同程度退磁故障下依然能够进行退磁永磁体的检测和定位，对上述所述故障特征量 $a_1, a_2, \cdots, a_i$ 进行归一化处理，得到归一化后故障特征量 $b_1, b_2, \cdots, b_i$，并存于退磁故障特征量样本库中。前 6 个永磁体分别依次退磁的故障特征量波形如图 8-3 所示，可以看出不同编号永磁体依次退磁故障时，后一个永磁体退磁单线圈空载电势残差波形与前一个永磁体退磁故障单线圈空载电势残差波形会有半个周期的波形重合。

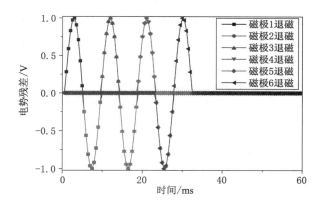

图 8-3 退磁故障特征量波形

8.4 基于相关系数和峰值映射的局部退磁故障诊断一体化系统

8.4.1 DDPMSM 局部退磁故障诊断总体方案

　　首先建立单个永磁体退磁故障特征量样本库。然后根据上一章探测线圈空载电势残差的提取方法来得到探测线圈空载电势残差（$e_{residual}$），当 $e_{residual}$ 幅值大于阈值时，待诊断电机发生局部退磁故障，否则，是健康的。当发生局部退磁故障时，对 $e_{residual}$ 进行归一化处理得到归一化后的探测线圈空载电势残差（e_{norm}），求取 e_{norm} 与样本库中特征量之间的相关系数，基于相关系数分析来确定退磁永磁体个数类型。当发生单个永磁体退磁故障时，则可以直接根据相关系数来确定退磁永磁体的位置，并根据 $e_{residual}$ 峰值的大小实现退磁程度的评估。当发生多个永磁体退磁故障时，通过建立的探测线圈空载电势残差峰值与退磁位置及退磁程度之间的关系确定退磁永磁体的位置并进行退磁程度评估。DDPMSM 局部退磁故障诊断的具体流程如图 8-4 所示。

8.4.2 DDPMSM 局部退磁故障检测

　　为了实现局部退磁故障的检测，采用了探测线圈空载电势残差 $e_{residual}$ 幅值与设置阈值（Thr1）相比较的方法。当 $e_{residual}$ 幅值大于 Thr1 时，待诊断电机发生退磁故障，否则，它是健康的。理论上这个阈值 Thr1 应该是 0，但是由于存在建模误差，Thr1 的值是大于 0 的，所以通过考虑模型之间的误差和采集过程中存在的噪声来确定阈值。

　　建立的数学和有限元两种模型得到的空载电势之间的平均误差公式如下：

$$e_{error} = \frac{\sum\limits_{n=1}^{N}(e_{FEM}(n) - e_{AM}(n))}{N} \tag{8-1}$$

式中，e_{FEM} 为有限元模型得到的数据；e_{AM} 为数学模型得到的数据；N 为采样点的个数。

　　表 8-1 所列为通过公式（8-1）计算的不同速度下数学模型与有限元模型所得数据之间的平均误差 e_{error} 值，可以看出其值都是小于 0.1 的，同时，考虑到信号采集过程中存在噪声，将阈值设置为 0.1（Thr1＝0.1）。对于实测电机，也可以根据此方法及实测电机与模型之间

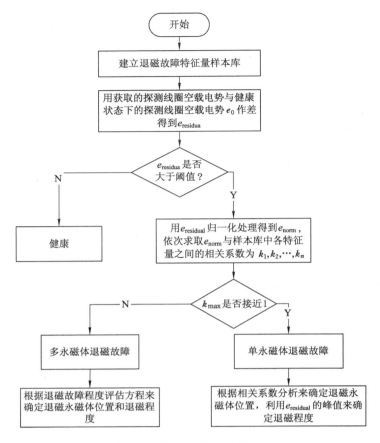

图 8-4   局部退磁故障诊断流程

的误差来确定其阈值的大小。图 8-5 所示为健康和 5% 退磁故障探测线圈空载电势和空载电势残差，可以看出，其残差幅值达到 0.11，所以能够实现精确到退磁程度 5% 的 DDPMSM 退磁故障的检测。

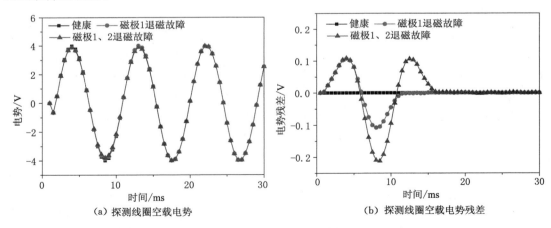

图 8-5   健康和 5% 局部退磁故障时探测线圈的空载电势和空载电势残差

由图 8-5 可知,5% 轻微退磁故障时探测线圈空载电势与健康状态下的区别很小,虽然能看出空载电势发生了变化,但表征退磁故障类型的特征信息不明显。通过探测线圈空载电势残差,可以看出轻微退磁故障状态下探测线圈空载电势残差与健康状态下有明显区别,且能清晰表征故障类型。同时随着局部退磁程度的增加,探测线圈空载电势残差幅值是增加的,所以可以把探测线圈空载电势残差作为检测局部退磁故障的特征量。

表 8-1 不同速度下两种模型得到的空载电势之间的平均误差 e_{error}

速度	e_{error}
100 r/min	0.090 7
125 r/min	0.079 5
150 r/min	0.089 6
175 r/min	0.087 2
200 r/min	0.094 2

8.4.2 DDPMSM 局部退磁故障定位及程度评估

DDPMSM 局部退磁故障可分为单个永磁体退磁故障和多个永磁体退磁故障,为了确定退磁永磁体的位置,首先把提取的探测线圈电势残差进行归一化处理,并通过归一化后的探测线圈电势残差(e_{norm})与故障样本库中特征量之间的相关性系数的大小来区分局部退磁故障类型。如果是单永磁体退磁故障,则可以直接根据相关系数分析来确定退磁永磁体的位置;如果是多永磁体退磁故障,则通过建立的多永磁体退磁故障程度评估方程来确定退磁永磁体的位置。

8.4.2.1 基于相关系数的局部退磁故障类型确定

利用式(8-2)计算归一化后的探测线圈电势残差 e_{norm} 与故障样本库中特征量($b_1,b_2,\cdots,b_{2p}$)之间的相关性系数为($k_1,k_2,\cdots,k_{2p}$)。

$$k_i = \frac{\mathrm{Cov}(e_{norm},b_i)}{\sqrt{D(e_{norm})}\ \sqrt{D(b_i)}}(i=1,2,3\cdots,2p) \tag{8-2}$$

式中,$\mathrm{Cov}(e_{norm},b_i)$ 是归一化后的探测线圈空载电势残差 e_{norm} 和故障样本库中特征量 $b_i(i=1,2,\cdots,n)$ 的协方差;$D(e_{norm})$,$D(b_i)$ 分别为归一化后的探测线圈空载电势残差 e_{norm} 和故障样本库中特征量 $b_i(i=1,2,\cdots,2p)$ 的方差。

求取探测线圈空载电势残差与样本库中特征量之间的相关系数 $k_1,k_2,\cdots,k_{2p}$,然后搜索相关系数中的最大值 k_{max},当 k_{max} 的值接近 1 时,则为单永磁体退磁故障,否则为多永磁体退磁故障。不同局部退磁故障类型下,退磁故障特征量 e_{norm} 与样本库中特征量的相关系数如表 8-2 所列。

表 8-2 e_{norm} 与故障样本库的相关系数

故障样本编号	退磁永磁体个数					
	单个永磁体		2 个永磁体		3 个永磁体	
	1	2	1,2	2,3	1,2,3	1,2,4
1	0.992 4	0.484 7	0.861 7	0.281 3	0.668 2	0.745 4
2	0.484 7	0.995 8	0.861 5	0.862 0	0.886 5	0.755 3

表 8-2(续)

故障样本编号	退磁永磁体个数					
	单个永磁体		2 个永磁体		3 个永磁体	
	1	2	1，2	2，3	1，2，3	1，2，4
3	0.030 8	0.485 8	0.281 8	0.861 9	0.668 2	0.487 8
4	0.017 0	0.033 5	0.003 7	0.218 7	0.218 7	0.501 6
5	0.038 4	0.015 2	0.012 6	0.001 8	0.021 8	0.244 0
6	0.013 0	0.041 5	0.010 7	0.013 7	0.015 7	0.026 4
…	…	…	…	…	…	…
$2p$	0.485 0	0.001 3	0.028 12	0.011 3	0.030 15	0.486 8

由表 8-2 可以看出，当单个永磁体退磁故障时，其相关系数最大值 k_{max} 接近 1；当两个永磁体退磁故障时，其 k_{max} 约为 0.86；当三个永磁体退磁故障时，其 k_{max} 约为 0.88。当不是单永磁体退磁故障时，其 k_{max} 都远小于 1。通过 DDPMSM 单永磁体退磁故障与多个永磁体退磁故障对比可知，不同退磁故障类型探测线圈空载电势残差 e_{norm} 与故障样本库中特征量之间的相关系数结果是有明显区别的，所以可以根据此方法来区分局部退磁故障类型。

8.4.2.2　基于相关系数的单永磁体退磁故障定位和程度评估

通过对退磁故障特征量 e_{norm} 与样本库中特征量之间的相关系数分析可知，对于单永磁体发生退磁故障时，其 e_{norm} 与样本库中特征量的相关系数接近 1 所对应的故障样本编号即为退磁永磁体的编号。不同位置的单永磁体退磁故障状态时，e_{norm} 与各样本库中特征量的相关系数如表 8-3 所列。

表 8-3　单永磁体退磁故障特征量 e_{norm} 与故障样本库的相关系数

故障样本编号	退磁永磁体编号				
	1	2	3	4	5
1	0.992 4	0.484 7	0.030 8	0.017 0	0.038 4
2	0.484 7	0.995 8	0.485 8	0.033 5	0.015 2
3	0.030 8	0.485 8	0.990 1	0.486 1	0.030 0
4	0.017 0	0.033 5	0.486 4	0.998 8	0.486 3
5	0.038 4	0.015 2	0.030 0	0.486 0	0.999 6
6	0.013 0	0.041 5	0.017 8	0.033 8	0.486 5
…	…	…	…	…	…
$2p$	0.485 0	0.001 3	0.020 4	0.031 5	0.030 3

由表 8-3 可以看出，e_{norm} 与样本库中特征量的相关系数是不一致的，其中与退磁故障永磁体编号所对应的相同编号故障样本之间的相关系数接近 1，与相邻两个编号故障样本的相关系数接近 0.5。这是因为单永磁体退磁故障的 e_{norm} 波形与对应编号的故障样本波形一致，且与相邻编号的故障样本波形具有半周期重合。

单永磁体不同程度退磁故障时探测线圈空载电势残差 e_{norm} 与样本库中特征量之间的相关系数如表 8-4 所列。

表 8-4　单永磁体不同程度退磁故障时 e_{norm} 与故障样本库的相关系数

故障样本编号	2 号永磁体退磁故障程度			
	12.5%	25%	50%	75%
1	0.485 0	0.484 7	0.484 2	0.485 1
2	0.992 4	0.995 8	0.998 4	0.999 6
3	0.485 2	0.485 8	0.485 6	0.485 9
4	0.016 6	0.033 5	0.024 2	0.028 9
5	0.001 9	0.015 2	0.005 7	0.010 4
6	0.028 5	0.041 5	0.033 7	0.037 5
...	...	...	...	...
$2p$	0.001 5	0.001 3	0.003 5	0.005 8

由表 8-4 为可以看出,不同退磁程度下的 e_{norm} 与同一编号故障样本之间的相关系数是基本一致的,且与退磁故障永磁体对应编号的故障样本之间的相关系数接近 1。

对退磁程度的评估。通过对永磁体退磁程度与公式(5-10)和(5-11)中探测线圈空载电势大小之间关系的分析可知,探测线圈空载电势与单永磁体退磁故障程度存在线性关系,因此,探测线圈空载电势残差 $e_{residual}$ 的峰值与退磁故障的程度也呈线性关系。

图 8-6 所示为永磁体 1 在不同退磁程度时探测线圈空载电势残差 $e_{residual}$ 的波形,可以看出,随着退磁程度的增加,探测线圈空载电势残差峰值也在不断增加。因此,以退磁程度 100% 时的 $e_{residual}$ 峰值为参考值,用实时获取的 $e_{residual}$ 峰值除以参考值。当 $(e_{residual}(t_{peak}) - e_{residual}(t_{peak}-1))(e_{residual}(t_{peak}) - e_{residual}(t_{peak}+1)) < 0$ 时,$e_{residual}(t_{peak})$ 是空载电势残差 $e_{residual}$ 的峰值。退磁故障程度的求解如式(8-3)所示:

$$V = e_{residual}(t_{peak}) / e_{residual100\%}(t_{peak}) \tag{8-3}$$

式中,$e_{residual100\%}$ 为永磁体退磁程度为 100% 时的探测线圈空载电势残差。

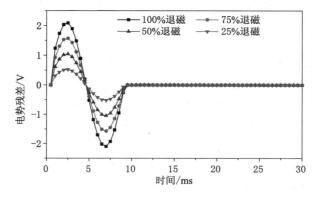

图 8-6　不同退磁程度时 $e_{residual}$ 的波形

8.4.2.3 基于峰值映射的多永磁体退磁故障定位和程度评估

当多个永磁体不同类型退磁故障时,其退磁故障的类型组合比较复杂。为了分析探测线圈空载电势残差与退磁位置以及程度的关系,通过建立的探测线圈空载电势数学模型,分别对不同位置和不同退磁程度的多永磁体退磁故障进行仿真计算,并对得到的探测线圈空载电势残差数据进行了分析。1 号永磁体和 2 号永磁体分别退磁 50% 和同时退磁 50% 的探测线圈空载电势残差波形如图 8-7 所示。

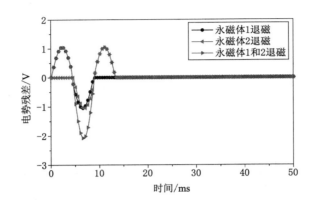

图 8-7　不同位置永磁体退磁故障时探测线圈的空载电势残差

由图 8-7 可以看出,探测线圈空载电势残差第一个电周期的前半个周期与永磁体 1 退磁有关,由式(8-3)可知,其峰值的大小与永磁体退磁程度呈正相关,且第一个电周期的后半个周期与永磁体 1 和 2 两块永磁体的退磁状态有关。同时结合 4.2.1 中对图 8-4 的分析可知,半个周期的空载电势残差受相邻两块永磁体状态的共同影响,即半个周期的峰值大小与相邻两块永磁体退磁程度有关。

为了得到探测线圈空载电势残差的峰值与退磁位置和退磁程度之间的关系,根据峰值出现的时刻来确定其峰值的位置编号,并通过式(8-4)进行峰值比的计算,即探测线圈空载电势残差各峰值绝对值与永磁体退磁 100% 时 $e_{residual100\%}$ 的峰值的比 V(文中简称峰值比)。

$$V_i = |f_i| / e_{residual100\%}(t_{peak}) \tag{8-4}$$

式中,i 为一个机械周期探测线圈空载电势残差峰值所在位置的编号(1~66);f_i 为探测线圈空载电势残差第 i 个峰值大小;$e_{residual100\%}$ 为永磁体退磁程度是 100% 时探测线圈空载电势的峰值大小。

永磁体 1、2、3 分别退磁 25%,25%,50% 时探测线圈空载电势残差波形如图 8-8 所示。

图 8-8 中,其探测线圈空载电势残差各峰值通过公式(8-4)进行峰值比计算的结果分别为第一个峰值比 $V_1 = 0.25$,第二个峰值比 $V_2 = 0.5$,第三个峰值比 $V_3 = 0.75$,第四个峰值比 $V_4 = 0$。由此可知,第一个峰值比即为永磁体 1 的退磁程度,$V_2 - V_1 = 0.25$ 为永磁体 2 的退磁程度,$V_3 - V_2 + V_1 = 0.5$ 为永磁体 3 的退磁程度。这是因为探测线圈空载电势残差各峰值的大小是由相邻两块永磁体退磁程度决定的,所以只要检测到出现的第一个峰值的位置,同时第一个峰值出现的位置前有一个电周期的探测线圈空载电势残差为零,即前一个永磁体是健康状态,则第一个峰值比就是峰值编号对应位置永磁体的退磁程度。根据提取一个机械周期的探测线圈空载电势残差各峰值比的大小,来依次确定各退磁永磁体的退磁程度

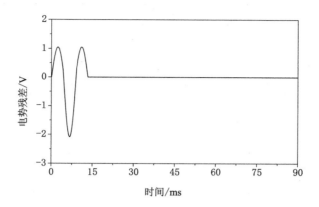

图 8-8 多永磁体退磁故障时探测线圈的空载电势残差

和退磁位置。

综上分析可以得出,当多个永磁体不同程度退磁故障时,出现的第一个探测线圈空载电势残差第一个峰值的 V_i 即为对应位置编号为 i 的永磁体的退磁程度,第二个探测线圈空载电势残差第一个峰值的 V_{i+1} 为编号为 i 的永磁体和编号为 $i+1$ 的永磁体退磁程度之和,以上规律具有重复性。所以当出现多个永磁体退磁故障时,永磁体的退磁程度 δ 与峰值比 V 的关系如式(8-5)所示:

$$\begin{cases} \delta_i = V_i \\ \delta_i + \delta_{i+1} = V_{i+1} \\ \delta_{i+1} + \delta_{i+2} = V_{i+2} \quad (0 \leqslant j \leqslant G-1) \\ \cdots \\ \delta_{i+j-1} + \delta_{i+j} = V_{i+j} \end{cases} \tag{8-5}$$

通过对式(8-5)转换可得每个永磁体的退磁程度 δ 如下:

$$\begin{cases} \delta_i = V_i \\ \delta_{i+1} = V_{i+1} - \delta_i \\ \delta_{i+2} = V_{i+2} - \delta_{i+1} \quad (0 \leqslant j \leqslant G-1) \\ \cdots \\ \delta_{i+j} = V_{i+j} - \delta_{i+j-1} \end{cases} \tag{8-6}$$

式中,i 是退磁永磁体编号;V_i 是探测线圈空载电势残差 e_{residual} 的每个峰值与退磁程度为 100% 时 $e_{\text{residual100}}$ 峰值的比值;G 是峰值个数。

为验证所提方法对不同类型多个永磁体退磁故障的通用性,设置了不同退磁程度的多永磁体退磁故障(如表 8-5 所列故障类型 Ⅰ-Ⅲ)、不同个数的多永磁体退磁故障(如表 8-5 所列故障类型 Ⅳ-Ⅵ)、不连续的多永磁体退磁故障(如表 8-5 所列故障类型 Ⅶ-Ⅸ)分别对设置的退磁故障进行了仿真分析。

表 8-5　多永磁体不同退磁故障类型设置

故障类型	退磁永磁体编号	各退磁永磁体故障程度/%
故障类型 Ⅰ	1、2、3	25、25、25
故障类型 Ⅱ	1、2、3	50、25、50
故障类型 Ⅲ	1、2、3	50、25、25
故障类型 Ⅳ	2、3	50、25
故障类型 Ⅴ	2、3、4	50、50、25
故障类型 Ⅵ	1、2、3、4	50、25、50、25
故障类型 Ⅶ	1、3	50、50
故障类型 Ⅷ	1、2、4	50、25、50
故障类型 Ⅸ	1、3、5	50、25、25

（1）不同退磁程度的多永磁体退磁故障

故障类型 Ⅰ、Ⅱ、Ⅲ 所对应探测线圈空载电势残差波形如图 8-9 所示。

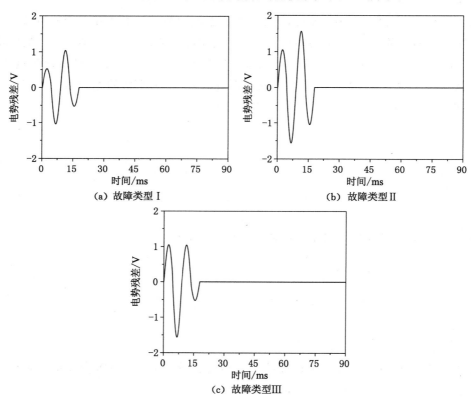

（a）故障类型 Ⅰ　　　　　　（b）故障类型 Ⅱ

（c）故障类型 Ⅲ

图 8-9　不同退磁程度的多永磁体退磁故障时探测线圈的空载电势残差

由图 8-9 可以看出，在相同位置永磁体不同程度退磁故障的波形是不一致的，经过归一化后的峰值的大小也是不同的。这是由于各永磁体退磁故障程度可能是相同的，也可能是不同的，所以多永磁体退磁故障的组合是比较复杂的，但在相同位置永磁体退磁故障时，其探测线圈空载电势残差的峰值个数和峰值出现的位置是一致的。探测线圈空载电势残差各峰值与退磁程度为100％时的探测线圈空载电势残差峰值比如表8-6所列。

表8-6　探测线圈空载电势残差峰值与$e_{\mathrm{residual100}}$的峰值比

退磁故障类型	峰值比				
	V_1	V_2	V_3	V_4	V_5
故障类型Ⅰ	0.249 8	0.495 7	0.495 6	0.25	0
故障类型Ⅱ	0.499 8	0.744 0	0.744 2	0.5	0
故障类型Ⅲ	0.499 8	0.748 0	0.495 6	0.25	0

由表8-6可以看出，在相同位置不同退磁程度多永磁体退磁故障时，其峰值比是不一致的，通过峰值比无法直接判断永磁体的退磁程度，但峰值比很好地包含了各永磁体退磁程度信息。

利用式(8-6)计算得到的相同位置不同退磁程度多永磁体退磁故障时退磁永磁体位置和退磁程度如表8-7所列。其中$\delta_i=0$代表编号为i的永磁体是健康状态；$\delta_i=0.5$代表编号为i的永磁体发生退磁故障，且退磁程度为50％。

表8-7　不同退磁程度多永磁体退磁故障的位置和退磁程度

退磁故障类型	各永磁体退磁程度						
	δ_1	δ_2	δ_3	δ_4	δ_5	...	δ_{2p}
故障类型Ⅰ	0.249 8	0.245 9	0.249 7	0.000 3	0	...	0
故障类型Ⅱ	0.499 8	0.244 2	0.5	0	0	...	0
故障类型Ⅲ	0.499 8	0.248 2	0.247 4	0.002 6	0	...	0

在表8-7中，其中故障类型Ⅰ得到的$\delta_4=0.000\ 3$和故障类型Ⅲ得到的$\delta_4=0.002\ 6$，可以认为其对应的4号永磁体为健康。由表8-7可以看出，计算得到的退磁故障永磁体的位置与仿真设置的退磁故障永磁体的位置是一致的。通过对比表8-5可知，此方法得到的各退磁永磁体故障程度与对应仿真设置的故障程度是非常吻合的，且对不同程度退磁故障得到的结果都是准确的。

（2）不同个数的多永磁体退磁故障

故障类型Ⅳ、Ⅴ、Ⅵ所对应探测线圈空载电势残差波形如图8-10所示。利用式(8-6)计算得到的不同个数多永磁体退磁故障时退磁永磁体的位置和退磁程度如表8-8所列。

表8-8　不同个数多永磁体退磁故障下退磁永磁体的位置和退磁程度

退磁故障类型	各永磁体退磁程度							
	δ_1	δ_2	δ_3	δ_4	δ_5	δ_6	...	δ_{2p}
故障类型Ⅶ	0	0.5	0.244 3	0	0	0	...	0
故障类型Ⅷ	0	0.5	0.491 2	0.251 6	0	0	...	0
故障类型Ⅸ	0.499 8	0.244 2	0.5	0.247 8	0	0	...	0

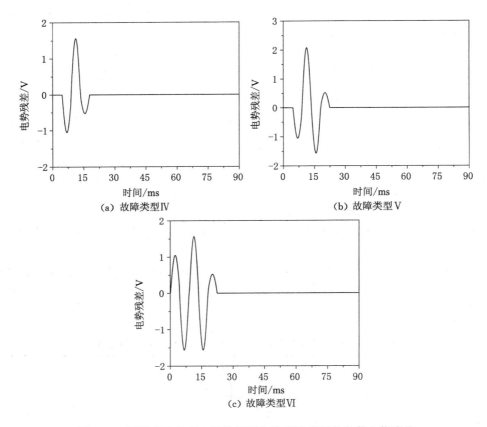

图 8-10　不同个数的多永磁体退磁故障探测线圈的空载电势残差

由图 8-10 可以看出,当发生不同个数的多永磁体退磁故障时,其对应的探测线圈空载电势残差波形是不一致的,且探测线圈空载电势残差的峰值个数和峰值出现的位置也是不一致的。同时随着退磁永磁体个数的增加,其探测线圈空载电势残差峰值的个数也在不断增加,峰值出现位置与退磁永磁体位置是相对应的。

由表 8-8 可以看出,计算得到的退磁故障永磁体的位置与仿真设置的退磁故障永磁体的位置是一致的,通过对比表 8-5 可知,此方法得到的不同个数多永磁体退磁故障的程度评估结果与对应仿真设置的退磁程度是非常吻合的。

（3）不连续的多永磁体退磁故障

故障类型Ⅶ、Ⅷ、Ⅸ所对应探测线圈空载电势残差波形如图 8-11 所示。

由图 8-11 可以看出,不连续多永磁体退磁故障时,其对应的探测线圈空载电势残差波形不一致。通过对比图 8-11(b)和(c)可知,尽管故障类型Ⅷ和故障类型Ⅸ都为三个永磁体退磁故障,但其对应的探测线圈空载电势残差波形的峰值个数和峰值出现的位置都是不一致的。通过对比图 8-9(a)和图 8-11(a)可知,尽管故障类型Ⅰ和故障类型Ⅶ退磁故障永磁体的个数是不一致的,但其对应的探测线圈空载电势残差波形的峰值个数和峰值出现的位置都是一致的,所以无法直接通过峰值出现的位置来确定退磁永磁体的位置。利用式(8-6)计算得到的局部多个磁极退磁故障下退磁故障永磁体的位置和退磁程度如表 8-9 所列。

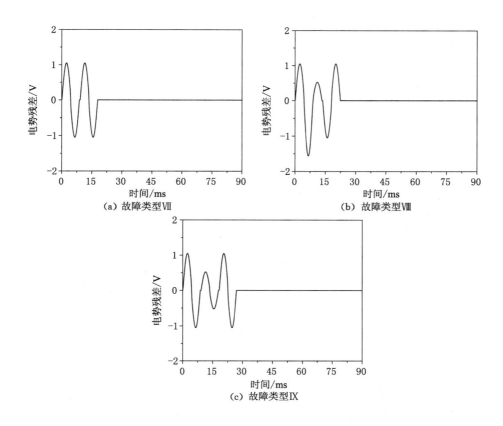

图 8-11　连续多永磁体退磁故障时探测线圈的空载电势残差

表 8-9　不连续多永磁体退磁故障时退磁永磁体的位置和退磁程度

退磁故障类型	各永磁体退磁程度						
	δ_1	δ_2	δ_3	δ_4	δ_5	...	δ_{2p}
故障类型 Ⅶ	0.499 8	0	0.499 6	0	0	...	0
故障类型 Ⅷ	0.499 8	0.244 2	0.005 8	0.494 2	0	...	0
故障类型 Ⅸ	0.499 8	0	0.249 7	0	0.499 5	...	0

　　在表 8-9 中,其中故障类型 Ⅷ 得到的 $\delta_3 = 0.005\ 8$,可以认为其对应的 3 号永磁体为健康,与表 8-5 对比可知,计算得到的退磁故障永磁体的位置与仿真设置的退磁故障永磁体的位置是一致的。同时,尽管故障类型 Ⅰ 和故障类型 Ⅶ 对应的探测线圈空载电势残差波形的峰值个数和峰值出现的位置都是一致的,但同样可以判断出对应的故障类型,并确定退磁故障永磁体的位置,得到不连续多永磁体退磁故障程度与对应仿真设置的退磁程度也是非常吻合的。

　　通过对不同退磁程度的多永磁体退磁故障、不同个数的多永磁体退磁故障和不连续的多永磁体退磁故障进行了仿真分析可知,虽然局部退磁故障的组合类型比较多,得到的探测线圈空载电势残差波形的峰值个数和峰值出现的位置类型也比较多,但通过计算探测线圈空载电势残差各峰值的峰值比,并采用多建立永磁体退磁故障评估方程可以准确地确定永磁体退磁位置,同时可以得到永磁体的退磁程度。

8.5 有限元仿真验证

为验证所提出的 DDPMSM 局部退磁诊断方法。首先通过建立的 DDPMSM 局部退磁故障有限元模型进行仿真分析,并采用第 4 章提出的探测线圈空载电势残差的提取方法来提取故障的特征量,同时利用本章所提出的 DDPMSM 局部退磁故障诊断方法来进行计算分析。

8.5.1 单永磁体退磁故障定位及程度评估

利用建立的 DDPMSM 有限元模型,分别设置编号为 3 的永磁体 50% 退磁故障和编号为 4 的永磁体 25% 退磁故障,在额定转速下对两种类型单永磁体退磁进行仿真计算,得到的一个机械周期的探测线圈空载电势残差如图 8-12 所示。可以看出,探测线圈空载电势残差幅值是大于设定阈值的,所以可以判断发生了退磁故障。

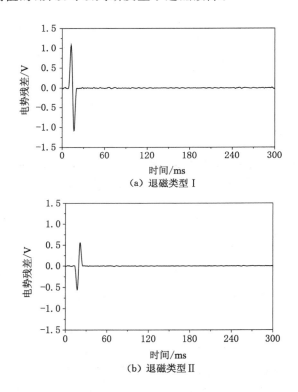

(a) 退磁类型 I

(b) 退磁类型 II

图 8-12   不同位置的永磁体退磁故障时探测线圈的空载电势残差

当发生单个永磁体退磁故障时,归一化后的探测线圈空载电势残差 e_{norm} 与故障样本库中特征量之间的相关系数如表 8-10 所列。

表 8-10   单永磁体退磁故障 e_{norm} 与故障样本库中特征量之间的相关系数

故障样本编号	相关系数	
	退磁类型 Ⅰ	退磁类型 Ⅱ
1	0.051 3	0.017 0
2	0.463 8	0.033 5
3	0.980 2	0.466 1
4	0.466 1	0.982 0
5	0.037 0	0.463 2
6	0.087 8	0.053 8
...	...	...
$2p$	0.070 8	0.027 1

由表 8-10 可以看出，最大相关系数 k_{max} 接近 1，所以可以判断发生了单永磁体退磁故障。同时两种退磁故障类型 k_{max} 所对应故障样本编号分别 3 和 4，即分别是 3 号和 4 号永磁体发生了退磁故障，这与有限元仿真设置的退磁故障永磁体的位置是一致的。

编号为 3 的永磁体不同退磁故障程度时探测线圈空载电势残差如图 8-13 所示，单个永磁体退磁故障程度与探测线圈空载电势残差峰值关系如图 8-14 所示。

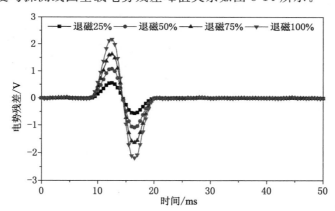

图 8-13   不同退磁程度时探测线圈的空载电势残差

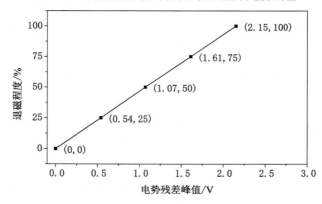

图 8-14   探测线圈空载电势残差峰值与退磁程度的关系

由图 8-13 可以看出,在不同退磁程度下,一个旋转周期内探测线圈空载电势残差幅值只有部分时刻出现增加,这是由于在一个旋转周期内,只有当退磁永磁体经过探测线圈时,其空载电势幅值才会降低及探测线圈空载电势残差幅值会增加,同时随着退磁程度的增加,探测线圈空载电势残差幅值也在不断增加。由图 8-14 可以看出,退磁故障程度与探测线圈空载电势残差峰值呈线性关系,同时,随着退磁程度的增加其探测线圈空载电势残差峰值也呈线性增加。

表 8-11 所列为通过式(8-3)计算得到的单永磁体退磁故障程度与有限元模型仿真退磁程度的对比,由表可以看出,其计算得到的退磁故障程度与有限元模型仿真退磁故障程度基本一致,误差很小。

表 8-11　计算结果与有限元仿真结果比较

	退磁故障程度/%				
FEM 仿真结果	0	25	50	75	100
计算结果	0	25.11	49.77	74.88	100

8.5.2　多永磁体退磁故障定位及程度评估

利用建立的 DDPMSM 有限元模型,分别设置编号为 3、4 的永磁体 50%、50% 退磁故障和编号为 3、4、5 的永磁体 25%、25%、50% 退磁故障的两种多永磁体退磁类型,在额定转速下对两种退磁类型进行仿真计算,得到一个机械周期的探测线圈空载电势残差如图 8-15 所示。

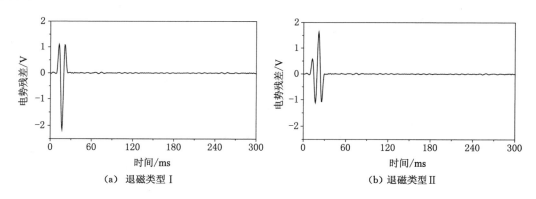

$$\text{(a) 退磁类型 I} \qquad\qquad \text{(b) 退磁类型 II}$$

图 8-15　不同位置的多永磁体退磁故障时探测线圈的空载电势残差

由图 8-15 可以看出,探测线圈空载电势残差幅值是大于设定阈值的,所以可以判断发生了退磁故障。在发生多永磁体局部退磁故障时,对于不同数量和位置的退磁故障,归一化后的探测线圈空载电势残差 e_{norm} 与故障特征量样本之间的相关系数如表 8-12 所列。

由表 8-12 可以看出,当两个永磁体退磁故障时,其 k_{max} 为 0.77 左右;当三个永磁体退磁故障时,其 k_{max} 为 0.77 左右,其 k_{max} 都远小于 1,所以可以判断是发生了局部多永磁体退磁故障。利用式(8-4)计算的探测线圈空载电势残差各峰值比如表 8-13 所列。

表 8-12　多永磁体退磁故障 e_{norm} 与故障样本库中特征量之间的相关系数

样本库中特征量编号	相关系数	
	退磁类型 Ⅲ	退磁类型 Ⅳ
1	0.007 3	0.006 9
2	0.252 3	0.153 8
3	0.764 5	0.453 6
4	0.773 1	0737 0
5	0.247 7	0.735 1
6	0.007 0	0.289 0
…	…	…
$2p$	0.002 0	0.019 3

表 8-13　探测线圈空载电势残差 e_{residual} 各峰值比

退磁故障类型	峰值比							
	V_1	V_2	V_3	V_4	V_5	V_6	…	V_{2p}
故障类型 Ⅲ	0	0	0.498 8	0.992 8	0.497 7	0	…	0
故障类型 Ⅳ	0	0	0.261 2	0.509 0	0.743 0	0.497 4	…	0

由表 8-13 可以看出,退磁故障类型 Ⅲ 和 Ⅳ 的峰值个数分别为 3 个和 4 个,分别对应图 8-14(a)和(b)中的各峰值,且峰值比的位置和大小信息包含有退磁故障永磁体的位置和退磁程度信息。

利用公式(8-6)计算得到的多永磁体退磁故障时故障永磁体的位置和退磁程度如表 8-14 所列。

表 8-14　多永磁体退磁故障时故障永磁体的位置和退磁程度

退磁故障类型	各永磁体退磁程度							
	δ_1	δ_2	δ_3	δ_4	δ_5	δ_6	…	δ_{2p}
故障类型 Ⅲ	0	0	0.497 8	0.494 0	0	0	…	0
故障类型 Ⅳ	0	0	0.261 2	0.247 8	0.495 2	0	…	0

由表 8-14 可以看出,故障类型 Ⅲ 退磁故障永磁体的位置为 3 号和 4 号永磁体,故障类型 Ⅳ 退磁故障永磁体的位置为 3、4、5 号永磁体,其计算得到退磁故障永磁体位置结果与仿真设置的退磁故障永磁体位置是一致的。通过对比表 8-13,此方法得到的各退磁故障永磁体的退磁故障程度与对应仿真设置的退磁故障程度是非常吻合的。

通过利用所提出的方法对局部退磁故障有限元仿真数据的分析可知,所提出的方法可以实现对 DDPMSM 永磁体局部退磁故障的检测、退磁永磁体的定位和程度评估。

8.6　本章小结

本章针对 DDPMSM 局部退磁故障检测、故障定位及退磁程度评估开展了研究。主要工作及结论如下：

（1）开展了探测线圈检测机理研究。空载电势残差的每半个电周期波形受相邻两块永磁体状态影响，故探测线圈空载电势残差信号不仅可以反映退磁故障的发生，还包含永磁体退磁程度和退磁位置信息。

（2）通过建立的 DDPMSM 探测线圈空载电势数学模型，对健康状态时与单永磁体退磁故障时探测线圈的空载电势残差进行计算并归一化，模型结果存入局部退磁故障样本库中。

（3）将实时采集的探测线圈空载电势残差幅值与设定阈值比较实现退磁故障检测。通过归一化的探测线圈空载电势残差与故障样本库之间的相关系数来确定局部退磁故障永磁体个数类型为单个永磁体故障还是多个永磁体故障。

（4）当发生单个永磁体退磁故障时，基于相关系数法确定退磁永磁体的位置，并根据 $e_{residual}$ 峰值的大小实现对退磁程度的评估。

（5）当发生多个永磁体退磁故障时，基于空载反电势峰值与退磁位置及退磁程度的映射关系进行故障诊断。在相邻两个永磁体健康的假设下，才能使用该方法实现多个永磁体退磁故障的诊断，存在一定的局限性。

建立了永磁体退磁故障的解析模型，确定了基于新型探测线圈的退磁故障特征量，研究 DDPMSM 退磁故障特征量的提取算法及退磁故障模式识别、自动定位等关键技术。

本章提出了基于探测线圈空载电势残差的 DDPMSM 局部退磁故障诊断方法。该方法可以实现局部退磁故障检测、退磁永磁体定位及程度评估。

9 DDPMSM 退磁故障检测、模式识别、定位及程度评估的综合诊断研究

9.1 引言

相对于感应电机故障及其他故障形式而言,PMSM 退磁故障研究起步较晚,取得的技术成果较为有限,且多集中于故障检测的研究,在永磁体均匀退磁故障和局部退磁故障的故障模式识别、永磁体退磁故障定位及退磁程度评估等关键技术研究方面鲜有文献报道。第 8 章提出基于峰值映射的多个永磁体退磁故障检测、定位及程度评估方法,该方法在相邻两个永磁体健康的假设下提出的,存在一定的局限性。本章继续对 DDPMSM 退磁故障模式识别、退磁永磁体定位及退磁程度评估等关键技术进行研究,旨在形成集永磁体退磁故障检测、故障模式识别及退磁永磁体定位于一体的 DDPMSM 永磁体退磁故障综合解决方案。

为了及时检测出早期微弱的退磁故障并实现退磁永磁体精确定位,本章提出了一种基于新型探测线圈的退磁故障特征量的提取方法和故障特征量的构造方法。通过对新型探测线圈的安装方式、布置方式及检测机理的研究,构造能够准确定位不同退磁程度下退磁永磁体的故障特征量。根据最少检测次数分区原则确定磁极分区数量,并结合三级 PNN 神经网络算法,实现退磁永磁体的实时检测及快速精确定位。

9.2 新型探测线圈的安装及检测机理

本章提出了一种基于新型探测线圈的 DDPMSM 退磁故障特征信号的提取方法,主要思路是:首先在电机的三个相邻槽中分别安装上三个环形绕组线圈,通过相邻两线圈相串联的方式和相隔一个槽的两线圈相串联的方式来组成三个探测线圈。其次通过对比分析不同退磁故障时一个电周期空载反电势残差峰值的位置、峰值的个数、峰值比,进行了故障特征量的构造。然后为了减小磁路饱和效应对退磁故障特征量的影响,利用实测的探测线圈感应电动势减去拟合得到的探测线圈电枢反应电势的拟合值,提取考虑磁路饱和的探测线圈空载反电势。同时利用计算并减去支路电流环流在探测线圈上产生的空载反电势的方法来消除支路电流环流对探测线圈空载反电势残差的影响,从而得到更精确的永磁体退磁故障特征量,为永磁体局部退磁故障诊断提供数据支持。

9.2.1 新型探测线圈的布置及连接方式

在 DDPMSM 槽底部连续布置三个相同环形绕组 SC11、SC22、SC33,如图 9-1(a)、(b)所示。环形绕组的安装方式如下:将每根导线的两个端子分别接到电机机座两侧的端子排上,通过短接线将同一槽底的每根导线连接成环形绕组,接线示意图如图 9-1(c)所示。探测

线圈 SC1 由环形绕组 SC11 和 SC22 反向串联构成。探测线圈 SC2 由环形绕组 SC11 和 SC33 正向串联构成。探测线圈 SC3 由环形绕组 SC22 和 SC33 反向串联构成。环形绕组 SC1、SC2 和 SC3 构成探测线圈。所提出的新型探测线圈仅需要布置三个环形绕组就能获取实现 DDPMSM 退磁检测及退磁永磁体定位的故障特征信号,几乎不增加电机的体积和成本,且探测线圈本身开路,不影响 DDPMSM 的正常运行。此外,所提出的新型探测线圈安装方式可以应用到其他类型的电机中,可以根据电机定子绕组的不同形式而采取不同的布置及连接方法,可以方便地进行探测线圈线匝分布位置及数目优化的实验研究,具有灵活方便、工艺上容易实现等优点。

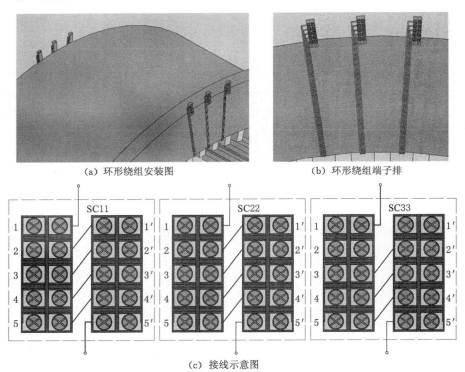

(a) 环形绕组安装图　　　　　　　　　　(b) 环形绕组端子排

(c) 接线示意图

图 9-1　探测线圈的安装位置

9.2.2　新型探测线圈的检测机理

(1) 由相邻两槽环形绕组串联构成的探测线圈 SC1

由文献[157]可知,任意编号永磁体发生退磁故障时探测线圈 SC1 空载反电势及其残差如式(9-1)、式(9-2)所示。

$$
\begin{aligned}
e_{cSC1}(t) = e_1(t) - e_2(t) = E_s\Big[&\sin(2\pi ft)(1 - \sum_{i=1}^{2p}\delta_i(\frac{1}{2p} + \sum_{k=1}^{\infty}\frac{2}{i\pi}\sin(\frac{k\pi}{2p}) \\
&\cos(\frac{k\pi ft}{p} - \frac{(2i-1)k\pi}{2p}))) - \sin(2\pi ft - \frac{2p\pi}{Q})(1 - \sum_{i=1}^{2p}\delta_i(\frac{1}{2p} + \sum_{k=1}^{\infty}\frac{2}{i\pi}\sin(\frac{k\pi}{2p}) \\
&\cos(\frac{k\pi ft}{p} - \frac{(2i-1)k\pi}{2p} - \frac{2k\pi}{Q})))\Big]
\end{aligned}
$$

$$(9\text{-}1)$$

$$e_{\mathrm{resSC1}}(t) = \sum_{i=1}^{2p} \delta_i E_s \Big[\sin(2\pi ft)\Big(\frac{1}{2p} + \sum_{k=1}^{\infty} \frac{2}{i\pi}\sin(\frac{k\pi}{2p})\cos(\frac{k\pi ft}{p} - \frac{(2i-1)k\pi}{2p})\Big)$$
$$- \sin(2\pi ft - \frac{2p\pi}{Q})\Big(\frac{1}{2p} + \sum_{k=1}^{\infty} \frac{2}{i\pi}\sin(\frac{k\pi}{2p})\cos(\frac{k\pi ft}{p} - \frac{(2i-1)k\pi}{2p} - \frac{2k\pi}{Q})\Big)\Big] \tag{9-2}$$

式中，$e_{\mathrm{eSC1}}(t)$ 为探测线圈 SC1 的空载电势；$e_{\mathrm{resSC1}}(t)$ 为探测线圈 SC1 的空载电势残差；p 为永磁体对数；f 为频率；Q 为定子槽数；E_s 为单个槽的空载反电势基波的幅值；i 为对电机永磁体依次进行的编号；δ_i 为对应编号永磁体的退磁程度，健康情况下 $\delta = 0$。

把图 9-2 中编号为 1 的永磁体的失磁率设定为 50%，即 1 号永磁体的剩磁磁密变为原来的 50%，探测线圈 SC1 由图 9-2 所示位置开始采集数据，探测线圈空载基波电动势及残差波形如图 9-3(a)所示。由图 9-3(a)可以看出，探测线圈 SC1 的空载反电势在第一个电周期的幅值降低，其他电周期的幅值不变，即退磁永磁体 1 经过探测线圈 SC1 时出现一个电周期的空载反电势残差。究其原因，由图 9-4 所示的 DDPMSM 健康和 1 号永磁体退磁时的电机气隙磁密可以看出，永磁体发生退磁故障时，其对应位置永磁体磁场和空间气隙磁密会被不同程度的削弱，而其他位置基本不变，所以当退磁永磁体经过槽 1 时，槽 1 中的绕组 SC11 的电动势波形发生改变，其幅值减小的波峰或波谷对应退磁永磁体的中心，减小量反映永磁体退磁的严重程度；当退磁永磁体经过槽 2 时，槽 2 中的绕组 SC22 的电动势波形也会发生同样的变化；探测线圈 SC1 的空载反电势等于绕组 SC11 与绕组 SC22 空载反电势的差值。因此，退磁永磁体 1 经过探测线圈 SC1 时出现一个电周期的空载反电势的削弱，即一个电周期的空载反电势残差。

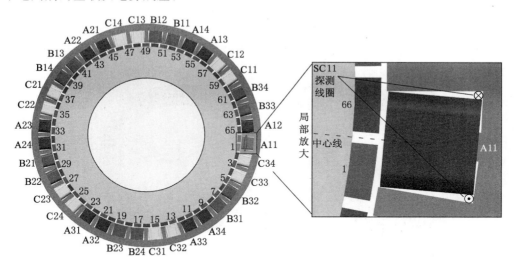

图 9-2　探测线圈采集数据起始位置

把图 9-2 中编号为 2 的永磁体的失磁率设定为 50%，即 2 号永磁体的剩磁磁密变为原来的 50%，探测线圈 SC1 仍由图 9-2 所示位置开始采集数据，探测线圈 SC1 空载基波电动势及残差波形如图 9-3(b)所示，可以看出，探测线圈 SC1 的空载反电势在第一个电周期的后半个周期和第二个电周期的前半个周期幅值降低，其他周期的幅值不变，即退磁永磁体 2 经过探测线圈 SC1 时出现一个电周期的空载反电势残差，空载反电势残差出现的时刻滞后

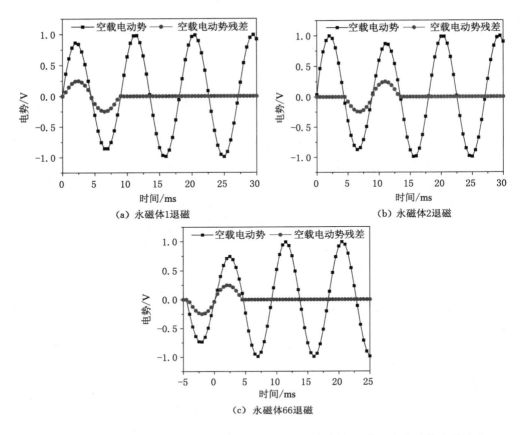

图 9-3　永磁体发生不可逆退磁 50％故障时探测线圈 SC1 的空载反电势及其残差波形

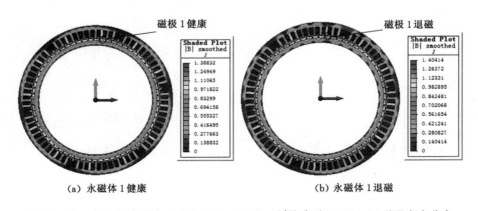

图 9-4　永磁体 1 健康状态和发生不可逆退磁 50％故障时 DDPMSM 磁通密度分布

于永磁体 1 退磁时半个电周期。

　　把图 9-2 中编号为 66 的永磁体的失磁率设定为 50％，即 66 号永磁体的剩磁磁密变为原来的 50％，探测线圈 SC1 仍由图 9-2 所示位置开始采集数据，探测线圈 SC1 空载基波电动势及残差波形如图 9-3(c)所示，可以看出，探测线圈 SC1 的空载反电势在第一个电周期的前半个周期幅值降低，其他周期的幅值不变，即退磁永磁体 66 经过探测线圈 SC1 时出现一个电周期的空载反电势残差,空载反电势残差出现的时刻超前于永磁体 1 退磁时半个电周期。

综合以上分析可以看出,探测线圈 SC1 的第一个电周期的空载反电势残差受 66 号、1号、2 号三块永磁体状态的共同影响,以此类推,第二电周期的空载反电势残差受 2 号、3 号、4 号三块永磁体状态的共同影响,第三个电周期的空载反电势残差受 4 号、5 号、6 号三块永磁体状态的共同影响,以上规律具有重复性。因此,可通过提取探测线圈 SC1 一个电周期空载反电势残差判断决定其波形的三块永磁体的状态。

下面对 66 号、1 号、2 号三块永磁体不同退磁组合探测线圈 SC1 的第一个电周期空载反电势残差进行分析。三块永磁体的退磁组合如表 9-1 所示,共有 8 种组合方式。表 9-1 中,0 表示永磁体为健康状态,1 表示永磁体为退磁状态,如 001 表示永磁体 66、永磁体 1 健康,永磁体 2 退磁,以此类推。表 9-1 中 8 种退磁故障类型对应的探测线圈 SC1 第一个电周期空载反电势残差图形如图 9-5 所示。通过对图 9-5 不同退磁组合的空载反电势残差波形对比分析可以看出,图 9-5(a)~(f)对应的探测线圈 SC1 的空载反电势残差波形不同。因此,故障类型 1、2、3、4、5、6 可通过提取探测线圈 SC1 空载反电势残差对应分区的波形。

表 9-1   永磁体局部退磁组合

故障类型编号	永磁体状态编号	永磁体状态
1	000	66、1、2 健康
2	010	66、2 健康,1 退磁
3	001	66、1 健康,2 退磁
4	011	66 健康,1 和 2 退磁
5	100	66 退磁,1、2 健康
6	110	66、1 退磁, 2 健康
7	101	66、2 退磁,1 健康
8	111	66、1 和 2 退磁

(2) 由相隔一个槽的环形绕组串联构成探测线圈 SC2

由图 9-5(b)、(g)、(h)可以看出,故障类型 2、7、8 对应的探测线圈 SC1 的空载反电势残差波形趋势一致,无法通过探测线圈 SC1 的空载反电势残差进行区分。由于探测线圈空载反电势波形取决于与其耦合的退磁永磁体的位置,为了区分故障类型 2、7、8,加装了探测线圈 SC2,如图 9-1(a)所示。任意编号永磁体发生退磁故障时探测线圈 SC2 的空载反电势残差如式(9-3)所示。

$$e_{\text{resSC2}}(t) = \sum_{i=1}^{2p} \delta_i E_s \left[\sin(2\pi ft)\left(\frac{1}{2p} + \sum_{k=1}^{\infty} \frac{2}{i\pi}\sin\left(\frac{k\pi}{2p}\right)\cos\left(\frac{k\pi ft}{p} - \frac{(2i-1)k\pi}{2p}\right)\right) \right.$$

$$\left. + \sin\left(2\pi ft - 2\times\frac{2p\pi}{Q}\right)\left(\frac{1}{2p} + \sum_{k=1}^{\infty}\frac{2}{i\pi}\sin\left(\frac{k\pi}{2p}\right)\cos\left(\frac{k\pi ft}{p} - \frac{(2i-1)k\pi}{2p} - 2\times\frac{2k\pi}{Q}\right)\right)\right]$$

$$(9\text{-}3)$$

式中,$e_{\text{resSC2}}(t)$ 为探测线圈 SC1 的空载反电势残差;p 为极对数;f 为频率;Q 为定子槽数;E_s 为单个槽的空载反电势基波的幅值;i 为对电机永磁体依次进行的编号;δ_i 为对应编号永磁

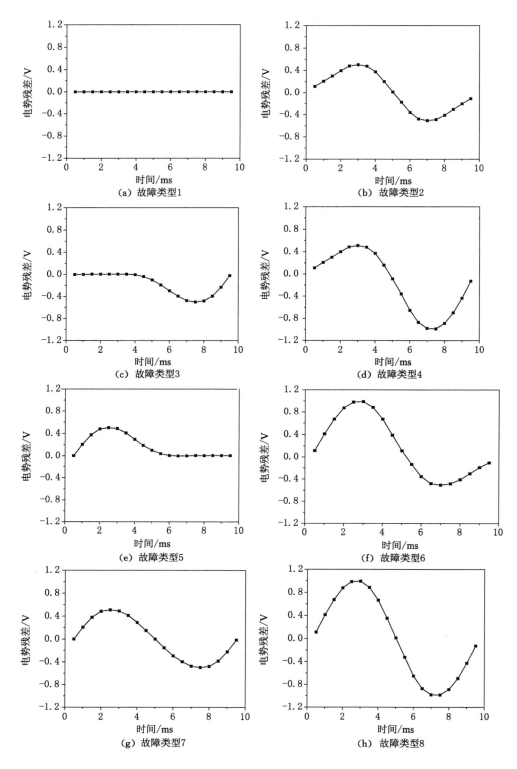

图 9-5　一对磁极退磁组合的探测线圈 SC1 空载反电势残差波形

体的退磁程度,健康情况下 $\delta = 0$。

把图 9-2 中编号为 65 的永磁体的失磁率设定为 50%,探测线圈 SC2 也由图 9-2 所示位置开始采集数据,探测线圈 SC2 时空载基波电动势及残差波形如图 9-6(a)所示,可以看出,探测线圈 SC2 的空载反电势第 1 个电周期的前半个周期和第 33 个电周期的前半个周期幅值降低,其他电周期的幅值不变。

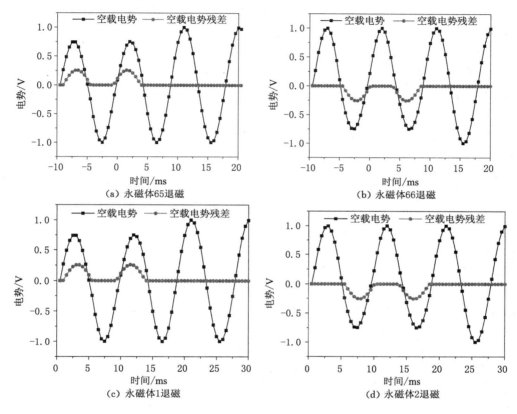

图 9-6　永磁体发生不可逆退磁 50% 故障时探测线圈 SC2 空载
反电势和空载反电势残差波形

把图 9-2 中编号为 66 的永磁体的失磁率设定为 50%,探测线圈 SC2 仍由图 9-2 所示位置开始采集数据,探测线圈 SC2 空载基波电动势及残差波形如图 9-6(b)所示,可以看出,探测线圈 SC2 空载反电势第 1 个电周期的后半个周期和第 33 个电周期的后半个周期幅值降低,其他电周期的幅值不变。

把图 9-2 中编号为 1 的永磁体的失磁率设定为 50%,探测线圈 SC2 仍由图 9-2 所示位置开始采集数据,探测线圈 SC2 空载基波电动势及残差波形如图 9-6(c)所示。可以看出,探测线圈 SC2 空载反电势在第 1 个电周期的前半个周期和第 2 个电周期的前半个周期幅值降低,其他电周期的幅值不变。

把图 9-2 中编号为 2 的永磁体的失磁率设定为 50%,探测线圈 SC2 仍由图 9-2 所示位置开始采集数据,探测线圈 SC2 空载基波电动势及残差波形如图 9-6(d)所示。可以看出,探测线圈 SC2 空载反电势在第 1 个电周期的后半个周期和第 2 个电周期的后半个周期幅值降低,其他电周期的幅值不变。

综合以上分析可以看出,探测线圈 SC2 第 1 个电周期的空载反电势残差受 65 号、66 号、1 号、2 号四块永磁体状态的共同影响,以此类推,第 2 电周期的空载反电势残差受 1 号、2 号、3 号、4 号四块永磁体状态的共同影响,第 3 个电周期的空载反电势残差受 3 号、4 号、5 号、6 号四块永磁体状态的共同影响,以上规律具有重复性。

由公式(9-3)可得故障类型 2、7、8 对应的探测线圈 SC2 一个电周期的空载反电势残差绝对值的波形,如图 9-6 所示,可以看出故障类型 2、7、8 对应探测线圈 SC2 的空载反电势残差绝对值的波形共有 6 种,这是因为探测线圈 SC2 的空载反电势残差绝对值波形不仅受 66 号、1 号、2 号永磁体状态的影响,还受 65 号永磁体状态的影响;当 65 号永磁体健康时,探测线圈 SC2 的空载反电势残差绝对值的波形如图 9-7(a)、(b)、(c)所示,此时对应故障类型 2A、7A、8A;当 65 号永磁体退磁时,探测线圈 SC2 的空载反电势残差绝对值的波形如图 9-7(d)、(e)、(f)所示,此时对应故障类型 2B、7B、8B。通过对图 9-7 不同退磁组合的空载反电势残差绝对值波形的对比分析可以看出,图 9-7(a)、(b)、(c)、(d)、(f)对应的探测线圈 SC2 的空载反电势残差波形是不同的。因此,故障类型 2A、7A、8A、2B、8B 可通过提取探测线圈 SC2 空载反电势残差对应分区的波形。

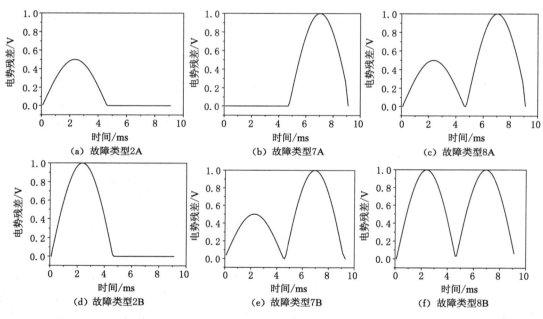

图 9-7 探测线圈 SC2 空载反电势残差波形

(3) 由相邻两槽的环形绕组串联构成探测线圈 SC3

由图 9-7(c)、(e)可以看出,故障类型 8A、7B 对应的探测线圈 SC2 的空载反电势残差波形趋势一致,无法通过探测线圈 SC2 空载反电势残差进行区分。为了区分故障类型 8A、7B,加装了探测线圈 SC3,如图 9-1(a)所示。任意编号永磁体发生退磁故障时探测线圈 SC3 的空载反电势残差如式(9-4)所示。

$$e_{\text{resSC3}}(t) = \sum_{i=1}^{2p} \delta_i E_s \left[\sin\left(2\pi ft - \frac{2p\pi}{Q}\right)\left(\frac{1}{2p} + \sum_{k=1}^{\infty} \frac{2}{i\pi}\sin\left(\frac{k\pi}{2p}\right)\cos\left(\frac{k\pi ft}{p} - \frac{(2i-1)k\pi}{2p} - \frac{2k\pi}{Q}\right)\right) \right.$$

$$\left. - \sin\left(2\pi ft - 2\times\frac{2p\pi}{Q}\right)\left(\frac{1}{2p} + \sum_{k=1}^{\infty} \frac{2}{i\pi}\sin\left(\frac{k\pi}{2p}\right)\cos\left(\frac{k\pi ft}{p} - \frac{(2i-1)k\pi}{2p} - 2\times\frac{2k\pi}{Q}\right)\right) \right]$$

$$(9\text{-}4)$$

式中, $e_{\text{resSC3}}(t)$ 为探测线圈 SC1 的空载反电势残差; p 为极对数; f 为频率; Q 为定子槽数; E_s 为单个槽的空载反电势基波的幅值; i 为对电机永磁体依次进行的编号; δ_i 为对应编号永磁体的退磁程度,健康情况下 $\delta=0$。

把图 9-2 中编号为 1 的永磁体的失磁率设定为 50%,探测线圈 SC3 也由图 9-2 所示位置开始采集数据,探测线圈 SC3 的空载基波电动势及残差波形如图 9-8(a)所示。可以看出,探测线圈 SC3 的空载反电势在第 1 个电周期的后半个周期和第 2 个电周期的前半个周期幅值降低,其他电周期的幅值不变。

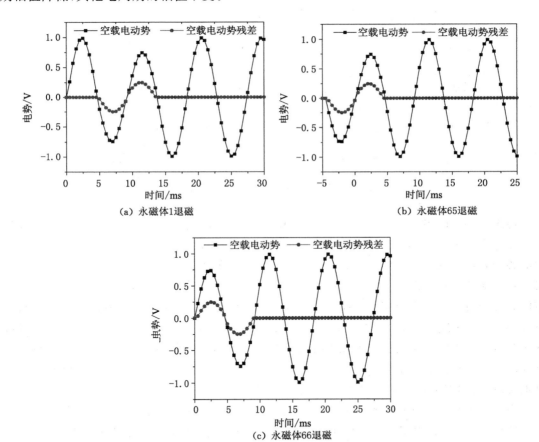

图 9-8　永磁体发生不可逆退磁 50% 故障时探测线圈 SC3 空载
反电势和空载反电势残差波形

把图 9-2 中编号为 65 的永磁体的失磁率设定为 50%,探测线圈 SC3 仍由图 9-2 所示位置开始采集数据,探测线圈 SC3 空载基波电动势及残差波形如图 9-8(b)所示,可以看出,探测线圈 SC3 的空载反电势第 1 个电周期的前半个周期幅值降低，其他周期的幅值不变。

把图 9-2 中编号为 66 的永磁体的失磁率设定为 50％，探测线圈 SC3 仍由图 9-2 所示位置开始采集数据，探测线圈 SC3 空载基波电动势及残差波形如图 9-8（c）所示，可以看出，探测线圈 SC3 的空载反电势在第 1 个电周期的幅值降低，其他电周期的幅值不变。

综合以上分析可知，探测线圈 SC3 第 1 个电周期的空载反电势残差受 65 号、66 号、1 号三块永磁体状态的共同影响，以此类推，第 2 电周期的空载反电势残差受 1 号、2 号、3 号三块永磁体状态的共同影响，第 3 个电周期的空载反电势残差受 3 号、4 号、5 号三块永磁体状态的共同影响，以上规律具有重复性。

由式（9-4）可得故障类型 8A、7B 对应的探测线圈 SC3 一个电周期的空载反电势残差的波形，如图 9-9 所示，可以看出故障类型 8A、7B 对应探测线圈 SC3 的空载反电势残差波形是不同的。因此，故障类型 8A、7B 可通过提取探测线圈 SC3 空载反电势残差对应分区的波形。

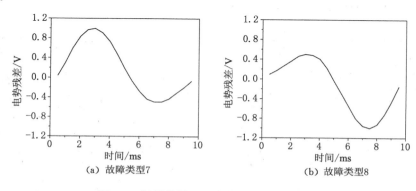

图 9-9　探测线圈 SC3 空载反电势残差波形

通过探测线圈 SC1 、SC2 和 SC3 的相同时刻一个电周期的空载反电势残差可以区分同一种故障程度下决定其波形的三块永磁体的 8 种退磁组合类型。通过第一个电周期的空载反电势残差可以确定永磁体 66、永磁体 1 及永磁体 2 的状态。在永磁体 2 状态已知时，第二对永磁体空载反电势残差波形有四种组合。当永磁体 2 健康时对应故障类型 1～4，当永磁体 2 退磁时对应故障类型 5～8，故通过第二个电周期空载反电势残差波形可以确定永磁体 3、永磁体 4 的状态，以此类推。因此，可以以每对永磁体为最小检测单元，通过提取对应的一个电周期的空载反电势残差波形判断检测区内退磁故障的类型，进而实现对退磁永磁体的定位。新型探测线圈布置方式适用于分数槽集中绕组的 DDPMSM。通过对布置方法略加修改，同样能够适用于分布式绕组的永磁电机中。

进一步分析永磁体退磁程度对空载反电势残差波形的影响，以故障类型 2 和故障类型 3 为例进行分析。由公式（9-2）可得故障类型 2 和故障类型 3 在永磁体分别退磁 100％、75％、50％、25％时的探测线圈 SC1 的空载反电势残差波形，如图 9-10 所示。

由图 9-10 可以看出，相同故障类型不同退磁程度下的空载反电势残差波形峰值个数相同、峰值出现的位置相同。然而峰值的大小随着退磁程度增加而变大，但不同位置处峰值的变化趋势一致，即图中峰值 1 和峰值 2 的大小随故障程度增加的比例一样。通过以上分析可以得出，空载反电势残差波形峰值的分布规律不受故障程度的影响，因此，可通过提取空

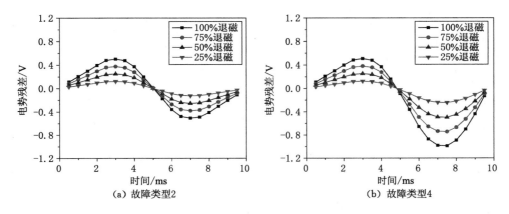

图 9-10   不同程度退磁探测线圈 SC1 空载反电势残差波形

载反电势残差波形第一个位置的峰值(简称第一峰值)、第二个位置的峰值(简称第二峰值)、峰值的个数以及第一峰值与第二峰值的比值构成一组能够用于退磁故障类型识别的特征量。由于上述特征量在同一种退磁故障类型不同退磁程度下具有相同的值,故可以消除永磁体不同退磁程度对退磁故障类型识别的影响,即能够实现在不同退磁程度下永磁体退磁故障类型的准确识别。

表 9-2 所列为从探测线圈 SC1 空载反电势残差中提取的 8 种退磁故障类型对应的特征量。特征量由第一峰值、第二峰值、峰值的个数及第一峰值与第二峰值的比值构成,具体的构造方法如下:当空载反电势残差的前半个周期内出现峰值时,把第一峰值位置标示为 1,否则标示为 0;当空载反电势残差的后半个周期内出现峰值时,第二个峰值位置标示为 1,否则标示为 0。峰值比表示第一个峰值与第二个峰值的比值,若后半个周期内没有出现峰值时,则峰值比标示为 inf;如果是健康状态时,峰值比标示为 0。通过表 9-2 可以看出,从探测线圈 SC1 中提取的故障类型 2、7、8 的特征量基本一致,因此可以将其视为同一类故障(该类故障视为故障类型 2);而故障类型 1、2、3、4、5、6 的特征量各不相同,因此上述 6 种故障类型能够通过探测线圈 SC1 中提取的特征量进行准确识别。

表 9-2   探测线圈 SC1 空载反电势残差对应的特征量

故障类型编号	特征量			
	第一峰值位置	第二峰值位置	峰值个数	峰值比
1	0	0	0	0
2	1	1	2	0.991 6
3	0	1	1	0.004 6
4	1	1	2	0.506 8
5	1	0	1	inf
6	1	1	2	1.978 1
7	1	1	2	1.027 3
8	1	1	2	1.006 3

表 9-3 所列为从探测线圈 SC2 空载反电势残差中提取的故障类型 2A、7A、8A、2B、7B、8B 对应的特征量。由表 9-3 可以看出,从探测线圈 SC2 中提取的故障类型 2A、7A、8A、2B、8B 的特征量各不相同,故这 5 种故障类型能够通过探测线圈 SC2 中提取的特征量进行识别;故障类型 8A、7B 的特征量基本一致可以视为同一类故障(该类故障视为故障类型 8A),故障类型 8A 与故障类型 2A、7A、2B、8B 的特征量不同。因此,可以通过提取探测线圈 SC2 的特征量实现对故障类型 2A、7A、8A、2B、8B 的准确识别。

表 9-3　探测线圈 SC2 空载反电势残差对应的特征量

故障类型编号	特征量			
	第一峰值位置	第二峰值位置	峰值个数	峰值比
2A	1	0	1	inf
7A	0	1	1	0
8A	1	1	2	0.5
2B	1	0	1	inf
7B	1	1	2	0.5
8B	1	1	2	1

表 9-4 所列为从探测线圈 SC3 空载反电势残差中提取的故障类型 8A、7B 对应的特征量。由表 9-4 可以看出,从探测线圈 SC3 中提取的故障类型 8A、7B 的特征量是不相同的,因此,可以通过提取探测线圈 SC3 的特征量实现对故障类型 8A、7B 的识别。

表 9-4　探测线圈 SC3 空载反电势残差对应的特征量

故障类型编号	特征量			
	第一峰值位置	第二峰值位置	峰值个数	峰值比
8A	1	1	2	0.449 7
7B	1	1	2	2.065 1

根据以上分析,通过三个探测线圈空载反电势残差的一个电周期波形,可以识别出预设的 8 种退磁故障类型,进而确定对应区域的永磁体状态。经过一个完整的旋转周期可以确定所有永磁体的状态。退磁永磁体定位过程如下:首先,以电周期为基本单元分别获取第一探测线圈、第二探测线圈和第三探测线圈的空载反电势残差波形。然后,依次对每个电周期波形进行分析,识别出退磁故障类型,以确定相应区域的永磁体状态。根据第一电周期波形,可以识别 PM2p、PM1 和 PM2 的状态。根据第二个电周期波形,可以识别 PM2、PM3 和 PM4 的状态。由于 PM2 的状态已经由第一个电周期波形确定,故通过第二个电周期波形识别的是 PM3 和 PM4 的状态。以此类推,通过第 i 个电周期波形可以识别 PM2i-1 和 PM2i 的状态。故可将永磁体按每对磁极进行分区,利用探测线圈空载反电势残差的每个电周期波形识别相应区域的每对磁极的状态。

9.3 基于混合样本数学模型的磁极分区数量确定

以每对磁极为单元进行永磁体退磁故障的诊断其检测次数等于电机的极对数,对于需要几十台甚至上百台电机协作完成的复杂任务领域,诊断的实时性比较差。为了提高实时性,减少计算量,本书按检测次数最小原则对一个机械周期的反电势残差进行分区,然后将故障区中的反电势残差按每对磁极进行分组,最后提取分组后探测线圈反电势残差的特征量进行退磁故障诊断。

基于检测次数最小原则的分区法采用混合样本数学模型[12-13],k 对磁极为 1 个区,将每对磁极混合起来检测,混合样本检测结果是健康的,则表明 k 对磁极仅需检测 1 次。如果混合样本检测结果为永磁体退磁故障,则需要对该区样本分别进行检测,这样 k 对磁极需检测 $(k+1)$ 次,假设一对磁极发生退磁故障的概率为 $1-q$,则健康的概率为 q,而 k 对磁极混合的样本退磁故障的概率为 $1-q^k$。以 k 对磁极为 1 个区,区内每对磁极检测次数为 X,则 X 是一个离散型随机变量。随机变量 X 的数学期望如式(9-5)所示。

$$E(X) = \frac{1}{k}q^k + \frac{k+1}{k}(1-q^k) = 1-q^k+\frac{1}{k} \tag{9-5}$$

电机 p 对磁极检测次数:

$$Q = nk(1-q^k+\frac{1}{k}) + (p-nk)(1-q^{p-nk}+\frac{1}{p-nk}) \tag{9-6}$$

式中:p 为磁极对数;q 为不发生退磁故障的概率;k 为每个区中磁极对数;n 为 p 除 k 的最大的商。

以本书研究的电机为对象,对退磁概率为 0.01%、0.1%、1%、2%、3% 这五种情况下不同 k 值对应的检测次数进行了研究,结果如图 9-11 所示,五种退磁概率下的最优 k 值的结果如表 9-5 所列。通过以上分析可以看出,随机变量 X 的数学期望是每个区中磁极对数 k 和退磁概率的二元函数,可根据电机系统应用领域的退磁概率确定最佳分区数量。

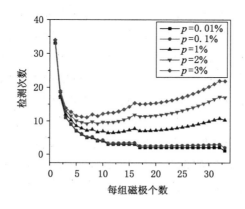

图 9-11　不同退磁概率下不同 k 时的检测次数

表 9-5　五种退磁概率下的最优 k 值

退磁概率/%	k	E(X)
0.01	33	0.033 6
0.1	33	0.062 8
1	11	0.195 6
2	7	0.274 7
3	7	0.334 9

现假设样机每对磁极退磁概率为 1%,根据上述模型确定的最佳分区数为 3,即把一个机械周期的探测线圈反电势残差信号分成 3 个区,每个区中有 11 对永磁体,33 对永磁体的平均检测次数为 6.45 次,而以每对磁极为检测单元的检测次数为 33 次。图 9-12 是永磁体 1 发生退磁故障时探测线圈反电势残差分区图,可以看出 1 区反电势残差大于阈值,其他两个区的反电势残差趋近于零,总的检测次数为 14 次,是以每对磁极为检测单元的检测次数的 42.4%,可见基于分区法的退磁故障诊断能提高诊断的实时性。

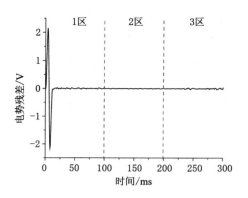

图 9-12 探测线圈反电势残差分区

9.4 基于三级 PNN 的 DDPMSM 永磁体退磁故障诊断模型建立

本节根据 5.4 节提出的基于新型探测线圈的 DDPMSM 空载反电势残差的提取算法,建立三级退磁故障样本库。结合三级 PNN 神经网络算法,提出了一种基于磁极分区的空载反电势残差局部退磁定位方法。首先在电机的三个相邻槽中分别安装三个环形绕组,通过两线圈相串联的方式组成三个探测线圈,分别标示为 SC1、SC2 和 SC3。通过编码器获取转子位置,66 号永磁体与 1 号永磁体几何中心线与 SC1 探测线圈重合的时刻作为采集探测线圈反电势的开始时刻。其次把实测的探测线圈空载反电势与健康状态的探测线圈空载反电势做残差运算,得到探测线圈空载反电势残差。然后按检测次数最小原则对一个机械周期的反电势残差进行分区,并将各个区中的残差信号和设定的阈值比较实现该区的退磁故障检测。最后,将退磁故障区的探测线圈 SC1、SC2、SC3 的残差信号按一个电周期依次进行分组,提取分组后的反电势残差信号并构造故障特征量,采用三级 PNN 神经网络实现对退磁永磁体的精准定位。

9.4.1 DDPMSM 永磁体退磁故障诊断总体方案

基于磁极分区和三级 PNN 的 DDPMSM 退磁故障诊断方案如图 9-13、图 9-14 所示。

首先,安装探测线圈,并实时获取探测线圈 SC1、SC2、SC3 的一个机械周期的反电势残

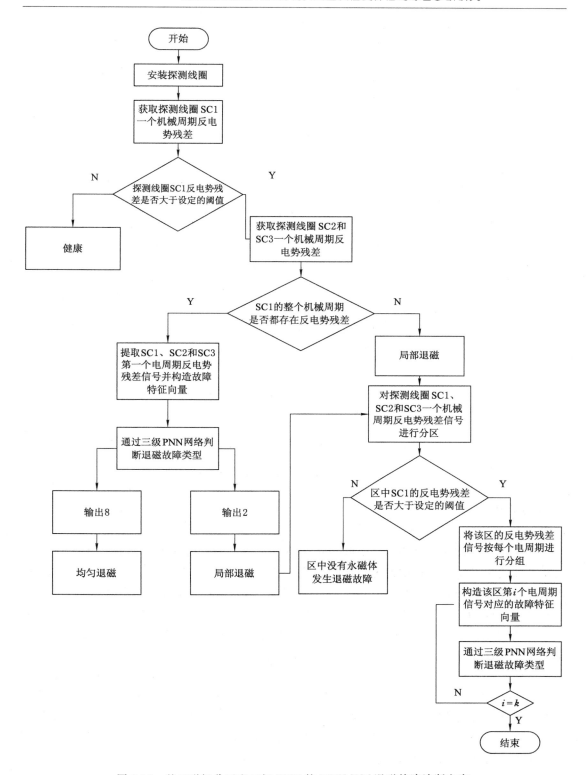

图 9-13　基于磁极分区和三级 PNN 的 DDPMSM 退磁故障诊断方案

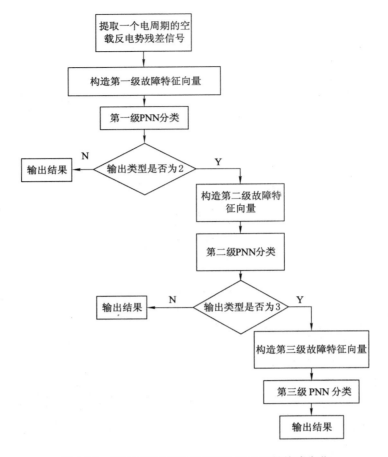

图 9-14 基于三级 PNN 的 DDPMSM 退磁故障定位

差,将探测线圈 SC1 的一个机械周期的反电势残差与设定的阈值比较实现退磁故障的检测。

其次,当检测出退磁故障时,获取探测线圈 SC2、SC3 的一个机械周期的反电势残差并判断 SC1 是否整个机械周期都存在反电势残差信号,如果 SC1 整个机械周期都存在反电势残差信号,则提取 SC1、SC2、SC3 的第 1 个电周期的反电势残差信号并构造故障特征量,然后采用图 9-14 所示的三级 PNN 神经网络进行故障自动分类,神经网络输出 8 时为均匀退磁故障,输出 2 时为局部退磁故障;如果 SC1 并非整个机械周期都存在反电势残差信号,则发生局部退磁故障。

然后,当检测出局部退磁故障时,按检测次数最小原则对一个机械周期的反电势残差进行分区,并将各个区中的残差信号和设定的阈值比较实现该区的退磁故障检测,若检测到区中存在永磁体退磁故障,则将区中探测线圈 SC1、SC2、SC3 的残差信号按一个电周期依次进行分组,提取分组后的反电势残差信号并构造故障特征量,然后采用三级 PNN 神经网络进行故障自动分类,即退磁永磁体的精确定位。

图 9-14 所示的三级 PNN 神经网络进行退磁故障自动分类的步骤如下:提取分组后探测线圈空载反电势残差的第一峰值、第二峰值、峰值的个数及峰值比作为故障特征量。然

后,采用三级神经网络进行永磁体退磁故障类型的识别(即故障永磁体的定位),第一级神经网络用来识别故障类型 1、3、4、5、6,并将故障类型 2、7、8 作为一大类标志为 2,其输入为从探测线圈 SC1 中提取的故障特征量,输出为 1、2、3、4、5、6;当第二级神经网络的输出为 2 时,调用第二级神经网络来识别故障类型 2A、7A、2B、8B,并将故障类型 8A、7B 标志为同一类,第二级神经网络的输入为从探测线圈 SC2 中提取的故障特征量,输出为 2、7、8、9。当故障类型为 2A、2B 时,第二级 PNN 网络的输出为 2;当故障类型为 7A 时,第二级 PNN 网络的输出为 7;当故障类型为 8B 时,第二级 PNN 网络的输出为 8,当故障类型为 8A、7B 时,第二级 PNN 网络的输出为 9。当第二级神经网络的输出为 9 时,调用第三级神经网络来识别故障类型 8A、7B,第三级神经网络的输入为从探测线圈 SC3 中提取的故障特征量,输出为 7、8,当故障类型为 7B 时,第三级 PNN 网络的输出为 7;当故障类型为 8A 时,第三级 PNN 网络的输出为 8。

9.4.2 基于磁极分区和三级 PNN 的 DDPMSM 退磁故障诊断算法设计

9.4.2.1 PNN 网络建模

为了识别不同的退磁故障类型进而实现退磁永磁体的定位,本书采用了三级 PNN 神经网络,PNN 网络结构见图 4-5。

第一级 PNN 神经网络从探测线圈 SC1 空载反电势残差中提取第一峰值、第二峰值、峰值个数、峰值比作为输入特征量,表 9-6 所列是从探测线圈 SC1 空载反电势残差中提取的故障特征量建立的样本库。第一级 PNN 神经网络的输出为 1、2、3、4、5、6。如果第一级 PNN 神经网络的输出为 1、3、4、5、6,则输出结果,如果第一级 PNN 神经网络的输出为 2,则调用第二级神经网络。

第二级 PNN 神经网络从探测线圈 SC2 空载反电势残差绝对值中提取第一峰值、第二峰值、峰值个数、峰值比作为输入特征量,表 9-7 所列是从探测线圈 SC2 空载反电势残差绝对值中提取的故障特征量建立的样本库。第二级 PNN 神经网络的输出为 2、7、8、9。如果第二级 PNN 神经网络的输出为 2、7、8,则输出结果,如果第二级 PNN 神经网络的输出为 9,则调用第三级神经网络。

第三级 PNN 神经网络从探测线圈 SC3 空载反电势残差中提取第一峰值、第二峰值、峰值个数、峰值比作为输入特征量,表 9-8 所列是从探测线圈 SC3 空载反电势残差中提取的故障特征量样本。第三级 PNN 神经网络的输出为 7、8。

9.4.2.2 PNN 网络的训练

为了训练 PNN 网络输入与输出的关系,需要建立标准的、丰富的包含有输入(退磁故障对应的特征量)和输出(退磁故障类型)的数据库。为了实现退磁故障特征样本的遍历性,建立每对永磁体故障样本集构成的样本库。第一级神经网络样本库的建立,第 1 对永磁体至第 8 对永磁体退磁程度设置为 25%,第 9 对永磁体至第 16 对永磁体退磁程度设置为 50%,第 17 对永磁体至第 24 对永磁体退磁程度设置为 75%,第 25 对永磁体至第 33 对永磁体退磁程度设置为 100%,提取每对永磁体 8 种故障类型的特征量建立退磁故障的样本库,共提取了样机 33 对极下 8 种退磁故障类型的 264 组数据,随机从 264 组样本中选取 198 组作为训练样本,另外 66 组作为测试样本,建立的第一级故障样本库如表 9-6 所列。

表 9-6　第一级故障样本库

编号	故障类型	第一个峰值位置	第二个峰值位置	峰值个数	峰值比
1	1	0	0	0	0
2	1	0	0	0	0
...	...	...	...	...	...
263	6	1	1	2	1.901 0
264	6	1	1	2	1.911 3

第二级神经网络样本库的建立,第 1 对永磁体至第 8 对永磁体退磁程度设置为 50%,第 9 对永磁体至第 16 对永磁体退磁程度设置为 25%,第 17 对永磁体至第 24 对永磁体退磁程度设置为 100%,第 25 对永磁体至第 33 对永磁体退磁程度设置为 75%,提取每对永磁体 6 种故障类型的特征量作为退磁故障的样本库,提取了样机 33 对极下 6 种退磁故障类型的 198 组数据。此外,单独将第 1 对永磁体至第 7 对永磁体退磁程度设置为 10%,提取了样机 7 对极下 6 种退磁故障类型的 42 组数据。因此,共提取了样机 6 种退磁故障类型的 240 组数据。随机从 240 组样本中选取 180 组作为训练样本,另外 60 组作为测试样本,建立的第二级故障样本库如表 9-7 所列。

表 9-7　第二级故障样本库

编号	故障类型	第一个峰值位置	第二个峰值位置	峰值个数	峰值比
1	1	1	0	1	In f
2	1	1	0	1	In f
...	...	...	...	...	...
239	6	1	1	2	1
240	6	1	1	2	1

第三级神经网络样本库的建立,第 1 对永磁体至第 8 对永磁体退磁程度设置为 100%,第 9 对永磁体至第 16 对永磁体退磁程度设置为 50%,第 17 对永磁体至第 24 对永磁体退磁程度设置为 75%,第 25 对永磁体至第 33 对永磁体退磁程度设置为 25%,提取每对永磁体 2 种故障类型的特征量作为退磁故障的样本库,共提取了样机 33 对极下 2 种退磁故障类型的 66 组数据,随机从 66 组样本中选取 50 组作为训练样本,另外 16 组作为测试样本,建立的第三级故障样本库如表 9-8 所列。

表 9-8　第三级故障样本库

编号	故障类型	第一个峰值位置	第二个峰值位置	峰值个数	峰值比
1	3	1	1	2	0.499 7
2	3	1	1	2	0.500 1
...	...	...	...	...	...
65	5	1	1	2	2.065 1
66	5	1	1	2	2.001 0

图 9-15 所示为一级、二级、三级 PNN 神经网络训练结果,由图 9-15 可以看出,将训练样本作为输入测试已经训练好的各级 PNN 神经网络,没有出现判断错误的样本,训练误差为 0,正确率已经达到 100％。

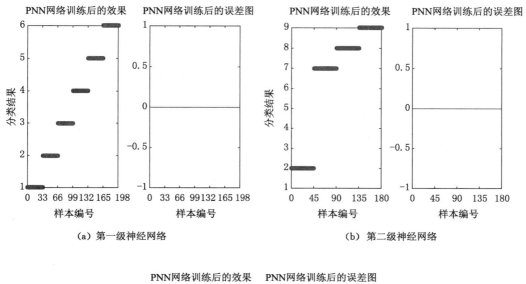

(a) 第一级神经网络　　　　　　　　　　　(b) 第二级神经网络

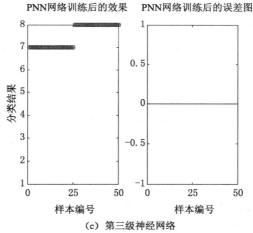

(c) 第三级神经网络

图 9-15　神经网络训练结果

图 9-16 所示为一级、二级、三级 PNN 神经网络测试结果,由图 9-16 可以看出,将测试样本作为输入测试已经训练好的各级 PNN 神经网络,没有出现判断错误的样本,训练误差为 0,正确率已经达到 100％。上述结果表明,所设计的三级神经网络训练和测试识别率都很高,训练后的误差为 0,没有判断错误的样本,识别正确率已经达到 100％,能够完全识别不同退磁程度下任意永磁体退磁组合类型。

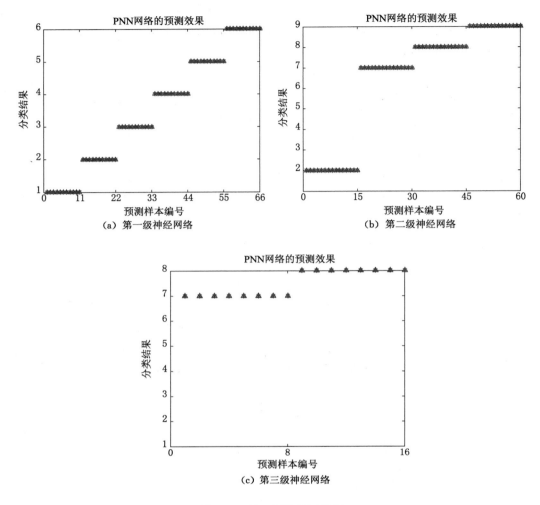

图 9-16 神经网络测试结果

9.5 有限元仿真验证

为了验证所提出的基于新型探测线圈的永磁体退磁故障定位方法的正确性与有效性，建立了 DDPMSM 的有限元模型，其参数如表 2-1 所列。分别对 20 号永磁体失磁 30%（定义退磁故障类型Ⅰ）和 2、3、4 号永磁体失磁 30% 的退磁故障（定义退磁故障类型Ⅱ）进行了有限元仿真计算。图 9-17 所示为上述 2 种退磁故障类型对应的探测线圈 SC1 空载反电势波形，可以看出，当退磁永磁体经过探测线圈时，其空载反电势会减小。

图 9-18 所示为利用 9.2.2 节提出空载反电势残差提取算法提取退磁故障类型Ⅰ与退磁故障类型Ⅱ的一个机械周期 SC1 的空载反电势残差波形，可以看出，退磁故障类型Ⅰ与退磁故障类型Ⅱ都在 1 区出现了空载反电势残差，其他区的空载反电势残差接近 0。上述结果与 9.2 节的理论分析结论一致。

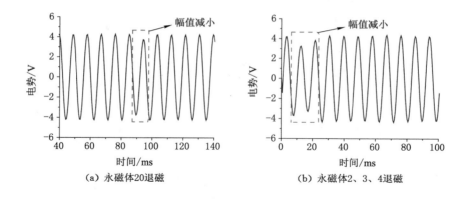

图 9-17　不同永磁体退磁时探测线圈 SC1 空载反电势波形

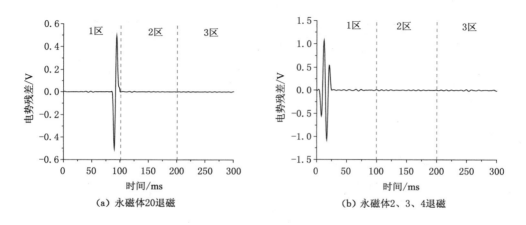

图 9-18　不同永磁体退磁时 SC1 探测线圈反电势残差波形

　　利用 9.2.1 节提出的故障特征量构造方法构建退磁故障类型Ⅰ与退磁故障类型Ⅱ的故障特征量,并作为测试数据输入到 PNN 网络。图 9-19 所示为退磁故障类型Ⅰ的第一级 PNN 网络测试结果,可以看出,第 10 对磁极输出故障类型是 3,第 11 对磁极输出故障类型是 5,其他磁极对输出故障类型是 1。通过对比表 9-1 可以判断出第 10 对磁极中编号为 20 的永磁体发生退磁故障,其他永磁体都是健康的。

　　图 9-20 所示为退磁故障类型Ⅱ的 PNN 网络测试结果。图 9-20(a)所示为第一级 PNN 的输出结果,可以看出,第 1 对磁极输出故障类型是 3,第 2 对磁极输出故障类型是 2,第 3 对磁极输出故障类型是 5,其他磁极对输出故障类型是 1。通过对比表 9-1 可以判断出第 1 对磁极中编号为 2 的永磁体发生退磁故障,由于第 2 对磁极输出故障类型是 2,所以要调用第二级 PNN 进行退磁模式分类。图 9-20(b)所示是第二级 PNN 的输出结果,可以看出,输出结果是 9,故还要调用第三级 PNN 网络进行模式分类。图 9-20(c)所示是第三级 PNN 的输出结果,可以看出,输出结果是 8,通过对比表 9-1、表 9-4,可知第 2 对磁极的两个永磁体都发生了退磁故障。最终的定位结果为 2、3、4 号永磁体发生退磁故障。

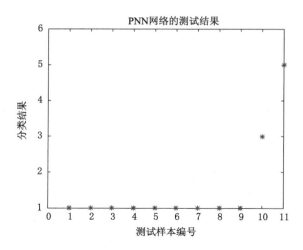

图 9-19　20号永磁体退磁的 PNN 测试结果

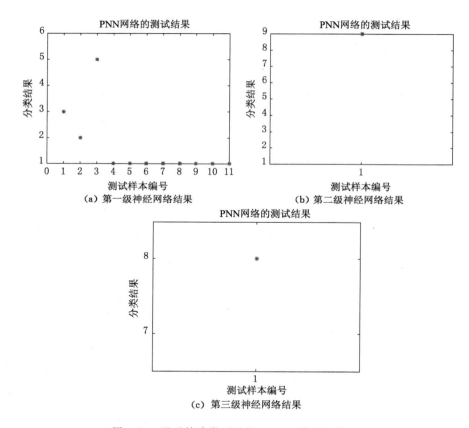

图 9-20　退磁故障类型 Ⅱ 的 PNN 网络测试结果

　　表 9-9 所列是基于磁极分区和三级 PNN 的两种退磁故障类型诊断结果，表中状态值 1 表示退磁，0 表示健康。由表 9-9 可以看出，有限元计算的永磁体退磁故障类型与测试结果一致，正确率为 100％，验证了所提出基于磁极分区和三级 PNN 的 DDPMSM 退磁故障方法的正确性与有效性。

表 9-9 两种退磁故障类型诊断结果

永磁体编号	故障类型 I 的永磁体退磁状态	故障类型 II 的永磁体退磁状态
1	0	0
2	0	1
3	0	1
4	0	1
5	0	0
...	...	...
19	0	0
20	1	0
21	0	0
...	...	...
66	0	0

9.6 本章小结

本章针对 DDPMSM 退磁故障检测、故障模式识别及故障定位进行了深入研究,开展了新型探测线圈安装及检测机理研究,构造了基于新型探测线圈的退磁故障特征量,研究 DDPMSM 退磁故障特征量的提取算法及退磁故障模式识别、自动定位等关键技术。主要工作及结论如下:

(1)通过对不同退磁模式的空载反电势残差的分析,提出了一种可获取退磁定位信息的新型探测线圈。所提出的新型探测线圈仅需要在 DDPMSM 槽底连续布置三个环形绕组,几乎不增加电机的体积和成本,且探测线圈本身开路,不影响 DDPMSM 的正常运行。此外,所提出的新型探测线圈安装方式可以方便地进行探测线圈线匝分布位置及数目优化的实验研究,具有灵活方便、工艺上容易实现等优点。

(2)构造了以一个电周期内空载反电势残差的峰值位置、峰值个数、峰值比为关键参数的退磁故障特征量。构建的特征量对不同负载、不同退磁程度的泛化能力好。

(3)基于混合样本数学模型,确定了最少检测分区的划分原则及数量,从而减少了故障检测及定位过程中的检测时长和数据计算量,有效提高了退磁故障诊断实时性。

(4)提出了基于三级 PNN 的 DDPMSM 退磁故障诊断方法。该方法可以实现退磁故障的检测、退磁故障模式识别和退磁永磁体自动快速精确定位等多种功能。

10 DDPMSM 故障诊断实验研究

10.1 引言

为了对 DDPMSM 定子绕组故障状态数学模型和 DDPMSM 匝间短路故障前后特性分析及故障特征量进行实验验证。本章制造了用于故障诊断实验的 DDPMSM 样机，并搭建了相应的样机实验平台。本章首先对 DDPMSM 样机方案进行分析和制作，包括样机结构设计、基本参数、传感器配置和电机驱动控制器配置等。然后通过改变电机定子绕组接线方式，确定故障测试方案，对前文所述绕组故障进行实验验证，并开展实验结果分析。

10.2 故障诊断实验方案设计

10.2.1 样机制作与测试平台

为验证前文 DDPMSM 的故障建模、电机故障前后性能分析及故障特征分析结果，研制了 2.2.1 所述的 66 极 72 槽 DDPMSM 故障样机并搭建实验平台。样机铁芯硅钢片、定子铁芯、永磁转子以及绕组子单元如图 6-1 所示，图 6-1(a)所示样机铁芯硅钢片由 6 段弧形硅钢片拼接构成。图 6-1(c)所示转子表面粘接 72 个磁体，其中每个磁体由三块钕铁硼永磁体沿轴向构成。为进行槽内不同位置匝间短路故障实验，将样机的每个线圈沿槽深方向横向分为四个子单元，并将所有子单元的抽头引出，每个子单元的匝数为 12 匝，如图 10-1(d)、(e)所示。将所有绕组子单元的端子接到线圈端子排上，电机定子绕组线圈接线端子与编号分布如图 10-2 所示。

样机主要结构部件以及实验样机装配外观如图 10-3 所示，主要结构设计参数如表 2-1 所列。

为开展 DDPMSM 故障诊断实验，验证所提出模型的正确性与准确性，搭建样机实验平台如图 10-4 所示。DDPMSM 故障诊断实验平台主要由 DDPMSM 样机、转速转矩测量仪、磁粉制动器、上位机、驱动器、传感器面板、DL7480 数字示波器、数字电桥(LCR)和直流电源组成。该实验平台可对诊断 DDPMSM 故障时所需的各种特征量进行检测。

由图 10-4 可知，该实验平台可分为样机平台和控制平台两部分，主要包括机械台架、被测电机及驱动器、磁粉制动器、传感器部分、工控机、可编程 DC 电源、数据采集模块等，能完成相应电机电压、电流、转速、转矩、功率、控制特性、机电时间常数、效率等实验项目。平台各组成部分功能及作用介绍如下：

(1) 机械台架：机械台架是支撑、安装、调节电机及测试系统的部件，主要由整体底架、输入快速对接装置、输出快速对接装置、轴承座、联轴器等组成。

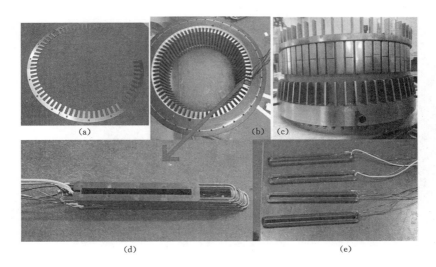

图 10-1　样机定子铁芯、转子永磁体与绕组子单元

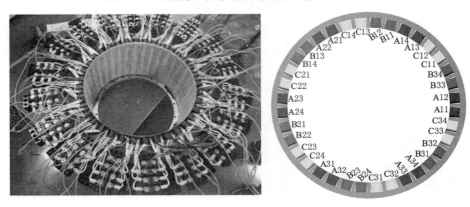

图 10-2　定子绕组子单元的接线端子与编号分布

图 10-3　样机装配图

(a) 样机平台

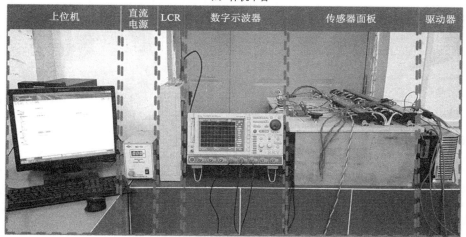

(b) 控制平台

图 10-4　样机实验平台

（2）被测电机及驱动器：此处被测电机及驱动器为本章中所研制的 10 kW DDPMSM、以及功率 15 kW 的科尔摩根驱动器。

（3）磁粉制动器：选用 FZ-J 型（轴联结、机座支撑）磁粉制动器为被测电机提供可调负载。磁粉制动器是由转子、定子、含激磁线圈的磁轭组成，三部分相对同心装配，形成了一个可以相对转动的整体，在转子和定子之间的环形空隙内填有高导磁性的合金磁粉。激磁电流与转矩呈线性关系，通过调整激磁电流便能准确地控制转矩，从而有效地控制负载阻力的大小。

（4）工控机：工控机是为工业现场而设计的计算机，可用于测试数据的分析、新型电机的设计、建模、性能分析，具有较高的防磁、防尘、防冲击的能力。

（5）传感器：传感器部分包含转速转矩传感器、电流传感器、电压传感器、温度传感器，可测量三相电压、电流、转矩、转速、电机定子绕组、铁芯部件的温度等参数。

（6）可编程 DC 电源：可编程 DC 电源给变频器、驱动器提供直流电源。

（7）数据采集模块：采用 PCI 总线、32 路 A/D 输入、16 位分辨率、±10 V、采样率为 10 kHz 的数据采集模块，用于采集测试系统中各类模拟量信号的参数。

10.2.2　绕组故障测试方案

为开展绕组短路故障实验，对电机进行特殊处理：将每个线圈拆分为四个子线圈。以线圈 B11 为例进行子线圈端子编号示意，图 10-5 所示为 B11 线圈拆分为四个子线圈后各出线端编号，其余负向线圈均类比 B11 编号。

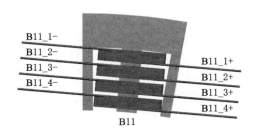

图 10-5　线圈子单元编号示意图

在图 10-5 所示编号方式中，每个线圈由 8 个端子组成，单个线圈端子牌由 8 位常用端子与 2 位备用端子组成。整体排布逻辑与常规电机线圈连接方式类似，第 1~3 行为 U 相，4~6 行为 V 相，7~9 行为 W 相，每行内均为相互串联的线圈，每相每行间均为相互并联的线圈。此方案不存在极端尺寸且排布与线圈实际连接相符，方便接线。

通过调整子线圈接线方式同时并联接入故障电阻，即可进行多种短路故障实验，如同一槽不同位置绕组子单元匝间短路、同相相同支路及不同支路组合的绕组子单元匝间短路、不同相多种支路组合的绕组子单元匝间短路实验、相间短路实验等。

DDPMSM 的绕组故障实验需要测量电机在定子绕组短路故障情况（额定工况）下的支路电流、故障电流、转矩和转速。具体实验步骤如下：

（1）完成实验设备与控制测量装置的安全接线，如图 10-5 所示在子线圈两端并联接入短路故障电阻 R_f，并调整故障电阻阻值，实现短路故障设置；

（2）打开电源，为测量设备和控制设备供电；

（3）进入电机驱动器软件，为电机通入三相交流电，将电机驱动文件写入驱动器；

（4）打开转速转矩测量仪上位机软件，创建测量工程；

（5）进入电机控制界面，设置转速值并驱动电机；

（6）打开磁粉制动器调控电源，缓慢提升调控电源电流值，通过上位机观察电机供电电流变化，调整电流值至待测量时保存支路电流、转矩、转速数据；

（7）将磁粉制动器调控电源电流值缓慢降落到 0 A 后停止电机运行；

（8）调整故障电阻与故障类型，重复步骤（5）、（6）、（7）；

（9）调整电流探头到待测支路，重复步骤（5）、（6）、（7）、（8）；

其中，待测故障类型及次序如表 10-1 所列。

表 10-1　实验故障类型

	转速/(r/min)	供电电流/ A	短路线圈	短路匝数	短路位置	短路电阻/ Ω
故障类型 1	200	28	A12	48	/	5
故障类型 2	200	28	A11	24	槽口	5
故障类型 3	200	28	A11	24	槽底	5
故障类型 4	200	28	A11 和 A12	48	/	5
故障类型 5	200	28	A34 与 C34	48	/	5
故障类型 6	200	7	A12	48	/	5
故障类型 7	100	7	A12	48	/	5
故障类型 8	200	28	A11	48	/	2
故障类型 9	100	28	A11	48	/	2
故障类型 10	200	7	A11	48	/	2
故障类型 11	200	28	A11	36	槽口	2

10.3　健康状态实验分析

为验证所提出的基于线圈子单元的 DDPMSM 定子绕组故障状态数学模型在分析电机健康状态性能的正确性与准确性,在样机实验平台上进行 DDPMSM 健康状态的性能测试。实验中,通过转速和扭矩测量仪测量样机的转矩和转速、磁粉制动器用于向样机提供负载(可通过直流电源调节样机负载大小)、上位机用于监测和获取样机转矩数据、驱动器用于控制和驱动样机、传感器面板用于测量样机电压和电流、数字示波器用于采集电压和电流数据、数字电桥(LCR)用于测量电感。

图 10-6 所示为健康状态下电感测量值(EXP)与解析计算值(FEM)的对比。由图 10-6 可以看出,所提出的 FEM 电感计算与实验测量结果的误差很小,最大误差不超过 4%,准确率高,故所提出的 FEM 电感计算方法是正确的、有效的。

图 10-7、图 10-8、图 10-9 和图 10-10 所示分别为工况Ⅰ、工况Ⅱ、工况Ⅳ、和工况Ⅴ的 A 相电流、速度、转矩的实验测量结果和解析计算结果。由图 10-7、图 10-8、图 10-9 和图 10-10

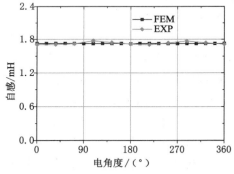

图 10-6　电感的测量和计算结果对比

可以看出,所提出模型的计算结果与实验测量结果较为吻合。计算结果与实验结果的最大误差为 5%,进一步验证了所提出的基于线圈子单元的 DDPMSM 定子绕组故障状态数学模型在分析电机健康状态性能时的正确性与有效性。另外,所提出的模型在计算每个线圈对电机性能的贡献时具有很高的精度。

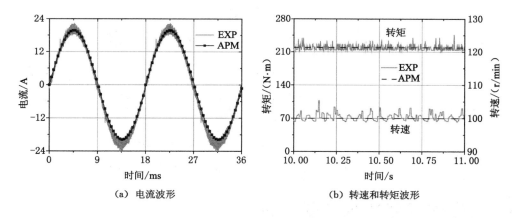

图 10-7 工况 I 电流、转速和转矩的实验测量与计算波形

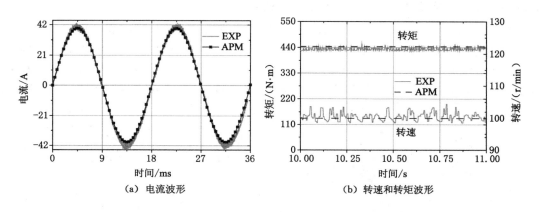

图 10-8 工况 II 电流、转速和转矩的实验测量与计算波形

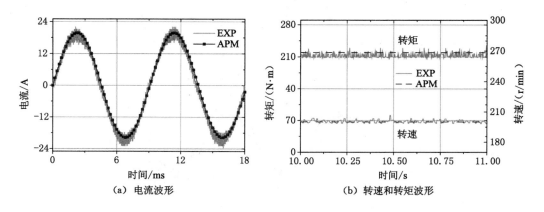

图 10-9　工况 IV 电流、转速和转矩的实验测量与计算波形

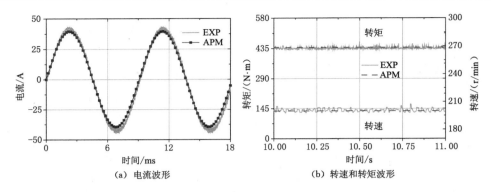

（a）电流波形 　　　　　（b）转速和转矩波形

图 10-10　工况 V 下电流、转速和转矩的实验测量与计算波形

10.4　匝间短路故障实验分析

10.4.1　改进前模型计算结果与实验结果比较分析

根据 6.2.2 绕组故障测试方案进行 DDPMSM 的绕组短路故障实验，通过在相应的线圈子单元上并联故障电阻来设置故障。样机运行在额定工况（供电电流为 28 A，供电频率为 110 Hz，转速为 200 r/min），故障电阻 R_f 为 5 Ω。图 10-11 所示为 A12 线圈 48 匝故障、A11 线圈槽口处 36 匝故障、A11 线圈槽底处 36 匝故障、A11 与 A12 线圈 48 匝同时故障和

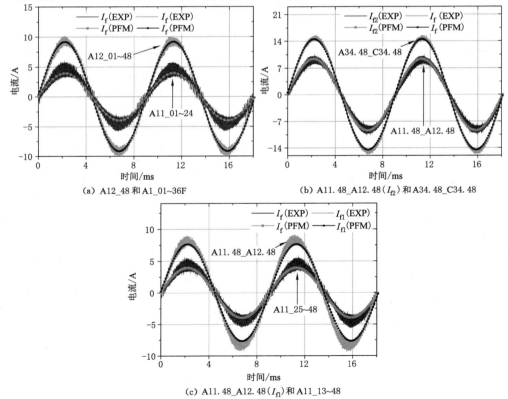

（a）A12.48 和 A1.01~36F 　　　　　（b）A11.48_A12.48（I_{f2}）和 A34.48_C34.48

（c）A11.48_A12.48（I_{f1}）和 A11_13~48

图 10-11　不同故障情况故障电流的实验与计算波形（$R_f = 5$ Ω，$f = 110$ Hz；$I_x = 28$ Arms）

A34 与 A34 线圈 48 匝相间短路故障的故障电阻电流波形。图 10-12 所示为 A12 线圈 48
匝故障、A11 线圈槽口处 36 匝故障、A11 与 A12 线圈 48 匝同时故障和 A34 与 C34 线圈 48
匝相间短路故障的转矩。计算结果与实验结果的最大误差约为 7.5%,该误差是由于电感
误差、安装误差、测量误差、故障电阻通电发热以及铁耗造成的。上述结果表明,所提出模型
计算结果与测量结果较为吻合,证明了所提出模型的正确性与准确性。

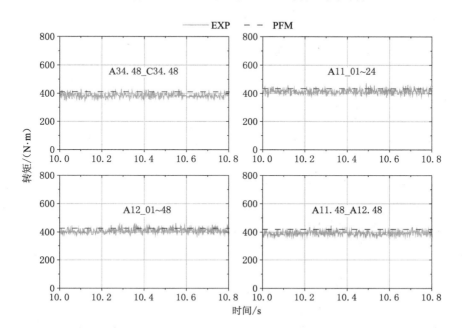

图 10-12 转矩的实验与计算波形

图 10-13 所示为电机运行在 $f=110$ Hz、$I_x=7$ A 下,A12 线圈 48 匝故障(R_f 为 5 Ω)时
的故障电阻电流和转矩计算结果与实验结果对比。图 10-14 所示为电机运行在 $f=55$ Hz、
$I_x=7$ A 时,A12 线圈 48 匝故障(R_f 为 5 Ω)时的故障电阻电流和转矩计算结果与实验结果
对比。计算结果与实验结果的最大误差约为 7.8%,该误差是由于电感误差、安装误差、测
量误差、故障电阻通电发热以及铁耗造成的。上述结果表明,所提出模型计算结果与实验结
果较为吻合,证明了所提出模型的正确性与准确性。

10.4.2 改进后模型计算结果与实验结果比较分析

利用改进后的模型计算 A11_01~24F 和 A11_25~48F 的 A 相电压(V_A)、A1 支路电流
(I_{A1})、短路电阻电流(I_{Rf})和平均转矩(T_{ave})随短路电阻的变化规律。变化规律如图 10-15~图
10-16 所示。

由图 10-15 和图 10-16 可知,经过改进,所建立数学模型的计算结果与有限元模型计算
结果的吻合程度增加。图 10-15 中,改进数学模型计算结果与有限元模型计算结果的最大
误差为 5.71%。图 10-16 中,改进数学模型计算结果与有限元模型计算结果的最大误差为
5.53%。改进前两种故障类型对应的最大误差分别为 46.02% 和 43.06%。因此,经过改
进,所建立模型的计算精度进一步提高。

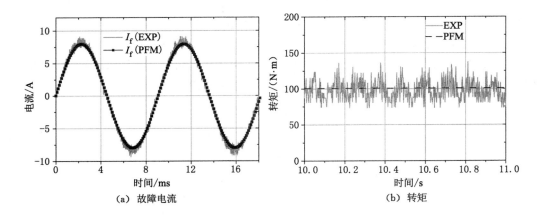

图 10-13　故障电流和转矩的实验测量与计算波形($R_f=5\ \Omega$，$f=110\ \text{Hz}$；$I_x=7\ \text{A}$)

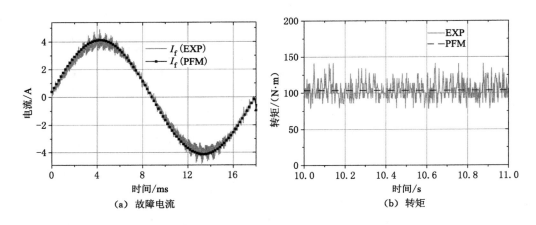

图 10-14　故障电流和转矩的实验测量与计算波形($R_f=5\ \Omega$，$f=55\ \text{Hz}$；$I_x=7\ \text{A}$)

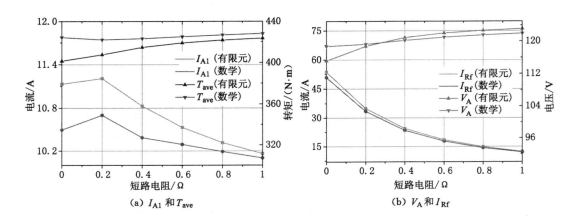

图 10-15　改进模型计算出的 V_A、I_{A1}、I_{Rf} 和 T_{ave}(A11_01～24F)

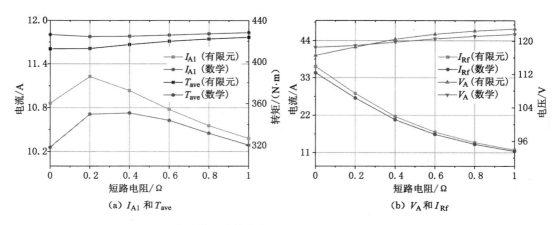

(a) I_{A1} 和 T_{ave} (b) V_A 和 I_{Rf}

图 10-16 改进模型计算出的 V_A、I_{A1}、I_{Rf} 和 T_{ave}（A11_25～48F）

下面对所建立的模型进行故障状态实验验证。额定工况 A12_01～48F、A11_01～24F 及 A11_25～48F 故障情况下流过短路电阻的电流（I_{Rf}）如图 10-17 所示。25％负载额定转速与 25％负载 50％转速 A12_01～48F 故障情况下流过短路电阻的电流（I_{Rf}）如图 10-18 所示。

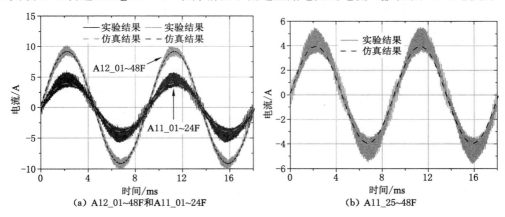

(a) A12_01~48F和A11_01~24F   (b) A11_25~48F

图 10-17 额定工况不同故障类型下的 I_{Rf} 仿真值与实验值（$R_f = 5\ \Omega$）

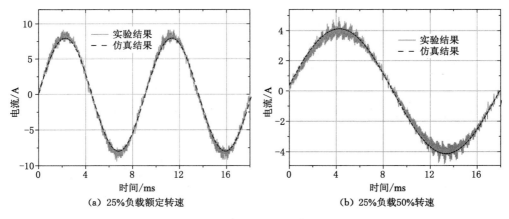

(a) 25%负载额定转速   (b) 25%负载50%转速

图 10-18 不同工况 A12_01～48F 时的 I_{Rf} 仿真值与实验值（$R_f = 5\ \Omega$）

在图 10-17、图 10-18 中，短路电阻电流的仿真结果和实验结果吻合程度较好，支路差值电流的最大误差约为 9.5%，精度较高。以上实验中产生误差的原因有电感误差（如图 10-10 所示）、短路电阻误差（短路电阻电流导致电阻产生温升，影响实际阻值）、铁耗以及机械摩擦（安装误差）等。实验结果验证了所建立模型的正确性。

10.5　故障特征量实验分析

图 10-19、图 10-20 和图 10-21 所示分别为电机运行在 $f=110$ Hz、$I_x=28$ A 情况下，A11 线圈 48 匝故障（R_f 为 2 Ω）时的支路电流残差（I_{a1RS}、I_{a2RS}、I_{a3RS}、I_{b1RS}、I_{b2RS}、I_{b3RS}、I_{c1RS}、I_{c2RS}、I_{c3RS}）、支路差值电流（I_{a12}、I_{a13}、I_{a23}、I_{b12}、I_{b13}、I_{b23}、I_{c12}、I_{c13}、I_{c23}）和转矩的计算结果与实验结果对比。计算结果的最大误差约为 8.3%，该误差是由于电感误差、安装误差、测量误差、计算误差、故障电阻通电发热以及铁耗造成的。上述结果表明，所提出模型计算结果与测量结果较为吻合，证明了所选特征量的有效性和可行性。

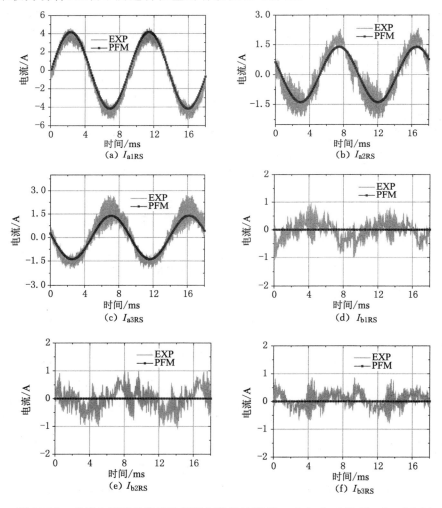

图 10-19　支路电流残差的实验测量与计算波形（$R_f=2$ Ω，$f=110$ Hz；$I_x=28$ A）

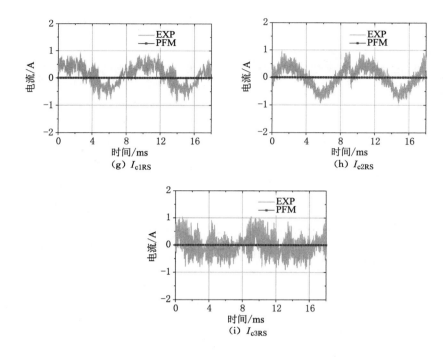

(g) I_{c1RS}　　　　　　　　　(h) I_{c2RS}

(i) I_{c3RS}

图 10-19（续）

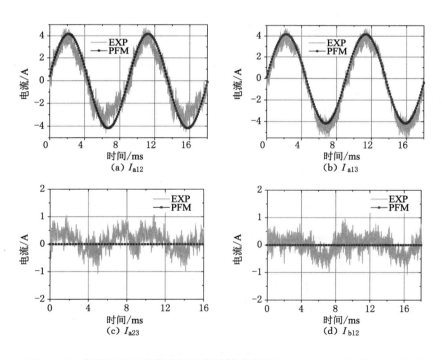

(a) I_{a12}　　　　　　　　　(b) I_{a13}

(c) I_{a23}　　　　　　　　　(d) I_{b12}

图 10-20　支路电流差的实验测量与计算波形（$R_f = 2\ \Omega, f = 110\ \mathrm{Hz}; I_x = 28\ \mathrm{A}$）

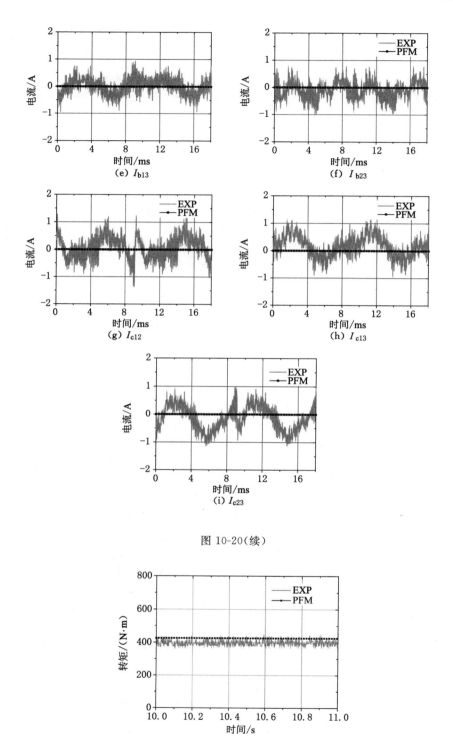

图 10-20（续）

图 10-21　转矩的实验测量与计算波形
（$R_f = 2\ \Omega, f = 110\ \text{Hz}; I_x = 28\ \text{A}$）（A11 线圈 48 匝短路）

图 10-22、图 10-23 和图 10-24 所示分别为电机运行在 $f=55$ Hz、$I_x=28$ A 情况下，A11 线圈 48 匝故障（R_f 为 2 Ω）时的支路电流残差（I_{a1RS}、I_{a2RS}、I_{a3RS}）、支路差值电流（I_{a12}、I_{a13}、I_{a23}）和转矩的计算结果与实验结果对比。计算结果与实验结果的最大误差约为 8.5%，该误差是由于电感误差、安装误差、测量误差、计算误差、故障电阻通电发热以及铁耗造成的。上述结果表明，所提出模型计算结果与测量结果较为吻合，证明了所选特征量的有效性和可行性。

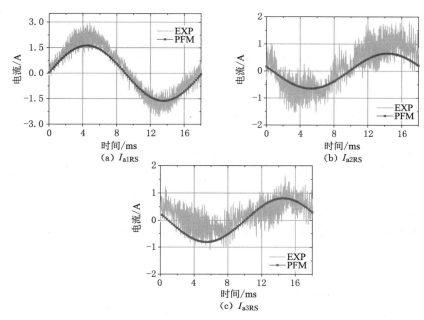

图 10-22 支路电流残差的实验测量与计算波形（$R_f=2$ Ω，$f=55$ Hz，$I_x=28$ A）

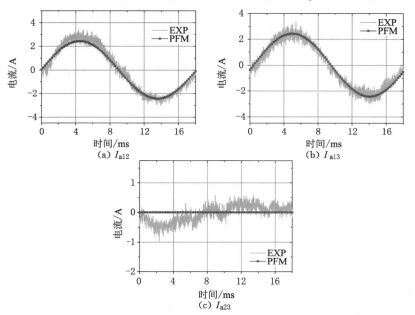

图 10-23 支路差值电流的实验测量与计算波形（$R_f=2$ Ω，$f=55$ Hz，$I_x=28$ A）

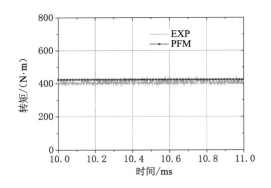

图 10-24 转矩的实验测量与计算波形($R_{\mathrm{f}}=2\ \Omega, f=55\ \mathrm{Hz}, I_x=28\ \mathrm{A}$)

图 10-25、图 10-26 和图 10-27 所示分别为电机运行在 $f=110\ \mathrm{Hz}$、$I_x=7\ \mathrm{A}$ 情况下，A11 线圈 48 匝故障（R_{f} 为 2 Ω）时的支路电流残差（I_{a1RS}、I_{a2RS}、I_{a3RS}）、支路差值电流（I_{a12}、I_{a13}、I_{a23}）和转矩的计算结果与实验结果对比。计算结果的最大误差约为 8.6%，该误差是由于电感误差、安装误差、测量误差、计算误差、故障电阻通电发热以及铁耗造成的。上述结果表明，所提出模型计算结果与测量结果较为吻合，证明了所选特征量的有效性和可行性。

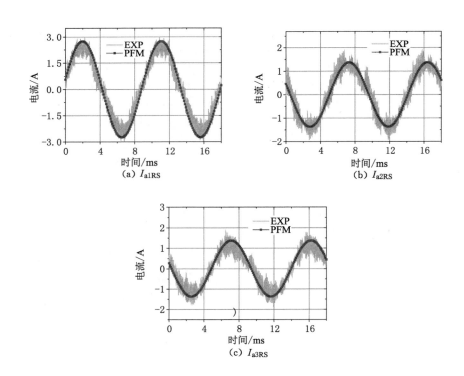

图 10-25 支路电流残差的实验测量与计算波形（$R_{\mathrm{f}}=2\ \Omega$, $f=110\ \mathrm{Hz}, I_x=7\ \mathrm{A}$）

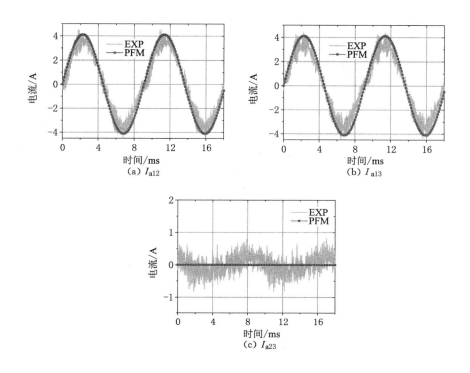

图 10-26 支路差值电流的实验测量与计算波形($R_f = 2\ \Omega, f = 55\ \mathrm{Hz}, I_x = 7\ \mathrm{A}$)

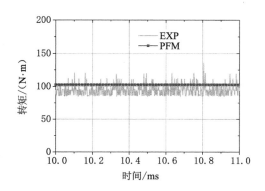

图 10-27 转矩的实验测量与计算波形($R_f = 2\ \Omega, f = 110\ \mathrm{Hz}, I_x = 7\ \mathrm{A}$)

  图 10-28 和图 10-29 所示分别为电机运行在 $f = 110\ \mathrm{Hz}$、$I_x = 28\ \mathrm{A}$ 情况下，A11 线圈 36 匝故障(R_f 为 2 Ω)时的支路差值电流(I_{a12}、I_{a13}、I_{a23})和转矩的计算结果与实验结果对比。计算结果与实验结果的最大误差约为 8.4%，该误差是由于电感误差、安装误差、测量误差、计算误差、故障电阻通电发热以及铁耗造成的。上述结果表明，所提出模型计算的结果与测量结果较为吻合，证明了所选特征量的有效性和可行性。

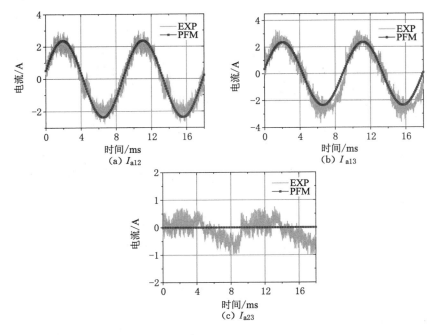

图 10-28　支路差值电流的实验测量与计算波形($R_f = 2\ \Omega, f = 110\ \mathrm{Hz}, I_x = 28\ \mathrm{A}$)

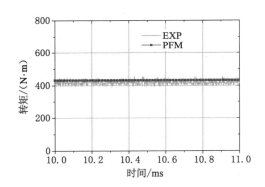

图 10-29　转矩的实验测量与计算波形($R_f = 2\ \Omega, f = 110\ \mathrm{Hz}, I_x = 28\ \mathrm{A}$)

10.6　本章小结

（1）研制了具有线圈子单元的 DDPMSM 故障模拟样机，搭建了 DDPMSM 实验测试平台，设计了定子绕组故障测试方案，开展实验测试与验证工作。

（2）实验验证了所提出的基于线圈子单元的 DDPMSM 定子绕组故障状态数学模型，该模型在健康状态与定子绕组故障状态下的电流、转速和转矩的计算结果与测量结果获得较好的一致性，表明本书所建立的数学模型的正确性与准确性。

（3）实验验证了用于匝间短路故障诊断的支路差值电流及支路电流残差的计算结果与测量结果获得较好的一致性，表明本书所遴选的用于匝间短路故障诊断的特征量的有效性与可行性。

参考文献

[1] 国务院关于印发《中国制造 2025》的通知[R].北京:中华人民共和国国务院,2015.

[2] LV K,GAO C X,SI J K,et al. Fault coil location of inter-turn short-circuit for direct-drive permanent magnet synchronous motor using knowledge graph[J]. IET electric power applications,2020,14(9):1712-1721.

[3] TONG W M,WU S N,TANG R Y. Totally enclosed self-circulation axial ventilation system design and thermal analysis of a 1. 65 MW direct-drive PMSM[J]. IEEE transactions on industrial electronics,2018,65(12):9388-9398.

[4] HOU Z W,HUANG J,LIU H,et al. No-load losses based method to detect demagnetisation fault in permanent magnet synchronous motors with parallel branches[J]. IET electric power applications,2017,11(3):471-477.

[5] NERG J,RILLA M,RUUSKANEN V,et al. Direct-driven interior magnet permanent-magnet synchronous motors for a full electric sports car[J]. IEEE transactions on industrial electronics,2014,61(8):4286-4294.

[6] GAO C X,LV K,SI J K,et al. A physical faulty model based on coil sub-element for direct-drive permanent magnet synchronous motor with stator winding short-circuit faults[J]. IEEE access,2019,7:151307-151319.

[7] LU K Y,WU W M. High torque density transverse flux machine without the need to use SMC material for 3-D flux paths[J]. IEEE transactions on magnetics,2015,51(3): 1-4.

[8] 李红梅,陈涛,姚宏洋.电动汽车 PMSM 退磁故障机理、诊断及发展[J].电工技术学报, 2013,28(8):276-284.

[9] 张超,杜博超,崔淑梅,等.电动汽车高压系统绝缘状态在线监测方法[J].电工技术学报,2019,34(12):2657-2663.

[10] 孔汉,刘景林.永磁伺服电机转子偏心对电机性能的影响研究[J].电机与控制学报, 2016,20(1):52-59.

[11] CHOI S,PAZOUKI E,BAEK J,et al. Iterative condition monitoring and fault diagnosis scheme of electric motor for harsh industrial application[J]. IEEE transactions on industrial electronics,2015,62(3):1760-1769.

[12] GRUBIC S,ALLER J M,LU B,et al. A survey on testing and monitoring methods for stator insulation systems of low-voltage induction machines focusing on turn insulation problems [J]. IEEE transactions on industrial electronics, 2008, 55 (12): 4127-4136.

[13] MOON S,JEONG H,LEE H,et al. Interturn short fault diagnosis in a PMSM by voltage and current residual analysis with the faulty winding model[J]. IEEE transactions on energy conversion,2018,33(1):190-198.

[14] KLONTZ K W,MILLER T J E,MCGILP M I,et al. Short-circuit analysis of permanent-magnet generators[J]. IEEE transactions on industry applications,2011,47(4):1670-1680.

[15] CHOI G,JAHNS T M. PM synchronous machine drive response to asymmetrical short-circuit faults[C]//2014 IEEE energy conversion congress and exposition (ECCE),2014:622-629.

[16] HONG J,HYUN D,LEE S B,et al. Automated monitoring of magnet quality for permanent-magnet synchronous motors at standstill[J]. IEEE transactions on industry applications,2010,46(4):1397-1405.

[17] 王卫平. 内置式永磁同步电机交、直轴电枢反应电抗的准确计算[J]. 微电机,2009,42(6):11-13.

[18] 赵国新,邸建忠,韩雪岩,等. 永磁同步电动机电枢反应电抗计算方法研究与测试差异分析[J]. 电工技术学报,2015,30(14):504-510.

[19] 常鲜戎,樊尚,科康波,等. 三相异步电机新模型及其仿真与实验[J]. 中国电机工程学报,2003,23(8):140-145.

[20] HANG J,DING S C,ZHANG J Z,et al. Detection of interturn short-circuit fault for PMSM with simple fault indicator[J]. IEEE transactions on energy conversion,2016,31(4):1697-1699

[21] 肖士勇,戈宝军,陶大军,等. 同步发电机定子绕组匝间短路时转子动态电磁力计算[J]. 电工技术学报,2018,33(13):2956-2962.

[22] 黄进. 应用 P 对极 N 相变换分析定子绕组故障的同步发电机[J]. 中国电机工程学报,1994,14(5):10-16.

[23] 刘世明,尹项根,陈德树. 同步发电机内部故障解耦分析法研究[J]. 电力系统自动化,1998,22(5):26-29.

[24] 王祥珩,王善铭,苏鹏声. 论同步电机的电感矩阵变换:与"同步发电机内部故障解耦分析法研究"作者商榷[J]. 电力系统自动化,1998,22(10):50-52.

[25] FUDEH H R,ONG C M. Modeling and analysis of induction machines containing space harmonics part Ⅰ:modeling and transformation[J]. IEEE transactions on power apparatus and systems,1983,102(8):2608-2615.

[26] 于克训,马志云,许实章. 应用"复合变换法"分析计及多个气隙磁场波的异步电动机动态起动特性[J]. 中国电机工程学报,1994,14(5):1-9.

[27] GAO C X,GAO M Z,SI J K,et al. A novel analytical method of inductance identification for direct drive PMSM with a stator winding fault considering spatial position of the shorted turns[J]. Applied sciences,2019,9(17):3599.

[28] GAO C X,LV K,SI J K,et al. Research on power-angle characteristics of permanent magnet linear synchronous motor[J]. IET electric power applications,2019,13(8):

1177-1183.

[29] 牛化敏,桂林,孙宇光,等.基于多回路理论的交流励磁电机定子绕组内部故障仿真与实验研究[J].中国电机工程学报,2019,39(12):3676-3685.

[30] 张龙照,王祥珩,王维俭.同步电机定子绕组内部故障规律探讨[J].电工技术学报,1991,6(1):1-6.

[31] 孙宇光,黄子果,王善铭,等.十二相整流同步发电机同组星形连接绕组的相间短路故障[J].电力系统自动化,2017,41(8):153-158.

[32] SUN Y G,WANG S M,DU W,et al. Analysis of armature inter-turn fault in the multiphase synchronous generator-rectifier system[J]. IET electric power applications, 2019,13(7):871-880.

[33] 桂林,李岩军,詹荣荣,等.大型调相机内部故障特征及纵向零序电压保护性能分析[J].电力系统自动化,2019,43(8):145-149.

[34] 王艳,胡敏强.大型凸极同步发电机定子绕组内部故障瞬态仿真[J].电力系统自动化,2002,26(16):34-38.

[35] 屠黎明,胡敏强,肖仕武,等.发电机定子绕组内部故障分析方法[J].电力系统自动化,2001,25(17):47-52.

[36] 肖仕武,屠黎明,苏毅,等.凸极同步发电机定子绕组内部故障暂态仿真及试验验证[J].电力系统自动化,2003,27(18):52-56.

[37] HANNON B,SERGEANT P,DUPRÉ L. 2-D analytical subdomain model of a slotted PMSM with shielding cylinder[J]. IEEE transactions on magnetics,2014,50(7): 1-10.

[38] 孙丽玲,李和明,许伯强.基于多回路数学模型的异步电动机内部故障瞬变过程[J].电力系统自动化,2004,28(23):35-40.

[39] 邱阿瑞,张龙照.鼠笼式异步电动机转子导条及端环故障时的稳态运行分析[J].电工技术学报,1987,2(3):7-13.

[40] 马宏忠,胡虔生,黄允凯,等.感应电机转子绕组故障仿真与实验研究[J].中国电机工程学报,2003,23(4):107-112.

[41] 陶涛,赵文祥,程明,等.多相电机容错控制及其关键技术综述[J].中国电机工程学报,2019,39(2):316-326.

[42] 魏书荣,张路,符杨,等.基于派克矢量轨迹椭圆度的海上双馈电机定子绕组匝间短路早期故障辨识[J].中国电机工程学报,2017,37(10):3001-3009.

[43] WANG X H,SUN Y G,OUYANG B,et al. Transient behaviour of salient-pole synchronous machines with internal stator winding faults[J]. IEE proceedings-electric power applications,2002,149(2):143.

[44] BI D Q,WANG X H,WANG W J,et al. Improved transient simulation of salient-pole synchronous generators with internal and ground faults in the stator winding[J]. IEEE transactions on energy conversion,2005,20(1):128-134.

[45] KULIG T S,BUCKLEY G W,LAMBRECHT D,et al. A new approach to determine transient generator winding and damper currents in case of internal and external

faults and abnormal operation. Ⅲ. Results[J]. IEEE transactions on energy conversion,1990,5(1):70-78.

[46] 夏长亮,方红伟,金雪峰,等.同步发电机定子绕组内部故障数值分析[J].中国电机工程学报,2006,26(10):124-129.

[47] MEGAHED A I,MALIK O P. Synchronous generator internal fault computation and experimental verification[J]. IEE proceedings-generation,transmission and distribution,1998,145(5):604.

[48] SAMAHA-FAHMY M,BARTON T H. Harmonic effects in rotating electric machines[J]. IEEE transactions on power apparatus and systems,1974,93(4): 1173-1176.

[49] REICHMEIDER P P,QUERREY D,GROSS C A,et al. Partitioning of synchronous machine windings for internal fault analysis[J]. IEEE transactions on energy conversion,2000,15(4):372-375.

[50] KIM K T,PARK J K,KIM B W,et al. Comparison of the fault characteristics of IPM-type and SPM-type BLDC motors under Inter-Turn Faults conditions using Winding Function Theory[C]//2012 IEEE energy conversion congress and exposition (ECCE),2012:1262-1269.

[51] 朱卫光.电动车辆永磁同步电机转子永磁体涡流损耗及温度场研究[D].北京:北京理工大学,2014.

[52] REICHMEIDER P P,GROSS C A,QUERREY D,et al. Internal faults in synchronous machines. Ⅰ. The machine model[J]. IEEE transactions on energy conversion, 2000,15(4):376-379.

[53] REICHMEIDER P P,QUERREY D,GROSS C A,et al. Internal faults in synchronous machines. Ⅱ. Model performance[J]. IEEE transactions on energy conversion, 2000,15(4):380-383.

[54] LEE Y,HABETLER T G. An on-line stator turn fault detection method for interior PM synchronous motor drives[C]//APEC 07 - Twenty-Second Annual IEEE applied power electronics conference and exposition,2007:825-831.

[55] ELEZ A,CAR S,TVORIC S,et al. Rotor cage and winding fault detection based on machine differential magnetic field measurement(DMFM)[J]. IEEE transactions on industry applications,2017,53(3):3156-3163.

[56] VASEGHI B,TAKORABET N,MEIBODY-TABAR F. Fault analysis and parameter identification of permanent-magnet motors by the finite-element method[J]. IEEE transactions on magnetics,2009,45(9):3290-3295.

[57] VASEGHI B,NAHID-MOBARAKH B,TAKORABET N,et al. Inductance identification and study of PM motor with winding turn short circuit fault[J]. IEEE transactions on magnetics,2011,47(5):978-981.

[58] LEBOEUF N,BOILEAU T,NAHID-MOBARAKEH B,et al. Inductance calculations in permanent-magnet motors under fault conditions[J]. IEEE transactions on magnet-

ics,2012,48(10):2605-2616.

[59] BOUZID M B K,CHAMPENOIS G. An efficient simplified physical faulty model of a permanent magnet synchronous generator dedicated to stator fault diagnosis part Ⅱ: automatic stator fault diagnosis[J]. IEEE transactions on industry applications,2017, 53(3):2762-2771.

[60] GU B G. Study of IPMSM interturn faults part Ⅰ:development and analysis of models with series and parallel winding connections[J]. IEEE transactions on power electronics, 2016,31(8):5931-5943.

[61] 徐彪,尹项根,张哲,等.电网故障诊断的分阶段解析模型[J].电工技术学报,2018,33 (17):4113-4122.

[62] SARIKHANI A,MOHAMMED O A. Inter-turn fault detection in PM synchronous machines by physics-based back electromotive force estimation[J]. IEEE transactions on industrial electronics,2013,60(8):3472-3484.

[63] LEBOEUF N,BOILEAU T,NAHID-MOBARAKEH B,et al. Real-time detection of interturn faults in PM drives using back-EMF estimation and residual analysis[J]. IEEE transactions on industry applications,2011,47(6):2402-2412.

[64] 王庆丰,吴俊勇,刘自程.一种基于谐波平面检测的五相电机驱动系统单相断相故障诊 断方法[J].中国电机工程学报,2019,39(2):417-426.

[65] 魏书荣,李正茂,符杨,等.计及电流估计差的海上双馈电机定子绕组匝间短路故障诊 断[J].中国电机工程学报,2018,38(13):3969-3977.

[66] BACHIR S,TNANI S,TRIGEASSOU J C,et al. Diagnosis by parameter estimation of stator and rotor faults occurring in induction machines[J]. IEEE transactions on industrial electronics,2006,53(3):963-973.

[67] HADDAD R Z,STRANGAS E G. On the accuracy of fault detection and separation in permanent magnet synchronous machines using MCSA/MVSA and LDA[J]. IEEE transactions on energy conversion,2016,31(3):924-934.

[68] KIM K H. Simple online fault detecting scheme for short-circuited turn in a PMSM through current harmonic monitoring[J]. IEEE transactions on industrial electronics, 2011,58(6):2565-2568.

[69] ROMERAL L,URRESTY J C,RIBA RUIZ J R,et al. Modeling of surface-mounted permanent magnet synchronous motors with stator winding interturn faults[J]. IEEE transactions on industrial electronics,2011,58(5):1576-1585.

[70] ALVAREZ-GONZALEZ F,GRIFFO A,SEN B,et al. Real-time hardware-in-the-loop simulation of permanent-magnet synchronous motor drives under stator faults[J]. IEEE transactions on industrial electronics,2017,64(9):6960-6969.

[71] EBRAHIMI B M,FAIZ J. Feature extraction for short-circuit fault detection in per-manent-magnet synchronous motors using stator-current monitoring[J]. IEEE trans-actions on power electronics,2010,25(10):2673-2682.

[72] NANDI S,TOLIYAT H A,LI X. Condition monitoring and fault diagnosis of electri-

cal motors: a review[J]. IEEE transactions on energy conversion, 2005, 20 (4): 719-729.

[73] MOHAMMED O A,LIU Z,LIU S,et al. Internal short circuit fault diagnosis for PM machines using FE-based phase variable model and wavelets analysis[J]. IEEE transactions on magnetics,2007,43(4):1729-1732.

[74] WANG C,LIU X,CHEN Z. Incipient stator insulation fault detection of permanent magnet synchronous wind generators based on Hilbert-Huang transformation[J]. IEEE transactions on magnetics,2014,50(11):1-4.

[75] ROSERO J A,ROMERAL L,ORTEGA J A,et al. Short-circuit detection by means of empirical mode decomposition and Wigner-ville distribution for PMSM running under dynamic condition[J]. IEEE transactions on industrial electronics, 2009, 56 (11): 4534-4547.

[76] CRUZ S M A,CARDOSO A J M. Stator winding fault diagnosis in three-phase synchronous and asynchronous motors, by the extended Park's vector approach[J]. IEEE transactions on industry applications,2001,37(5):1227-1233.

[77] KIM K H,GU B G,JUNG I S. Online fault-detecting scheme of an inverter-fed permanent magnet synchronous motor under stator winding shorted turn and inverter switch open[J]. IET electric power applications,2011,5(6):529.

[78] PONCELAS O, ROSERO J A, CUSIDO J,et al. Motor fault detection using a rogowski sensor without an integrator[J]. IEEE transactions on industrial electronics, 2009,56(10):4062-4070.

[79] ARAFAT A,CHOI S,BAEK J. Open-phase fault detection of a five-phase permanent magnet assisted synchronous reluctance motor based on symmetrical components theory[J]. IEEE transactions on industrial electronics,2017,64(8):6465-6474.

[80] NADARAJAN S,PANDA S K,BHANGU B,et al. Hybrid model for wound-rotor synchronous generator to detect and diagnose turn-to-turn short-circuit fault in stator windings[J]. IEEE transactions on industrial electronics,2015,62(3):1888-1900.

[81] HADDAD R Z,LOPEZ C A,FOSTER S N,et al. A voltage-based approach for fault detection and separation in permanent magnet synchronous machines[J]. IEEE transactions on industry applications,2017,53(6):5305-5314.

[82] DEHGHAN H,HAGHJOO F,CRUZ S M A. A flux-based differential technique for turn-to-turn fault detection and defective region identification in line-connected and inverter-fed induction motors[J]. IEEE transactions on energy conversion, 2018, 33 (4):1876-1885.

[83] BOILEAU T,LEBOEUF N,NAHID-MOBARAKEH B,et al. Farid synchronous demodulation of control voltages for stator turn-to-turn fault detection in PMSM stator winding turn-to-turn fault detection using control voltages demodulation[J]. IEEE transactions on power electronics,2013,28(12):5647-5654.

[84] POROKHOVA I A,HOLÍK M,BILYK O,et al. Modeling and diagnostic of the plas-

ma of magnetic field supported discharges[J]. Contributions to plasma physics,2005,
45(5):319-327.

[85] LIANG X D. Temperature estimation and vibration monitoring for induction motors
and the potential application in electrical submersible motors[J]. Canadian journal of
electrical and computer engineering,2019,42(3):148-162.

[86] DA Y,SHI X D,KRISHNAMURTHY M. A new approach to fault diagnostics for
permanent magnet synchronous machines using electromagnetic signature analysis
[J]. IEEE transactions on power electronics,2013,28(8):4104-4112.

[87] BRIZ F,DEGNER M W,DIEZ A B,et al. Online diagnostics in inverter-fed induction
machines using high-frequency signal injection[J]. IEEE transactions on industry ap-
plications,2004,40(4):1153-1161.

[88] BARATER D,ARELLANO-PADILLA J,GERADA C. Incipient fault diagnosis in ul-
trareliable electrical machines[J]. IEEE transactions on industry applications,2017,
53(3):2906-2914.

[89] MA Z,YANG Y,KEARNS M,et al. Fractal-based autonomous partial discharge pat-
tern recognition method for MV motors[J]. High voltage,2018,3(2):103-114.

[90] 陈学军,杨永明,汪金刚,等. 基于超声法的大电机局部放电监测系统及其仿真验证
[J]. 电力系统自动化,2010,34(20):84-88.

[91] 张建文,姚奇,朱宁辉,等. 异步电动机定子绕组的故障诊断方法[J]. 高电压技术,
2007,33(6):114-117.

[92] URRESTY J C,RIBA J R,ROMERAL L. Diagnosis of interturn faults in PMSMs
operating under nonstationary conditions by applying order tracking filtering[J].
IEEE transactions on power electronics,2013,28(1):507-515.

[93] HUANG Y,CHEN C H,HUANG C J. Motor fault detection and feature extraction
using RNN-based variational autoencoder[J]. IEEE access,2019,7:139086-139096.

[94] BARUSU M R,SETHURAJAN U,DEIVASIGAMANI M. Non-invasive method for
rotor bar fault diagnosis in three-phase squirrel cage induction motor with advanced
signal processing technique[J]. The journal of engineering,2019,2019(17):
4415-4419.

[95] SU H,CHONG K T. Induction machine condition monitoring using neural network
modeling[J]. IEEE transactions on industrial electronics,2007,54(1):241-249.

[96] ABID A,KHAN M T,LANG H X,et al. Adaptive system identification and severity
index-based fault diagnosis in motors[J]. IEEE/ASME transactions on mechatronics,
2019,24(4):1628-1639.

[97] GAO C X,GAO M Z,SI J K,et al. A novel direct-drive permanent magnet synchro-
nous motor with toroidal windings[J]. Energies,2019,12(3):432.

[98] LEE B H,JUNG J W,HONG J P. An improved analysis method of irreversible de-
magnetization for a single-phase line-start permanent magnet motor[J]. IEEE trans-
actions on magnetics,2018,54(11):1-5.

[99] 姚丙雷,林岩,刘秀芹. 钕铁硼永磁材料热性能的分析[J]. 电机与控制应用,2008,35(4):52-55.

[100] 范坚坚,吴建华. 极间隔断 Halbach 型磁钢的永磁同步电机气隙磁场解析计算及参数分析[J]. 电工技术学报,2010,25(12):40-47.

[101] 范坚坚,吴建华. 计及齿槽极间隔断 Halbach 型磁钢的 PMSM 气隙磁场解析分析[J]. 中国电机工程学报,2010,30(12):98-105.

[102] 寇宝泉,曹海川,李伟力,等. 新型双层 Halbach 永磁阵列的解析分析[J]. 电工技术学报,2015,30(10):68-76.

[103] RAHIDEH A,KORAKIANITIS T. Analytical magnetic field calculation of slotted brushless permanent-magnet machines with surface inset magnets[J]. IEEE transactions on magnetics,2012,48(10):2633-2649.

[104] TEYMOORI S,RAHIDEH A,MOAYED-JAHROMI H,et al. 2-D analytical magnetic field prediction for consequent-pole permanent magnet synchronous machines[J]. IEEE transactions on magnetics,2016,52(6):1-14.

[105] 宋玉晶,张鸣,朱煜,等. 基于伪周期的 Halbach 永磁阵列三维磁场端部效应建模研究[J]. 电工技术学报,2015,30(12):162-170.

[106] DE BISSCHOP J,ABDALLH A,SERGEANT P,et al. Identification of demagnetization faults in axial flux permanent magnet synchronous machines using an inverse problem coupled with an analytical model[J]. IEEE transactions on magnetics,2014,50(11):1-4.

[107] COENEN I,VAN DER GIET M,HAMEYER K. Manufacturing tolerances:estimation and prediction of cogging torque influenced by magnetization faults[J]. IEEE transactions on magnetics,2012,48(5):1932-1936.

[108] URRESTY J C,RIBA J R,DELGADO M,et al. Detection of demagnetization faults in surface-mounted permanent magnet synchronous motors by means of the zero-sequence voltage component[J]. IEEE transactions on energy conversion,2012,27(1):42-51.

[109] 高彩霞,聂言杰,司纪凯,等. 直驱永磁同步电机均匀退磁性能分析和故障诊断[J]. 煤炭学报,2018,43(S2):615-622.

[110] 钟钦,马宏忠,张志艳,等. 基于反电动势数学模型分析电动汽车永磁同步电机失磁故障[J]. 高压电器,2014,50(9):35-40.

[111] 马波涛,姚缨英. 汽轮发电机失磁过程分析[J]. 机电工程,2008,25(9):21-24.

[112] 徐敦煌,王东,林楠,等. 失磁故障下交错磁极混合励磁发电机的等效二维解析磁场模型[J]. 电工技术学报,2017,32(21):87-93.

[113] 许国瑞,赵海森,宋美红. 不同模型的同步发电机失磁异步运行分析[J]. 陕西电力,2013,41(3):32-35.

[114] 高慧,姚缨英. 汽轮发电机失磁异步运行的耦合场有限元分析[J]. 浙江大学学报(工学版),2011,45(9):1616-1621.

[115] 吕艳玲,戈宝军,陶大军,等. 超高压发电机失磁异步运行磁场分析[J]. 中国电机工程

学报,2012,32(6):170-175.

[116] 李霞,王淑红.内嵌式异步起动永磁同步电动机短路故障下失磁状况分析[J].煤炭学报,2017,42(S2):626-632.

[117] 卢伟甫,赵海森,罗应立.自起动永磁同步电动机非正常运行工况下退磁磁场分析[J].电机与控制学报,2013,17(7):7-14.

[118] RUOHO S,DLALA E,ARKKIO A. Comparison of demagnetization models for finite-element analysis of permanent-magnet synchronous machines[J]. IEEE transactions on magnetics,2007,43(11):3964-3968.

[119] ZHOU P,LIN D,XIAO Y,et al. Temperature-dependent demagnetization model of permanent magnets for finite element analysis[J]. IEEE transactions on magnetics,2012,48(2):1031-1034.

[120] 张昌凡,罗利祥,何静,等.匝间短路故障对永磁同步电机失磁影响的分析与研究[J].包装工程,2015,36(15):124-129.

[121] MCFARLAND J D,JAHNS T M. Investigation of the rotor demagnetization characteristics of interior PM synchronous machines during fault conditions[J]. IEEE transactions on industry applications,2014,50(4):2768-2775.

[122] 黄涛,阮江军,张宇娇,等.瞬态运动电磁问题的时步有限元方法研究[J].中国电机工程学报,2013,33(6):168-175.

[123] 王刚,马宏忠,梁伟铭,等.稀土永磁同步电动机失磁对电机损耗的影响[J].现代电子技术,2012,35(2):177-179.

[124] 林楠,王东,魏锟,等.高速混合励磁发电机的结构及调压性能[J].电工技术学报,2016,31(7):19-25.

[125] 葛笑,张琪,黄苏融.磁极分割型混合励磁电机等效磁路法分析[J].电机与控制应用,2006,33(1):11-16.

[126] VAGATI A,BOAZZO B,GUGLIELMI P,et al. Design of ferrite-assisted synchronous reluctance machines robust toward demagnetization[J]. IEEE transactions on industry applications,2014,50(3):1768-1779.

[127] KLONTZ K W,MILLER T J E,MCGILP M I,et al. Short-circuit analysis of permanent-magnet generators[J]. IEEE transactions on industry applications,2011,47(4):1670-1680.

[128] 李红梅,陈涛,姚宏洋.电动汽车 PMSM 退磁故障机理、诊断及发展[J].电工技术学报,2013,28(8):276-284.

[129] LE ROUX W,HARLEY R G,HABETLER T G. Detecting rotor faults in low power permanent magnet synchronous machines[J]. IEEE transactions on power electronics,2007,22(1):322-328.

[130] RIBA RUIZ J R,ROSERO J A,GARCIA ESPINOSA A,et al. Detection of demagnetization faults in permanent-magnet synchronous motors under nonstationary conditions[J]. IEEE transactions on magnetics,2009,45(7):2961-2969.

[131] REIGOSA D,FERNÁNDEZ D,PARK Y,et al. Detection of demagnetization in per-

manent magnet synchronous machines using Hall-effect sensors[J]. IEEE transactions on industry applications,2018,54(4):3338-3349.

[132] 魏海增,马宏忠,陈诚,等.基于CWT-HHT结合的永磁同步电机失磁故障诊断方法及其可行性分析[J].电机与控制应用,2017,44(8):81-87.

[133] 宋博翰,崔建国,刘东,等.基于Hilbert-Huang变换的电机故障诊断与仿真技术研究[J].沈阳航空工业学院学报,2010,27(4):79-82.

[134] 李忠海,曹洋,邢晓红.基于Maxwell2D和Simplorer的永磁同步电机退磁模型设计[J].火力与指挥控制,2016,41(7):135-139.

[135] RIBA RUIZ J R,ROSERO J A,GARCIA ESPINOSA A,et al. Detection of demagnetization faults in permanent-magnet synchronous motors under nonstationary conditions[J]. IEEE transactions on magnetics,2009,45(7):2961-2969.

[136] URRESTY J C,RIBA J R,ROMERAL L. A back-emf based method to detect magnet failures in PMSMs[J]. IEEE transactions on magnetics,2013,49(1):591-598.

[137] URRESTY J C,RIBA J R,DELGADO M,et al. Detection of demagnetization faults in surface-mounted permanent magnet synchronous motors by means of the zero-sequence voltage component[J]. IEEE transactions on energy conversion,2012,27(1):42-51.

[138] URRESTY J C,RIBA J R,ROMERAL L. Influence of the stator windings configuration in the currents and zero-sequence voltage harmonics in permanent magnet synchronous motors with demagnetization faults[J]. IEEE transactions on magnetics,2013,49(8):4885-4893.

[139] URRESTY J C,RIBA J R,ROMERAL L. A back-emf based method to detect magnet failures in PMSMs[J]. IEEE transactions on magnetics,2013,49(1):591-598.

[140] KIM H K,KANG D H,HUR J. Fault detection of irreversible demagnetization based on space harmonics according to equivalent magnetizing distribution[J]. IEEE transactions on magnetics,2015,51(11):1-4.

[141] 李红梅,陈涛.基于分形维数的PMSM局部退磁故障诊断[J].电工技术学报,2017,32(7):1-10.

[142] PARK Y,FERNANDEZ D,LEE S B,et al. Online detection of rotor eccentricity and demagnetization faults in PMSMs based on Hall-effect field sensor measurements[J]. IEEE transactions on industry applications,2019,55(3):2499-2509.

[143] ZHU M,HU W S,KAR N C. Acoustic noise-based uniform permanent-magnet demagnetization detection in SPMSM for high-performance PMSM drive[J]. IEEE transactions on transportation electrification,2018,4(1):303-313.

[144] EBRAHIMI B M,FAIZ J. Demagnetization fault diagnosis in surface mounted permanent magnet synchronous motors[J]. IEEE transactions on magnetics,2013,49(3):1185-1192.

[145] ZHU M,HU W S,KAR N C. Multi-sensor fusion-based permanent magnet demagnetization detection in permanent magnet synchronous machines[J]. IEEE transac-

tions on magnetics,2018,54(11):1-6.

[146] ZHU M,HU W S,KAR N C. Torque-ripple-based interior permanent-magnet synchronous machine rotor demagnetization fault detection and current regulation[J]. IEEE transactions on industry applications,2017,53(3):2795-2804.

[147] HONG J,HYUN D,LEE S B,et al. Automated monitoring of magnet quality for permanent-magnet synchronous motors at standstill[J]. IEEE transactions on industry applications,2010,46(4):1397-1405.

[148] HONG J,LEE S B,KRAL C,et al. Detection of airgap eccentricity for permanent magnet synchronous motors based on the d-axis inductance[J]. IEEE transactions on power electronics,2012,27(5):2605-2612.

[149] DA Y,SHI X D,KRISHNAMURTHY M. A new approach to fault diagnostics for permanent magnet synchronous machines using electromagnetic signature analysis [J]. IEEE transactions on power electronics,2013,28(8):4104-4112.

[150] MAZAHERI-TEHRANI E,FAIZ J,ZAFARANI M,et al. A fast phase variable abc model of brushless PM motors under demagnetization faults[J]. IEEE transactions on industrial electronics,2019,66(7):5070-5080.

[151] KIM K C,KIM K,KIM H J,et al. Demagnetization analysis of permanent magnets according to rotor types of interior permanent magnet synchronous motor[J]. IEEE transactions on magnetics,2009,45(6):2799-2802.

[152] 肖曦,许青松,王雅婷,等.基于遗传算法的内埋式永磁同步电机参数辨识方法[J].电工技术学报,2014,29(3):21-26.

[153] 何静,张昌凡,贾林,等.一种永磁同步电机的失磁故障重构方法研究[J].电机与控制学报,2014,18(2):8-14.

[154] 孙宇光,余锡文,魏锟,等.发电机绕组匝间故障检测的新型探测线圈[J].中国电机工程学报,2014,34(6):917-924.

[155] 何玉灵,万书亭,唐贵基,等.定子匝间短路对发电机并联支路环流特性的影响[J].电机与控制学报,2013,17(3):1-7.

[156] 赵洪森,戈宝军,陶大军,等.定子绕组匝间短路对发电机电磁转矩特性的影响[J].电工技术学报,2016,31(5):192-198.

[157] JIANG Y Y,ZHANG Z R,JIANG W Y,et al. Three-phase current injection method for mitigating turn-to-turn short-circuit fault in concentrated-winding permanent magnet aircraft starter generator[J]. IET electric power applications,2018,12(4):566-574.

[158] 辛鹏,戈宝军,陶大军,等.同步发电机定子绕组匝间短路故障特征规律研究[J].电机与控制学报,2019,23(1):45-51.

[159] 戈宝军,肖士勇,吕艳玲,等.水轮发电机定子绕组内部故障暂态电流研究[J].电机与控制学报,2014,18(3):40-45.

[160] NEJADI-KOTI H,FAIZ J,DEMERDASH N A O. Uniform demagnetization fault diagnosis in permanent magnet synchronous motors by means of cogging torque a-

nalysis[C]//2017 IEEE International Electric Machines and Drives Conference. May 21-24,2017,Miami,FL,USA. IEEE,2017:1-7.

[161] 何玉灵,王发林,唐贵基,等.考虑气隙偏心时发电机定子匝间短路位置对电磁转矩波动特性的影响[J].电工技术学报,2017,32(7):11-19.

[162] 张丹,赵吉文,董菲,等.基于概率神经网络算法的永磁同步直线电机局部退磁故障诊断研究[J].中国电机工程学报,2019,39(1):296-306.

[163] DA Y,SHI X D,KRISHNAMURTHY M. A new approach to fault diagnostics for permanent magnet synchronous machines using electromagnetic signature analysis [J]. IEEE transactions on power electronics,2013,28(8):4104-4112.

[164] GAO C X,NIE Y J,SI J K,et al. Mode recognition and fault positioning of permanent magnet demagnetization for PMSM[J]. Energies,2019,12(9):1644.